〈최신 컬러 화보〉

지점토 공예

지점토 공예는 도자기 공예의 애착에 뿌리 깊은 한민족의
꿈을 현실화시켜주는 생활 예술이요, 현대 예술이다

편집부편

스칼럼 테두리의 화분 커버

으름덩굴풍의 바구니

세련되고 담백하게

편지통 벽걸이

포도장식의 바스켓

잡지꽂이

DECO CRAFT

테이블을 장식한다

〈사진·왼쪽〉 포도장식의 바스켓 / 제비꽃의 바스켓 / 부드러운 느낌의 바스켓
〈사진·오른쪽〉 꽃을 장식한 와인꽂이 / 장미 장식의 트레이 / 네프킨 링 / 타원형의 작은 물건넣는 그릇 / 로우프 박스

네프킨 링과 작은 물건넣는 그릇

스탠드와 작은 물건넣는 그릇

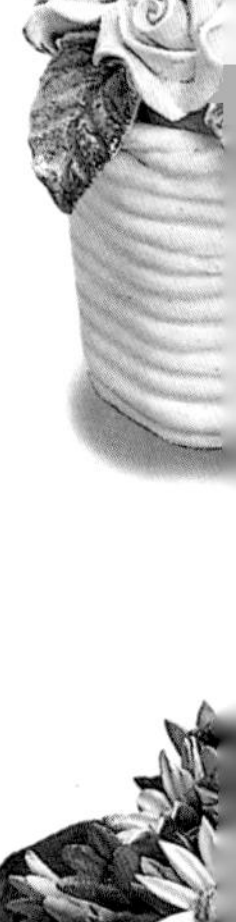

미니 장미 꽃바구니

미니 마아가렛

미니 튜울립

후르츠의 릴리이프

장미 벽걸이

꽃의 릴리이프

크리스마스 모빌

미니 리이스

테이블과
의자 세트

미니 프레젠트

캔들 스탠드

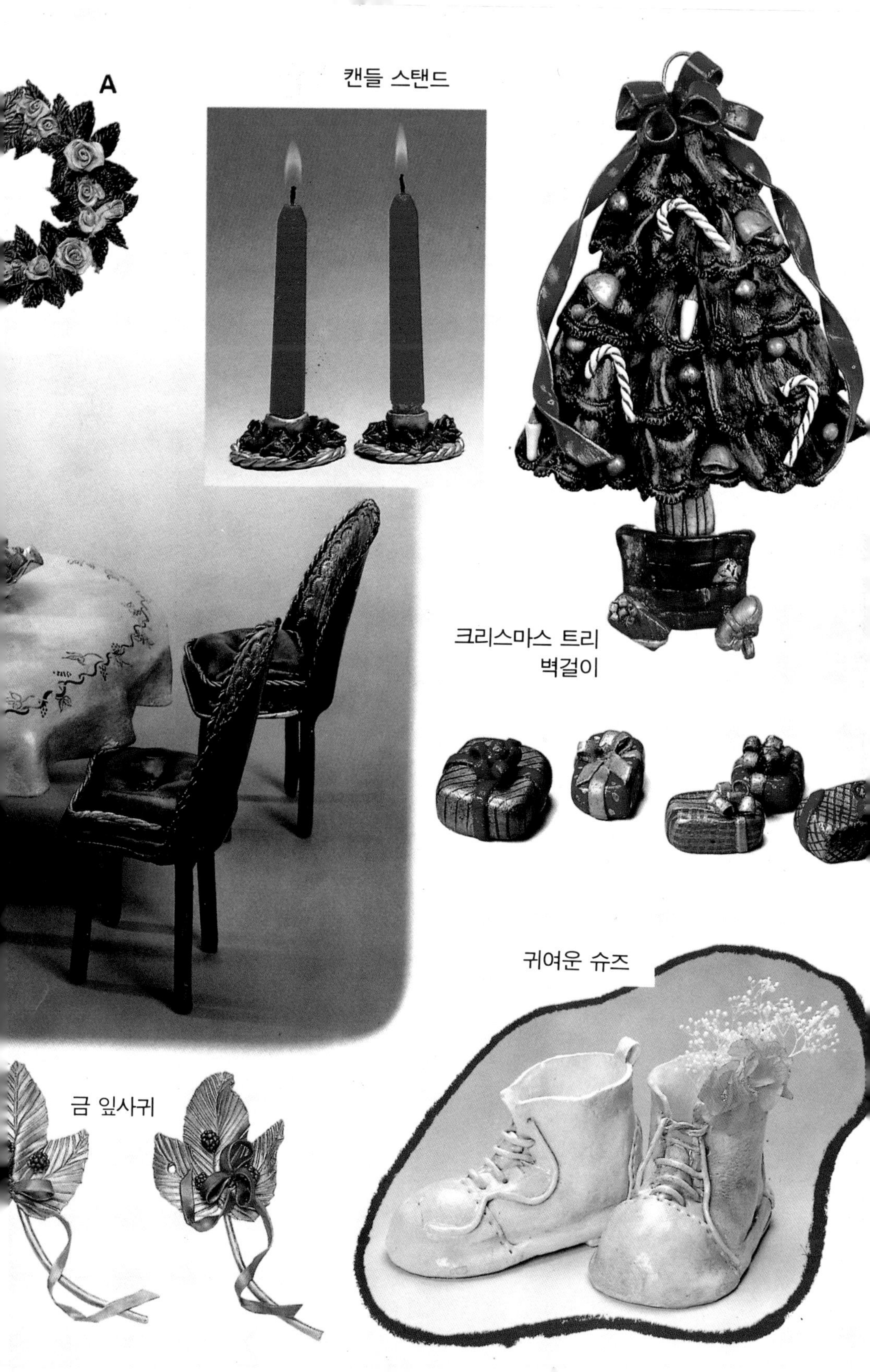
A
캔들 스탠드
크리스마스 트리
벽걸이
귀여운 슈즈
금 잎사귀

리이스와 릴리이프

리이스

리이스

꽃의 릴리이프

릴리이프

트레이

와인꽂이

와인꽂이와 트레이

흰 항아리

조개 모양의 큰 그릇

꽃바구니 벽걸이

부케의 벽장식

리본 장식의 바스켓

유선형의 바스켓

솜씨와 눈썰미의 예술창작

지점토 공예

편집부편

머 리 말

지점토 공예가 우리나라에서 붐을 일으킨지는 벌써 상당한 연조에 달하고 있다. 지점토 공예는 우리에게 있어서 이제 생소한 단어가 아니라 실생활과 상당히 밀접한 생활예술의 일부로서 받아들여지고 있는 실정이다. 하나의 예술로서, 하나의 취미로서, 하나의 직업으로서, 또는 하나의 가정부업으로서도 상당한 인기를 끌고 있는 이 지점토 공예의 진수는 역시 다양한 솜씨와 기량의 함축성을 발휘해 보일 수 있는 종합예술적인 특성에 있다고 할 수 있을 것이다.

처음에는 호기심으로 시작하는 사람들도 많다. 예술의 하나로 알고 시작하여 취미생활의 일부가 되었다는 사람도 있다. 그런가 하면, 취미삼아 배웠더니 훌륭한 가정부업이 되었다고 하는 어느 가정주부의 탄성도 있다. 아무튼 지점토 공예가 우리의 생활 속에서 그 진가를 멋지게 발휘하고 있는 이상 이 책은 여러분의 훌륭한 지점토 공예 교사가 되어줄 수 있으리라 확신한다. 이 책은 지점토 공예가 무엇인지도 모르는 초보자는 물론 지점토 공예의 극치를 체험하고자 하는 전문가에 이르기까지 충분한 기술 습득을 원하는 독자를 위하여 기획되어진 지점토 공예전문 가이드이다.

차 례

재료와 용구

점토=석분점토로 석분과 접착제를 혼합한 것이다. 신장이 좋고, 손에 잘 붙지 않고 간단하게 로우프상으로 만들 수 있다. 또 천과 같이 얇게 펴지기도 하고 짤 수도 있다. 건조는 자연 건조 외 드라이어나 오븐(100도 이내) 등의 강제 건조도 가능하다.

재질이 다른 점토에 비해 수축이 적은 것이 특징이다

이 외에 소프트 타입의 석분점토도 있다. 이것은 릴리이프판에 붙이기도 하고 인형의 얼굴 부분 등에 사용한다.

와이어=바스켓의 손잡이, 인형의 목, 꽃의 줄기 등의 보강에 18번, 22번을 나누어 사용한다.

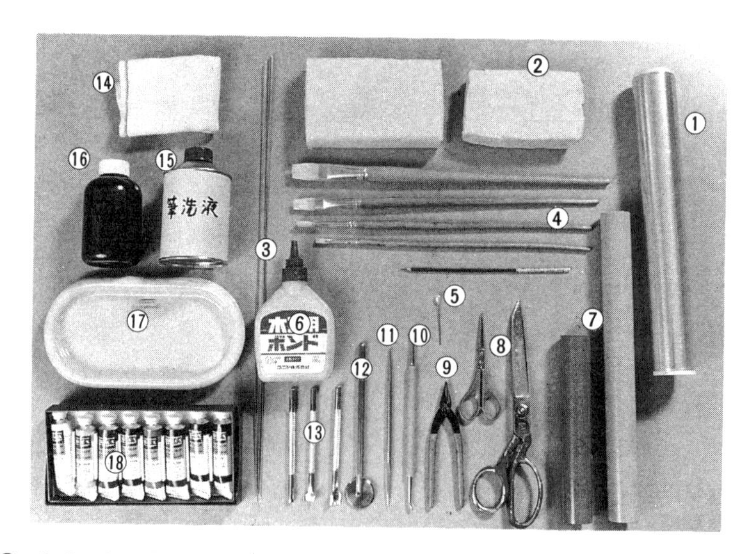

① 랩 ② 점토 ③ 와이어 ④ 붓(2호, 4호, 6호, 8호, 면상필) ⑤ 바늘 ⑥ 목공용 본드 ⑦ 밀방망이(대소) ⑧ 가위(대소) ⑨ 뻰찌 ⑩ 모데러 ⑪ 세공봉 ⑫ 컷로울러 ⑬ 누름 용구(가장 자리, 레이스 무늬, 꽃무늬) ⑭ 천 ⑮ 붓 닦는 액 ⑯ 광택 내는 액 ⑯ 파렛트 ⑱ 그림물감

목공용 본드는 점토끼리 붙일 때에 사용한다.

그림물감=수성 아크릴 그림물감으로 속건성이고 건조하면 내수성이 되고 가볍다. 기본색인 청, 적, 노랑, 녹색, 갈색, 흰색, 검정을 섞어 원하는 색을 만든다.

광택 내는 액=착색 후 광택을 내는데 사용한다.

붓 씻는 액=광택을 내는데 사용한 붓을 씻는다.

붓=유화용 붓이 좋고 2호~12호 정도까지를 사용한다. 면상필은 인형의 얼굴이랑 가는 무늬를 낼 때 사용한다.

파렛트=그림물감을 풀어 혼합할 때 사용하는 용구이므로 백색인 것을 고르는 것이 좋다.

밀방망이=긴 것은 점토를 크게 펼 때, 짧은 것은 꽃이랑 잎, 레이스 등 작은 것을 펴는데 편리한다.

가위=큰 가위는 와이어를 자르는 것이 붙어 있다.

점토를 크게 자르기도 하고 바스켓 손잡이 등을 자른다. 작은 가위는 끝이 얇게 되어 있기 때문에 잔세공에 사용한다.

뻰찌=끝이 가는 것으로 쇠사슬을 엮기도 하고 구부리기도 한다.

바늘=인형의 얼굴 등 잔세공에 사용한다.

세공봉=인형의 얼굴, 꽃잎의 표정, 잎사귀 맥을 만드는데 사용한다.

모데러=인형을 만들 때 손가락 끝으로 처리할 수 없는 부분에 편리하다.

컷로울러=얇게 편 뒤 점토를 자유로운 모양으로 컷할 때 사용한다.

누름 용구=레이스 가장자리, 레이스 무늬, 꽃무늬 등을 만들 때 사용한다. 이 외에 이쑤시개를 몇 개 가지고 눌러 무늬를 만든다.

랩=틀에 점토가 붙지 않도록 감싸고 또 틀을 떼기 쉽게 한다.

틀=가까이에 있는 용구를 이용한다.

여기에 소개한 짤 줄과 로우프는 약간의 예이다.

로우프

장미 네크리스

• 재료

점토 약간. 네크리스 끈(가는 끈을 70㎝ 길이로 10개)과 고정구 1조. 강력접착제.

• 만드는 방법의 포인트

큰 장미를 가볍게 마무리한다. 또 못의 크기가 너무 크면 보기에도 무거운 느낌이 들므로 가슴에 잘 피트하도록 3㎝ 정도로 커트한다.

채색은 착색 후 부분적으로 닦아 내는 방법으로 마무리한다.

이 방법은 초보자도 편하게 할 수 있고 자연스럽게 마무리된다.

좋아하는 옷에 색이 맞도록 색을 칠한다.

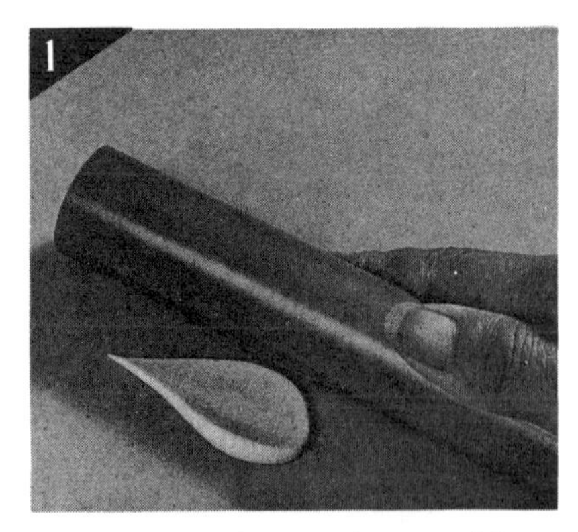

매실 크기의 점토를 눈물 모양으로 만들어 4㎜ 두께로 펴 잎사귀를 만든다.

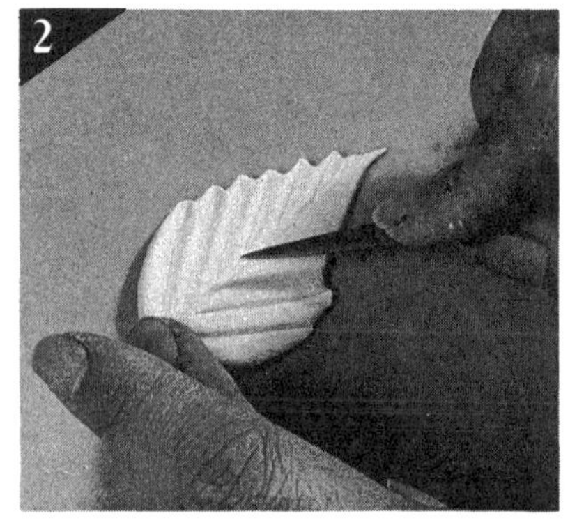

가위 끝으로 중심과 중심에서 밖을 향해 잎줄기를 넣는다.

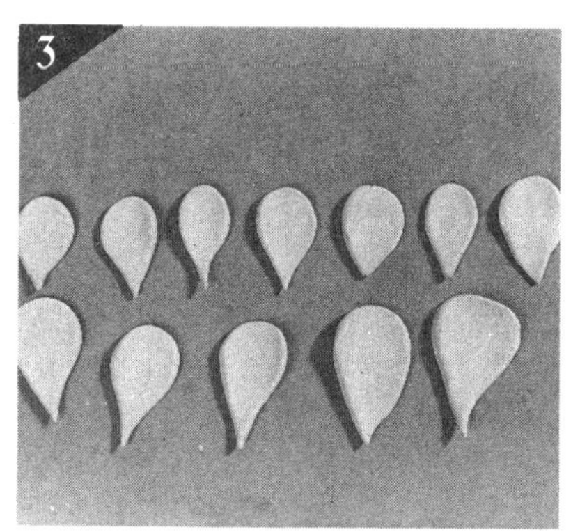

잎과 마찬가지로 눈물 모양으로 누른 꽃잎을 섞어 12장 준비한다.

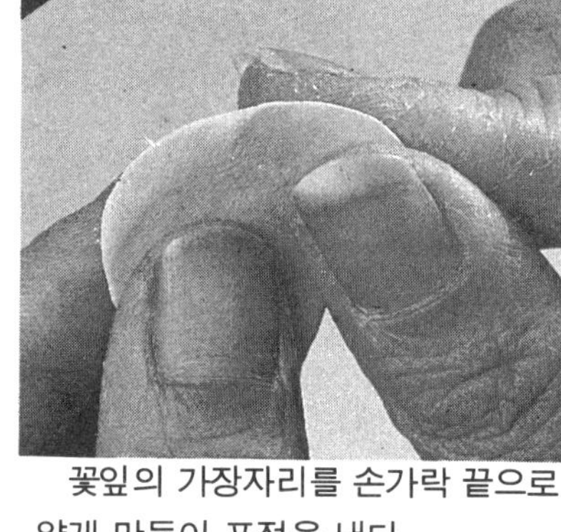

꽃잎의 가장자리를 손가락 끝으로 얇게 만들어 표정을 낸다.

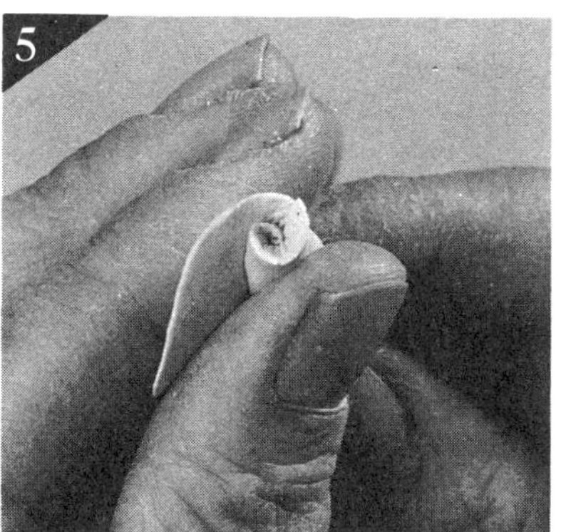

1장의 꽃잎을 작게 말아 화심을 만든다.

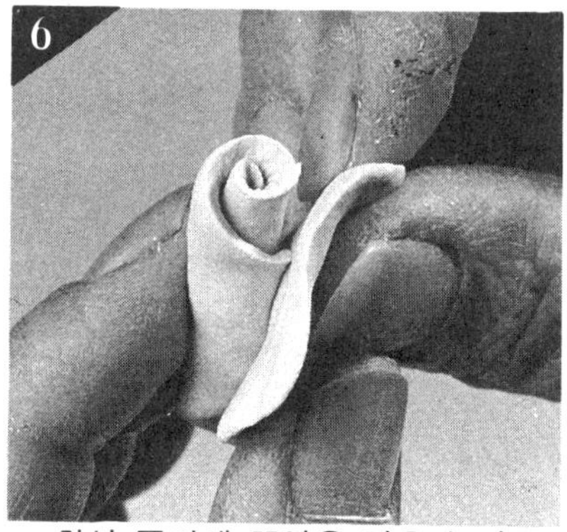

화심 주위에 꽃잎을 같은 높이로 붙인다.

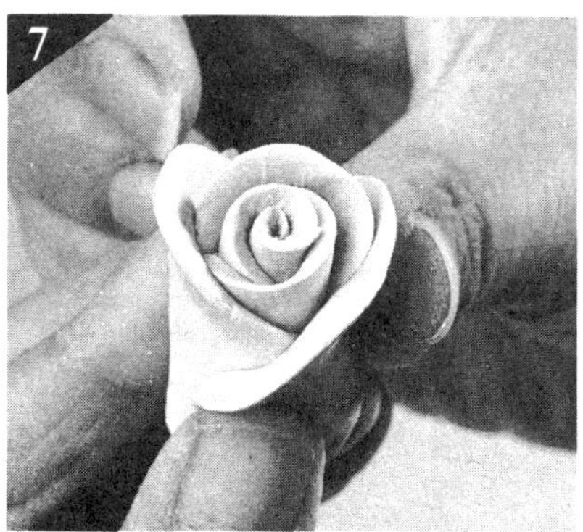

3장의 꽃잎을 소용돌이 모양으로 붙여 한바퀴 돌린다.

다음 꽃잎은 앞 사이에 붙여 3장을 정리하고, 마지막으로 5장 붙인다.

바깥쪽 꽃잎부터 손가락 끝으로 가장자리를 뒤집어 표정을 낸다.

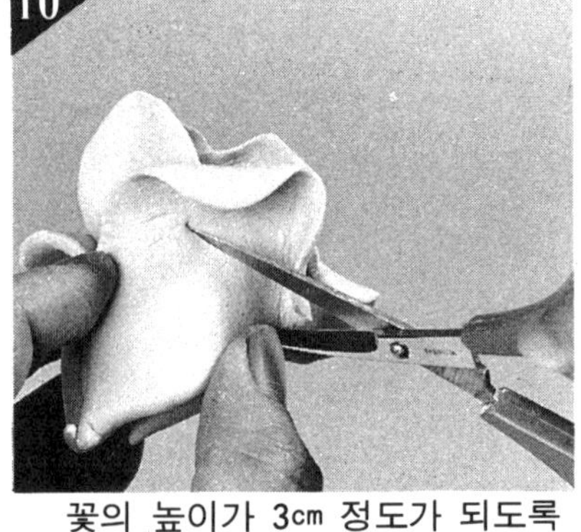

꽃의 높이가 3㎝ 정도가 되도록 뿌리를 잘라 낸다.

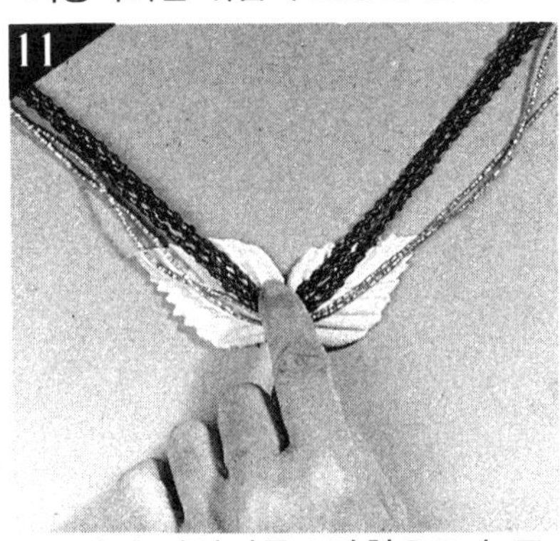

2장의 잎사귀를 V자형으로 놓고 그 중심에 끈 중심을 맞추어 얹는다.

끈 위에 2장의 잎사귀를 산모양으로 얹어 끈을 끼운다.

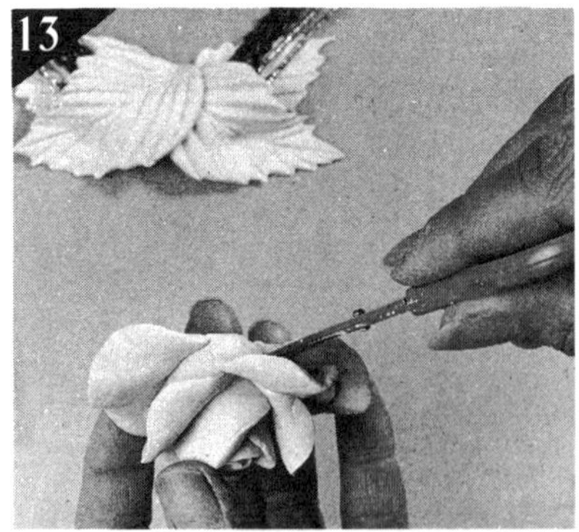

꽃의 뿌리 쪽에 가위 끝을 찔러 넣어 잎사귀 중심에 얹어 붙인다.

꽃이 잘 붙도록 각도를 바꾸면서 눌러 동화시킨다.

꽃은 너무 물이 많지 않게 하여 빨강과 검정의 물감을 섞어 칠한다.

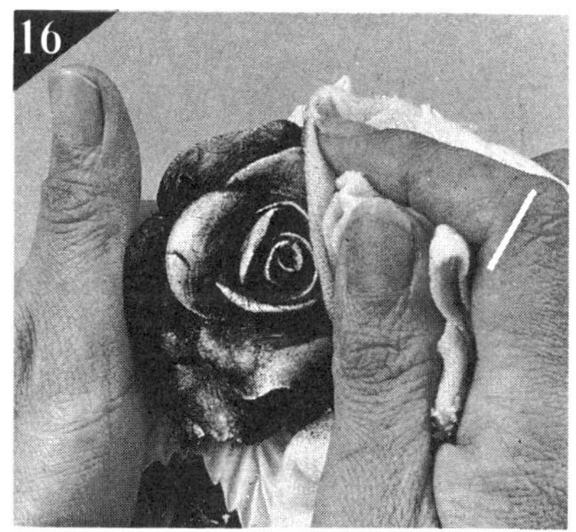

그림물감이 건조되기 전에 젖은 천으로 부분적으로 닦아낸다.

닦아낸 뒤 갈색을 칠해 액센트를 준다.

잎사귀는 너무 물이 많지 않게 녹색과 갈색을 섞어 칠한다.

그림물감이 건조되기 전에 젖은 천으로 부분적으로 닦아낸다.

꽃의 색을 잎사귀에도 조금 칠해 단조로움을 보강한다.

각형(角形) 바스켓

• 재료

점토 3개, 18번 와이어 1개, 목공용 본드, 빈 상자(25㎝×20㎝×7㎝), 랩.

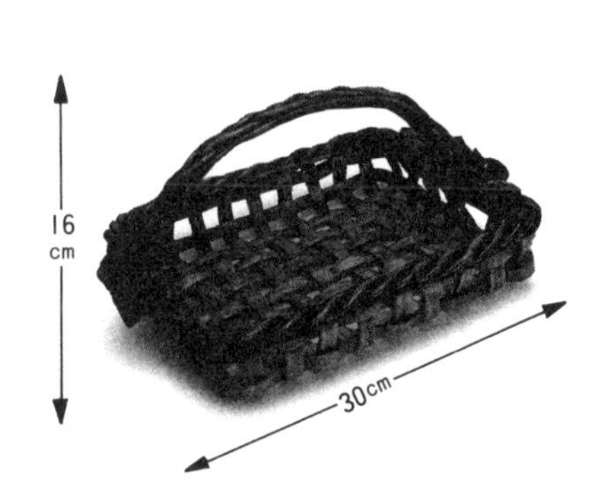

• 만드는 방법의 포인트

점토의 특성을 충분히 살린 기본형 바스켓이다. 적당량의 점토를 양손으로 균등하게 힘을 넣어 같은 굵기의 로우프를 만들면서 건조되기 전에 짜는 것이 요령이다. 짠 심지는 겹쳐지는 아래부분에서 덧붙여 낸다. 손잡이는 안에 와이어를 넣는다.

틀을 따라 짬으로 안심하고 점토에 친해질 수 있다.

틀(빈 상자)을 랩으로 감싼다.

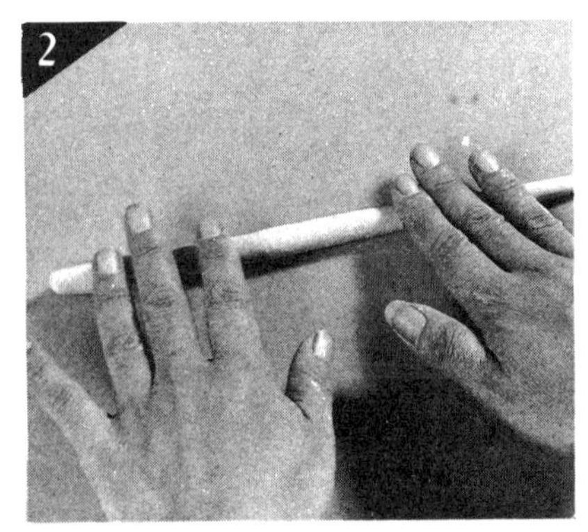

점토를 직경 1㎝ 로우프상으로 편다.

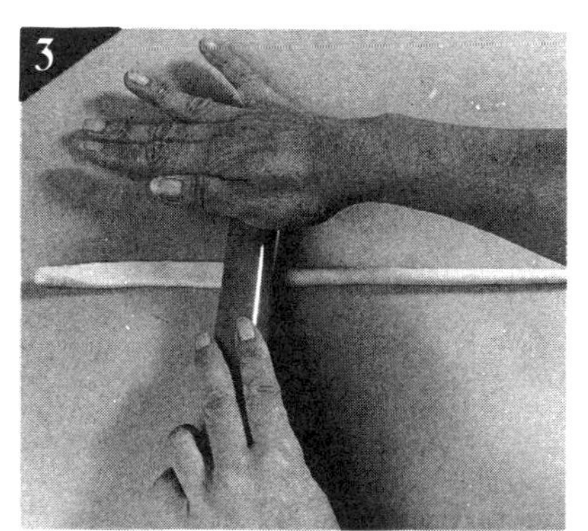

로우프를 약 5밀리 폭으로 밀방망
이로 펴 평평한 로우프로 만든다.

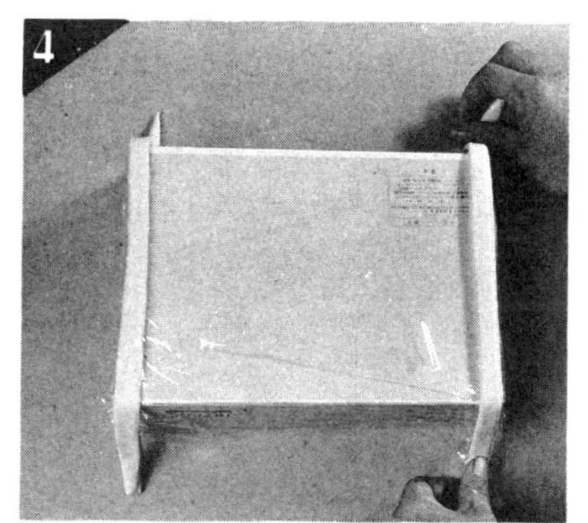

틀을 가로 길이에 두고 35cm 길이의
로우프를 세로로 5개 나란히 놓는다.

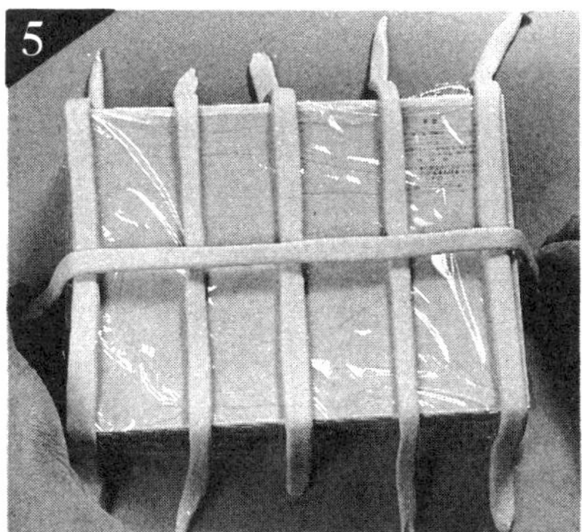

40cm 길이의 평로우프 1개를 가로
중앙에 걸쳐 붙인다.

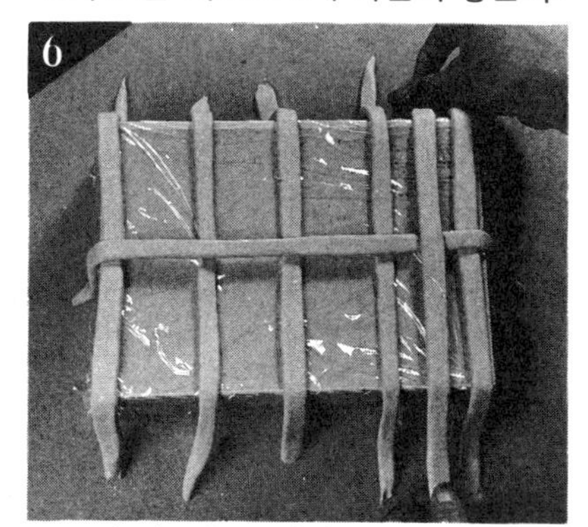

4의 평로우프 사이에 같은 길이의
평로우프를 얹는다.(4개)

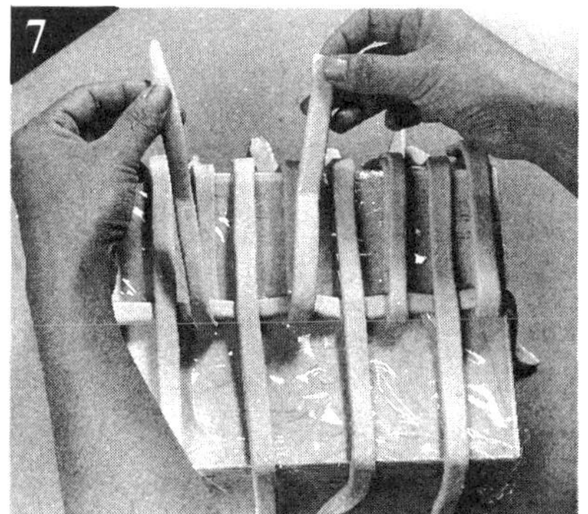

4의 평로우프를 가로의 평로우프에
서부터 위로 꺾는다.

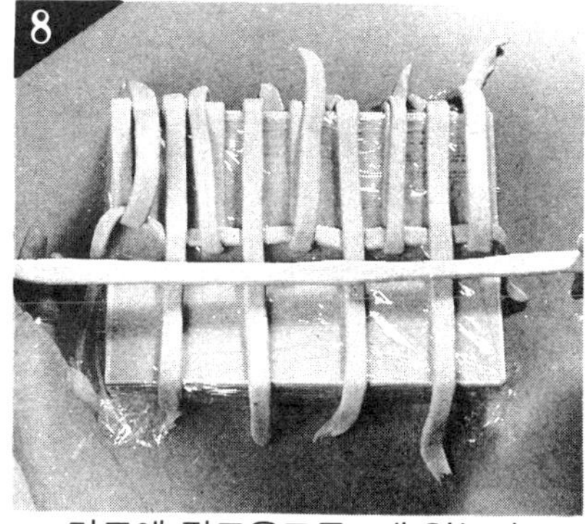

가로에 평로우프를 1개 얹는다.

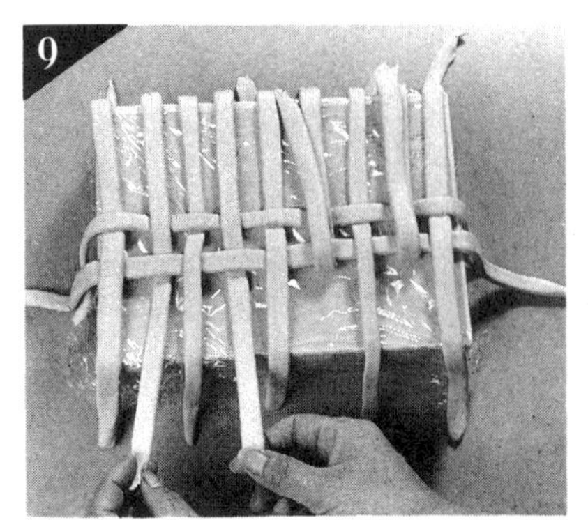

꺾어올린 평로우프를 본래대로 되돌리고 6에서 얹은 평로우프를 꺾는다.

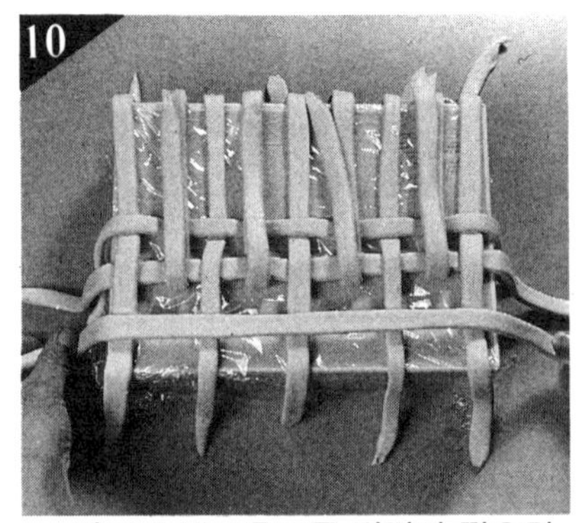

세로의 평로우프를 번갈아 꺾으면서 가로의 평로우프를 얹어 바닥을 짠다.

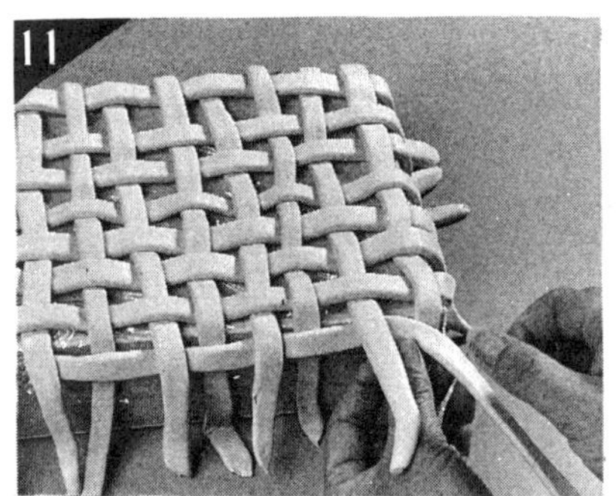

측면은 저면 평로우프를 번갈아 들면서 평로우프로 짠다.

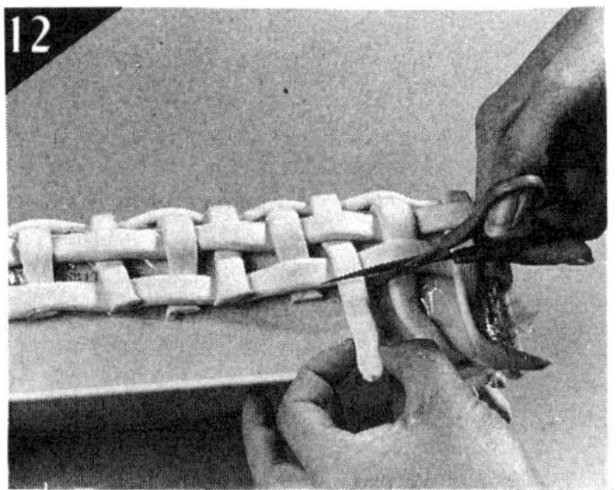

측면은 2단 짜기. 남은 평로우프를 잘라내 깊이를 나란히 한다.

모양을 정리하여 건조시켜 틀에서 뗀다.(본체 완성)

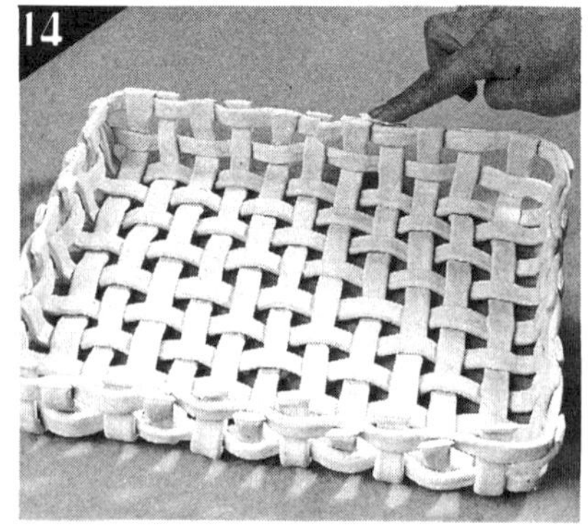

본체의 가장자리 주위에 본드를 붙인다.

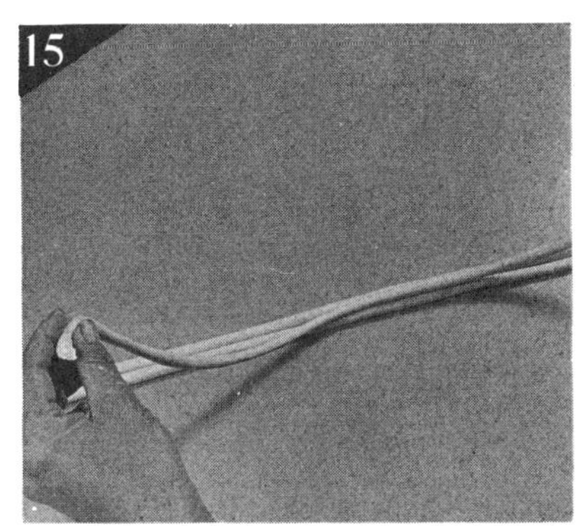

직경 8밀리의 로우프를 3개 만들고 2개를 늘어놓고 1개를 위에 얹는다.

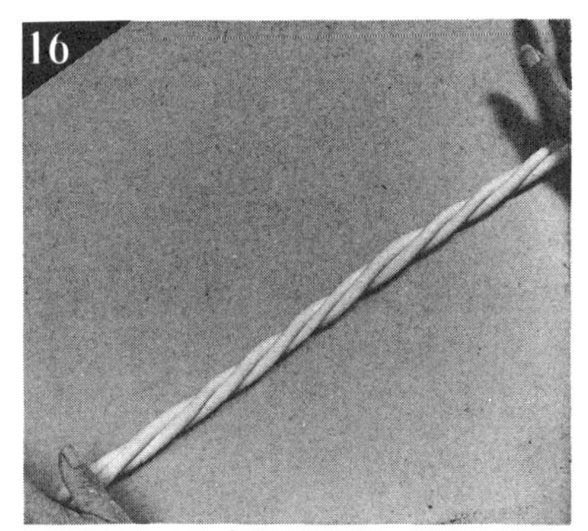

삼각으로 쌓은 로우프 끝을 두손으로 움직여 꼰다.

꼰 로우프를 본체의 가장자리에 붙인다.

꼰 로우프를 이을 때는 꼰 방향에 맞추어 비스듬히 자른다.

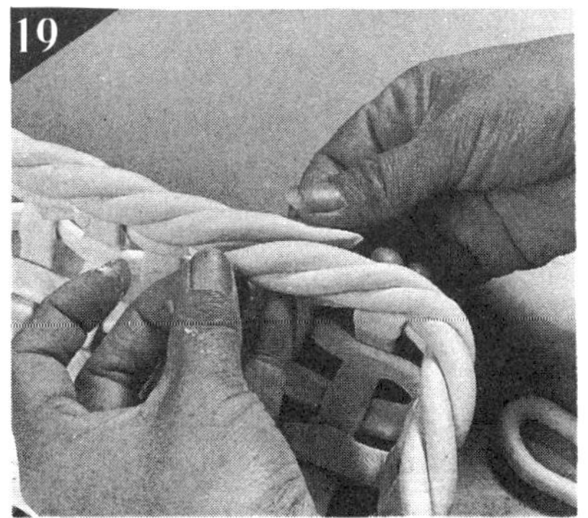

2개의 자른 부분에 본드를 바르고 연결 부분을 모르도록 만든다.

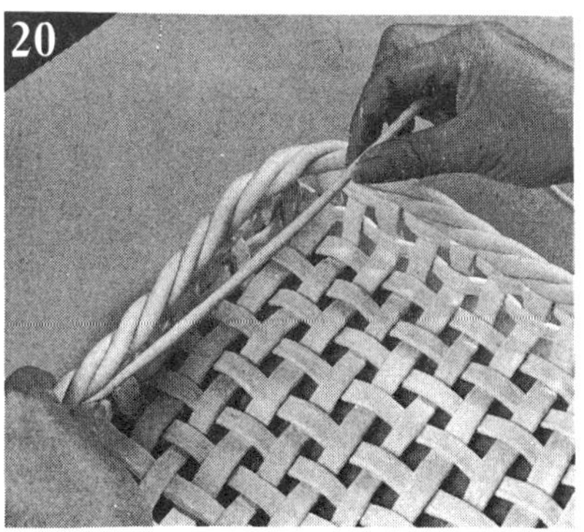

직경 5밀리의 로우프를 만들어 본체의 가장 자리안쪽에 붙인다.

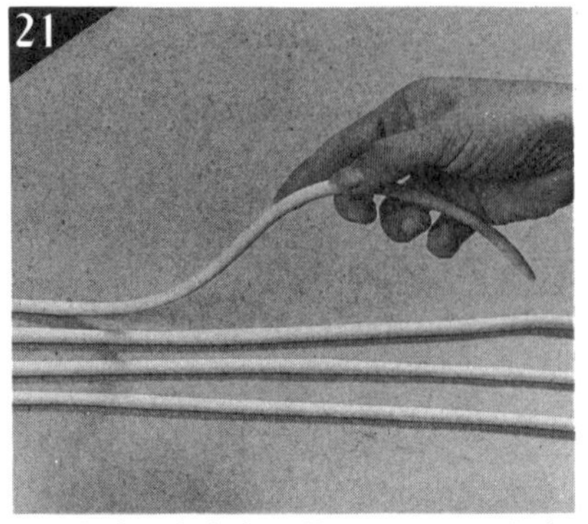

직경 5밀리의 로우프를 50cm 길이로 4개 만들어 늘어놓는다.

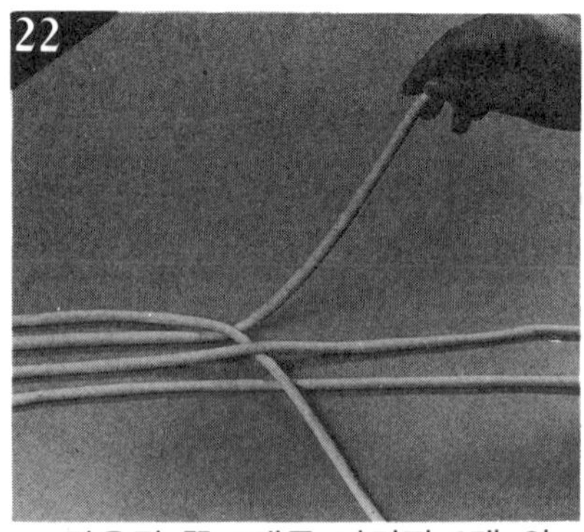

맞은편 쪽 1개를 나머지 3개 위, 아래, 위 앞쪽에 통과시킨다.

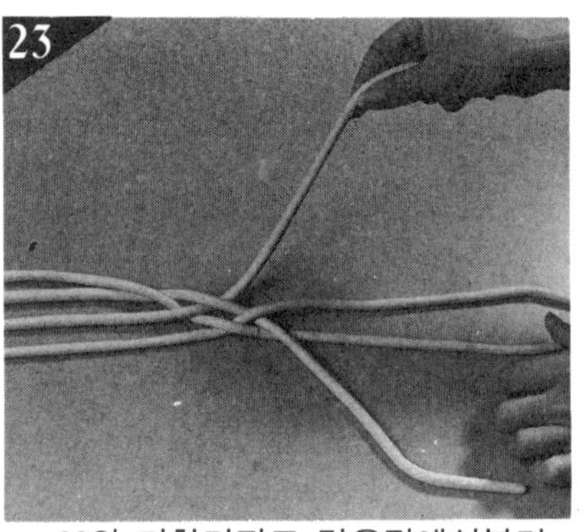

22와 마찬가지로 맞은편에서부터 앞으로 통과시켜 짠다.

45cm 길이(와이어 치수)가 될 때까지 짠다.

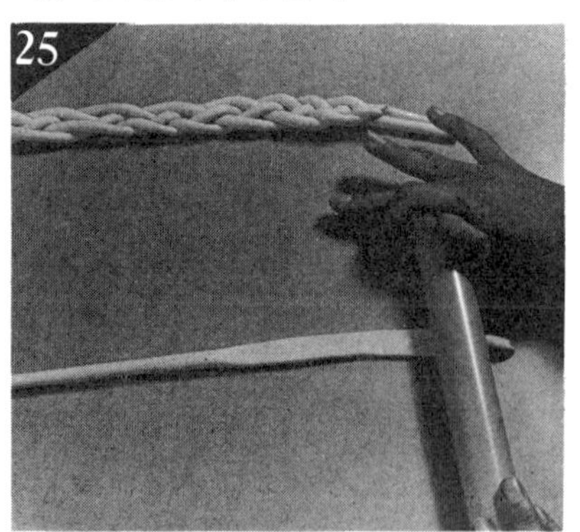

직경 8밀리의 로우프를 1cm 폭으로 펴고 45cm의 평로우프를 만든다.

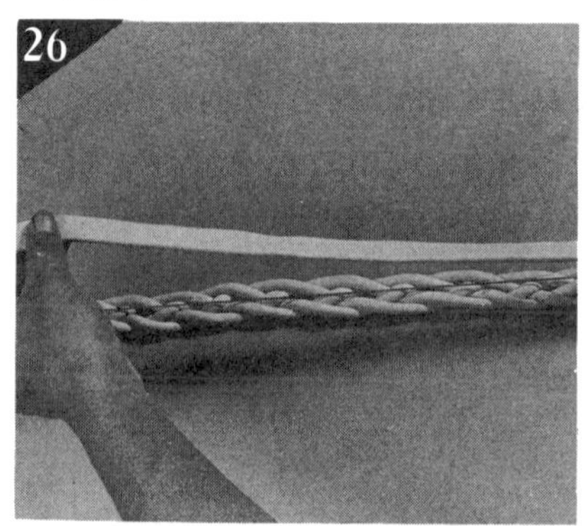

짤 끈을 안으로 젖히고 와이어, 평로우프의 순으로 겹쳐 놓는다.

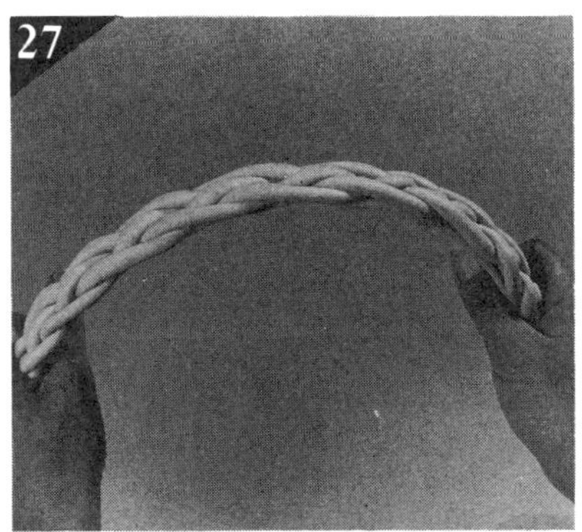

만들어진 손잡이는 양끝을 잡아 본체 폭이 될 때까지 가만히 구부린다.

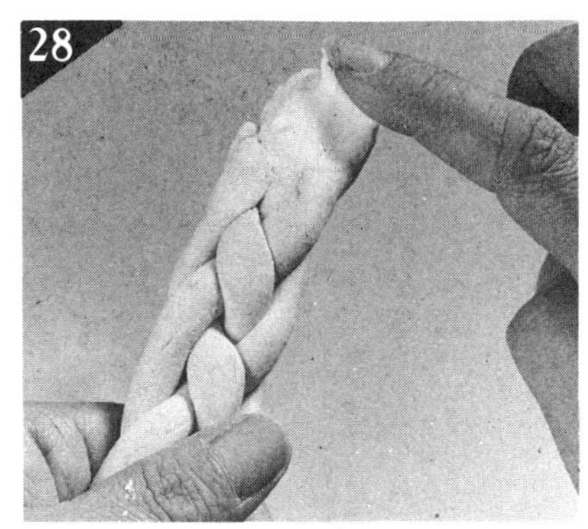

손잡이의 양쪽 끝 (겉쪽)에 본드를 칠한다.

본체의 안쪽에 단단히 손잡이를 붙인다.

양손으로 손잡이의 커브를 다시 한번 정리한다.

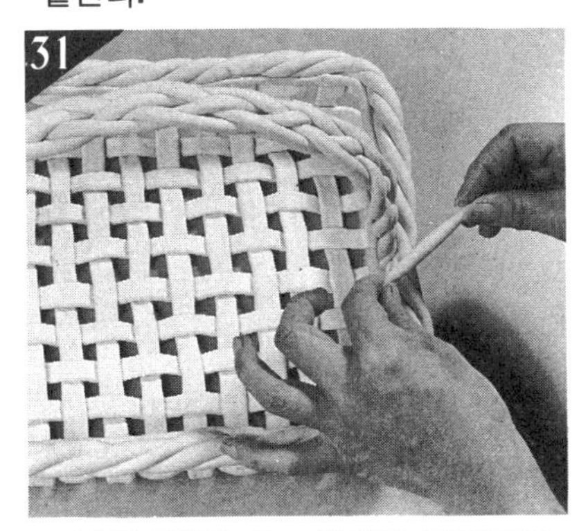

직경 8밀리, 5㎝ 길이의 로우프로 손잡이를 붙인 뿌리를 감아 보강.

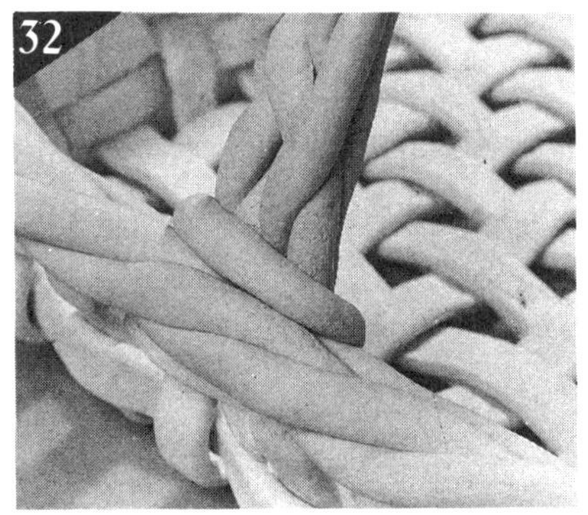

로우프를 잘 눌러 손잡이를 고정시킨다.

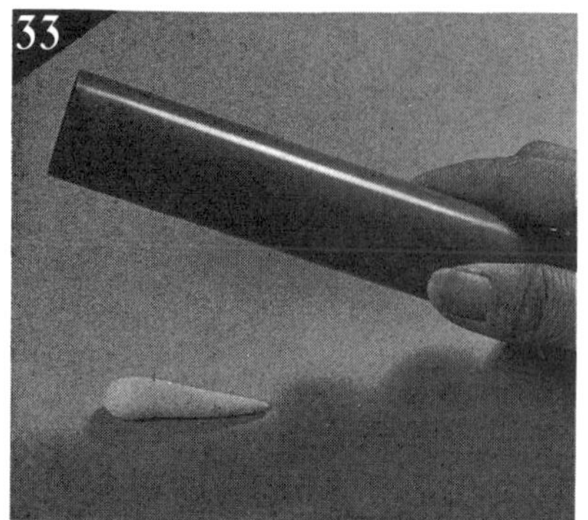

잎사귀는 매실 크기의 점토를 눈물 모양으로 만들어 밑방망이로 편다.

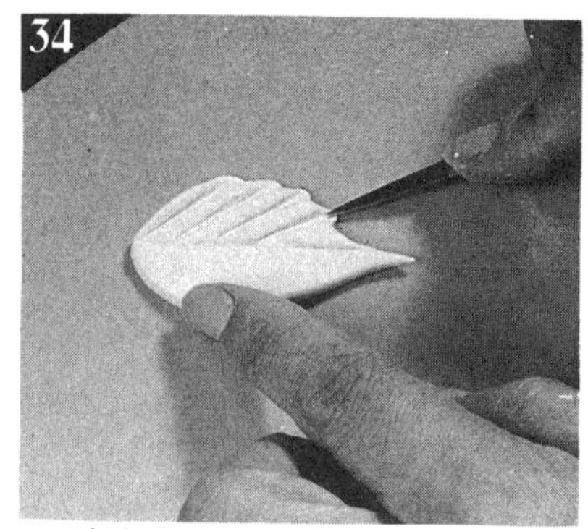

잎사귀 중심에 맥을 넣고 맥에서부터 바깥을 향해 맥을 넣어 만든다.

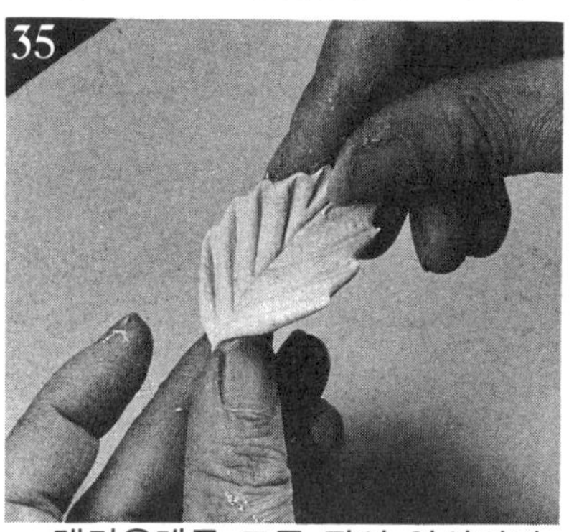

맨가운데를 조금 잡아 잎사귀의 부드러운 기분을 낸다.

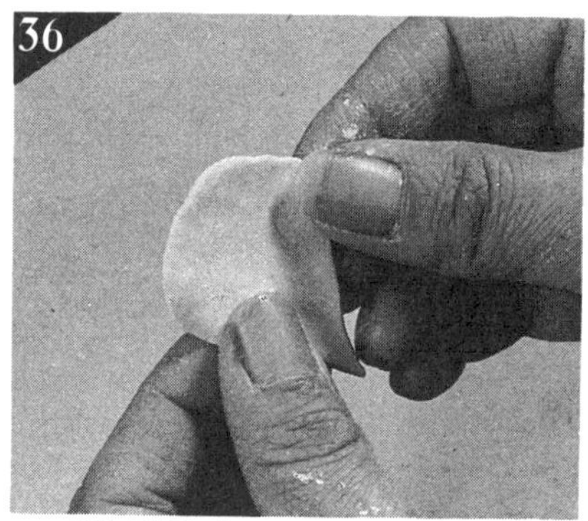

6장 만든다.

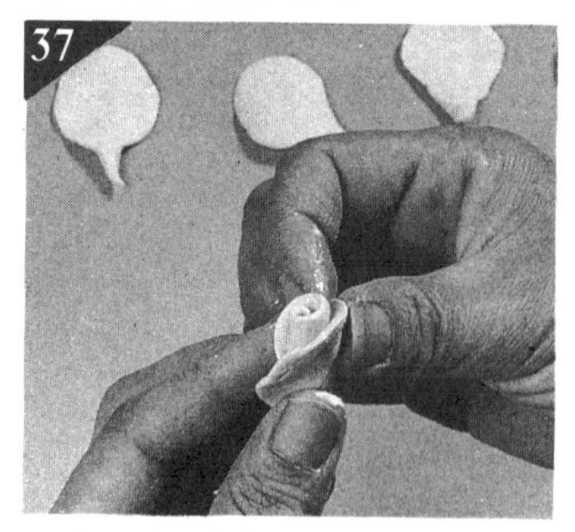

한쪽에 3장의 잎사귀를 모양있게 붙인다.

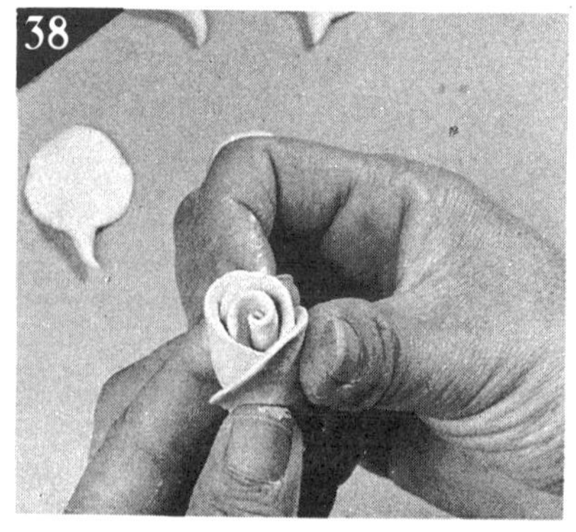

남은 5장을 밖에 붙여 정리.

꽃잎 끝을 손가락 끝으로 표정을 낸다.

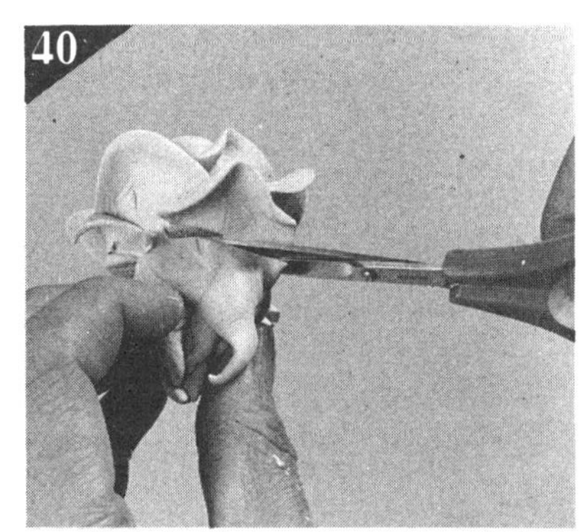

꽃은 높이 2㎝가 되도록 뿌리를 자른다. 4개 만든다.

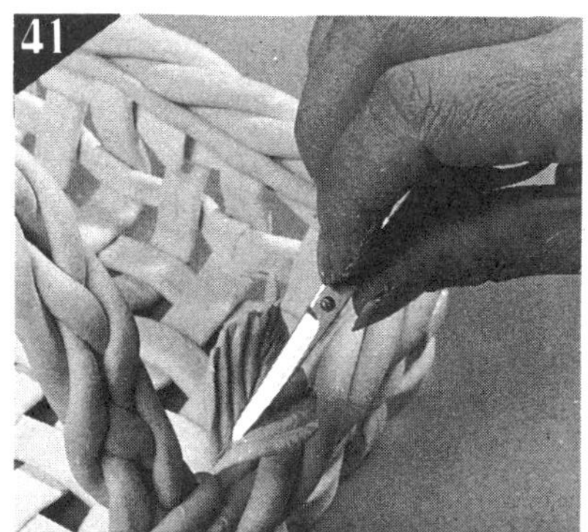

손잡이를 붙인 뿌리에 가위 끝으로 잎사귀를 눌러 붙인다.

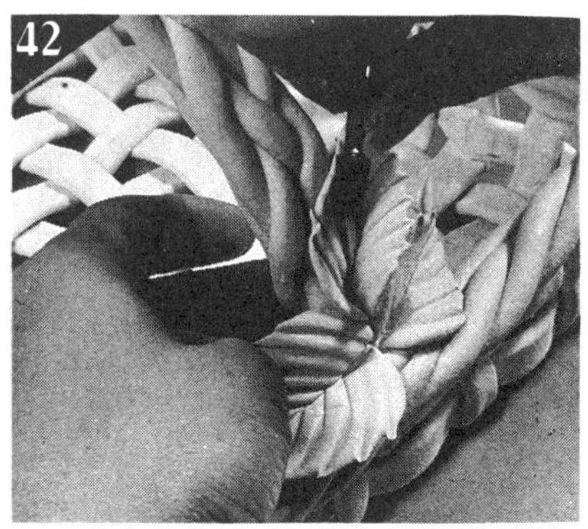

가위의 끝을 꽃 뿌리 부분에 찔러 잎사귀 위를 누른다.

2개의 꽃도 같은 요령으로 밸런스 있게 붙인다.

손잡이의 양쪽에 잎사귀와 꽃을 붙이고 잘 건조시킨 다음 착색한다.

빨간 바스켓

• **재료**

점토 4개, 18번 와이어 2개, 목공용 본드, 보울(직경 20㎝), 랩.

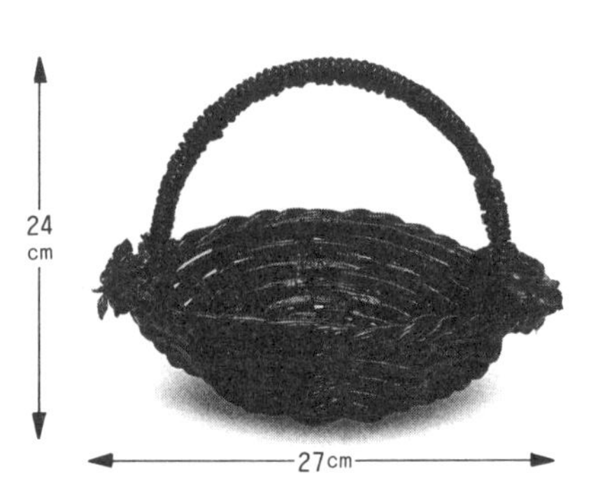

• **만드는 방법의 포인트**

로우프를 종심으로 하여 평로우프로 짜는데 종심을 기수로 하면 평로우프는 깊이 길이까지 짤 수가 있다.

손잡이는 내린 때에 본체가 흔들리지 않도록 붙이는 위치를 확실하게 확인하고 나서 붙이자.

틀이 심플하지만 채색의 농담 선택 여하로 꿈이 있는, 개성적인 바스켓이 된다.

틀 (보울)을 랩으로 감싼다.

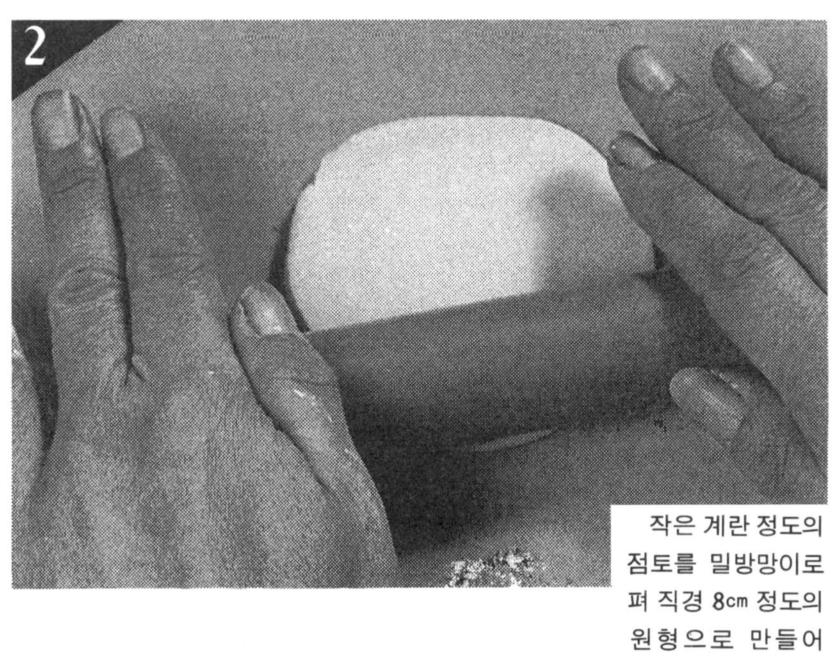

작은 계란 정도의 점토를 밀방망이로 펴 직경 8㎝ 정도의 원형으로 만들어 저면(底面)으로 한다.

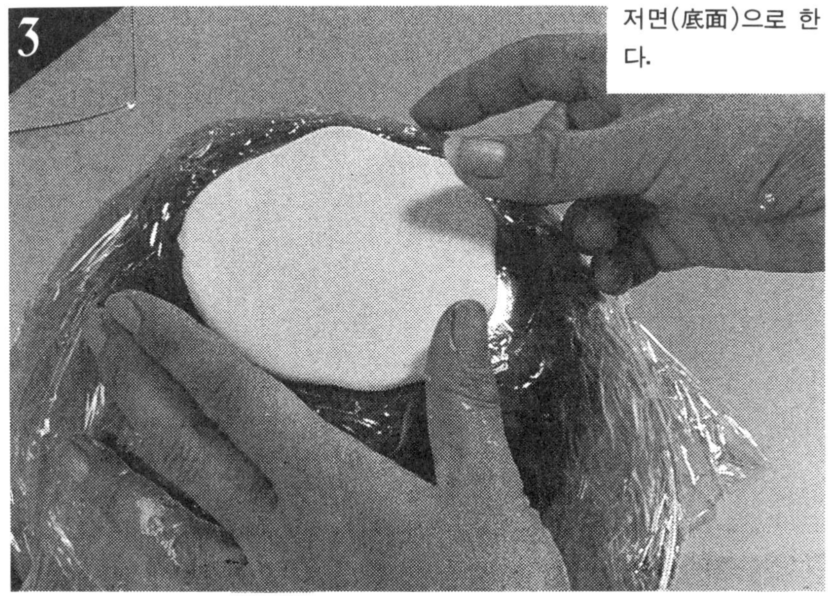

저면을 틀 바닥 중앙에 얹는다.

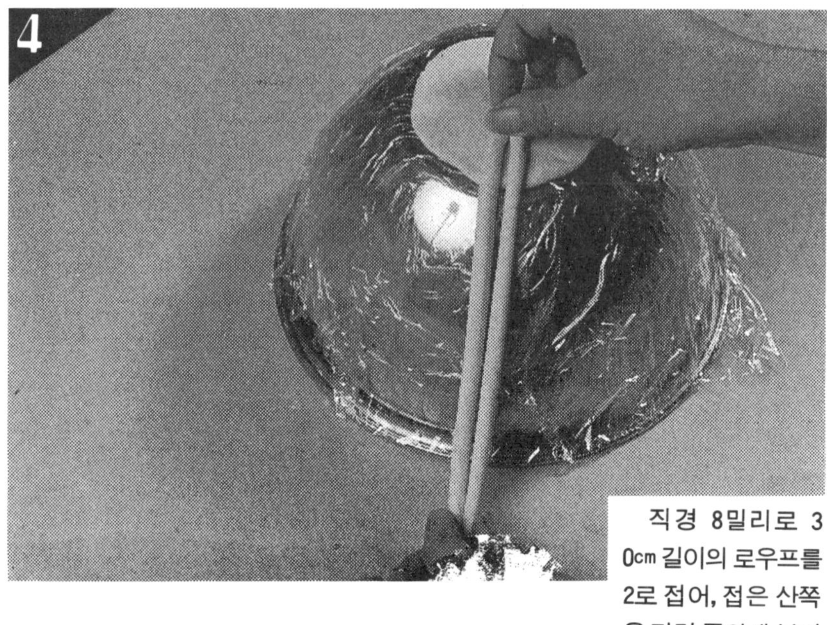

직경 8밀리로 30cm 길이의 로우프를 2로 접어, 접은 산쪽을 저면 주위에 붙이고 끝을 틀 아래로 내린다.

틀 주변에 등간격으로 9개의 로우프를 붙인다.(종심)

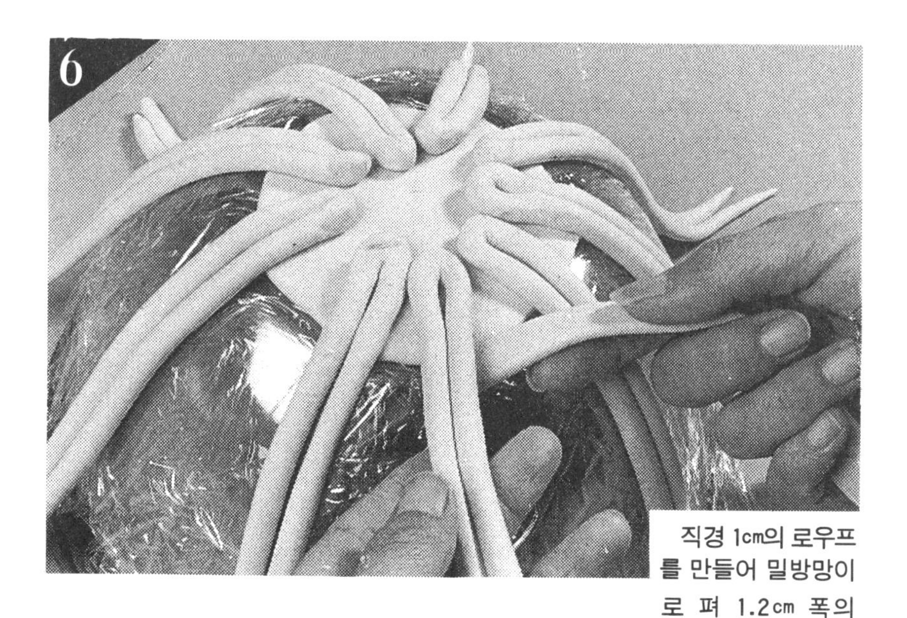

직경 1㎝의 로우프를 만들어 밀방망이로 펴 1.2㎝ 폭의 평로우프(짠 심지)로 만들어 측면을 짜 간다.

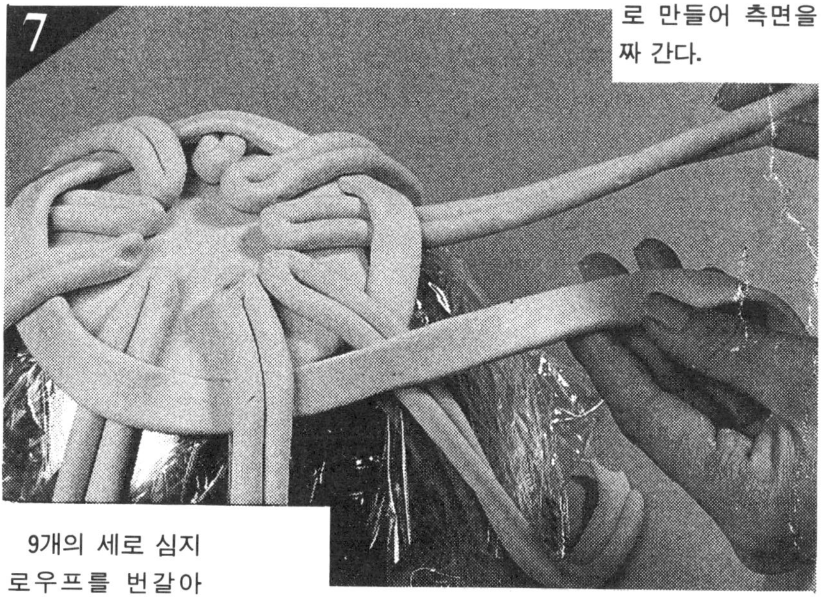

7

9개의 세로 심지 로우프를 번갈아 들면서 평 로우프를 가로로 짜간다.

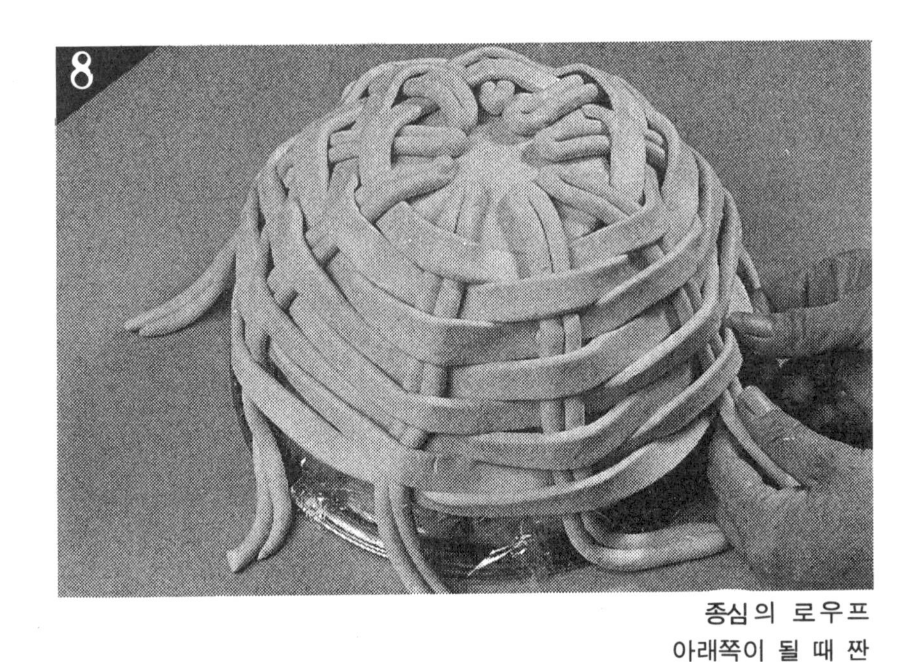

종심의 로우프 아래쪽이 될 때 짠 심지를 이으면서 틀 아래까지 짠다.

9

그와 같이 바닥 심지를 또 한개 만들어 바닥 위에 얹는다.

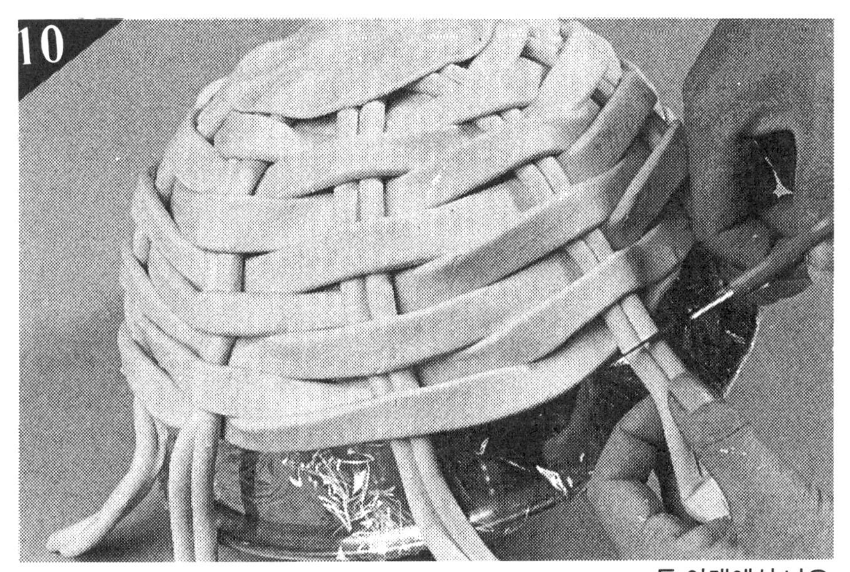

틀 아래에서 나오는 여분의 로우프를 가위로 잘라 떨어뜨린다.

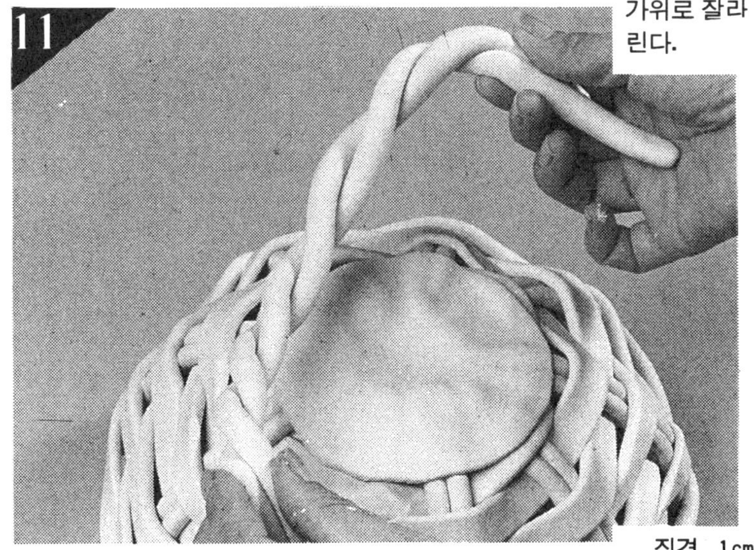

직경 1cm, 30cm 길이 정도의 로우프를 2개 꼬아 바닥 주변에 붙인다.

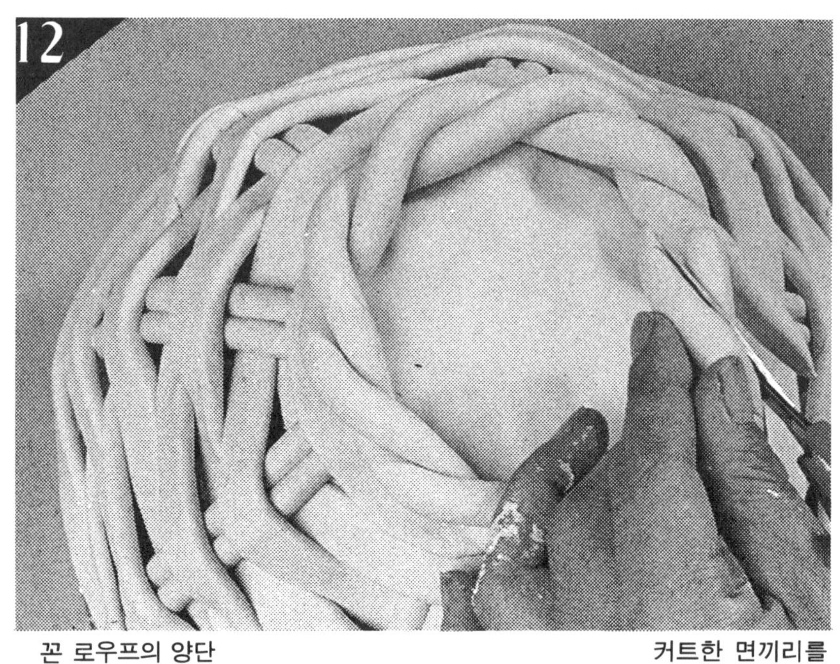

꼰 로우프의 양단은 비스듬히 커트하고 커트 한 면에 본드를 바른다.

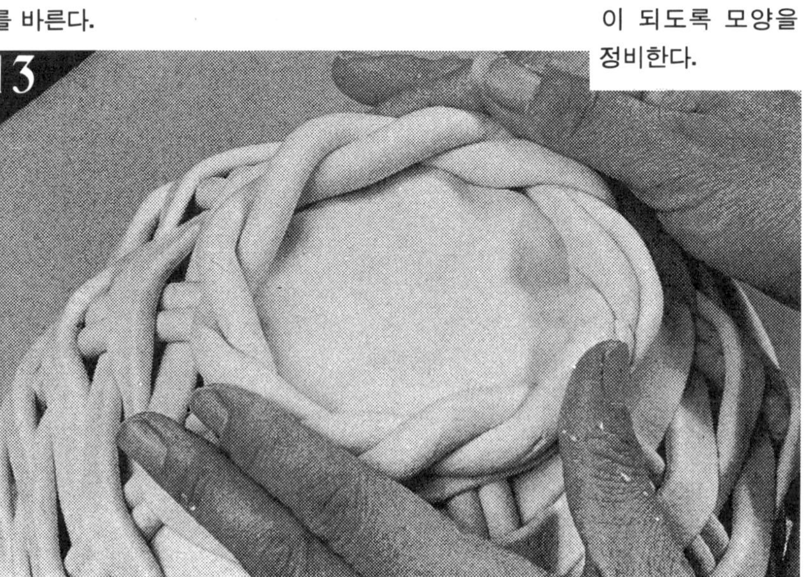

커트한 면끼리를 눈에 띄지 않도록 맞추어 깨끗한 원형이 되도록 모양을 정비한다.

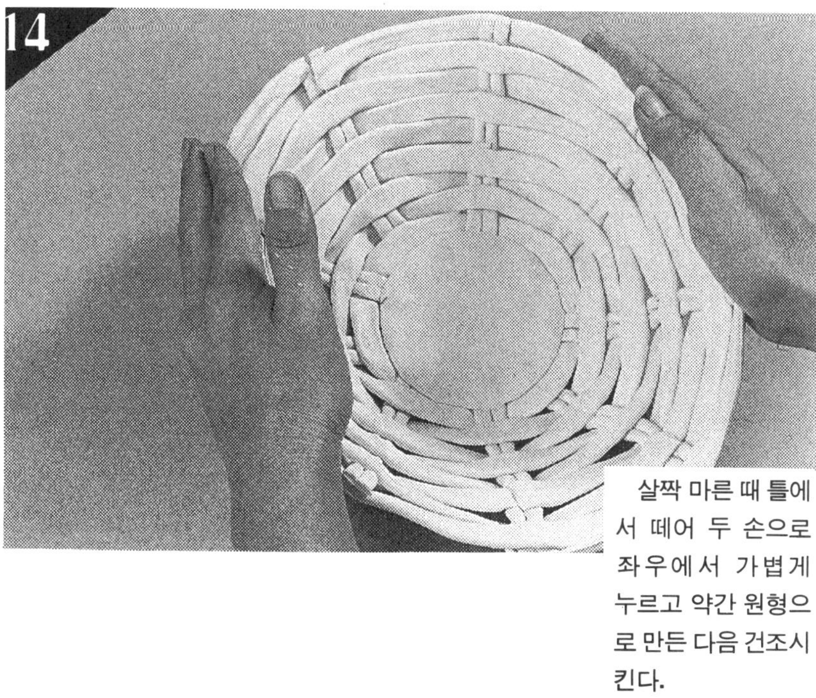

살짝 마른 때 틀에서 떼어 두 손으로 좌우에서 가볍게 누르고 약간 원형으로 만든 다음 건조시킨다.

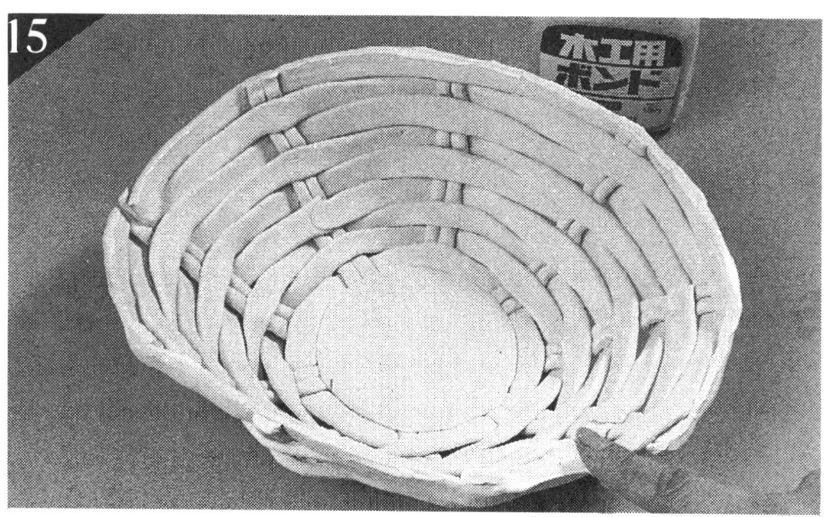

본체 가장자리 주위에 본드를 칠한다.

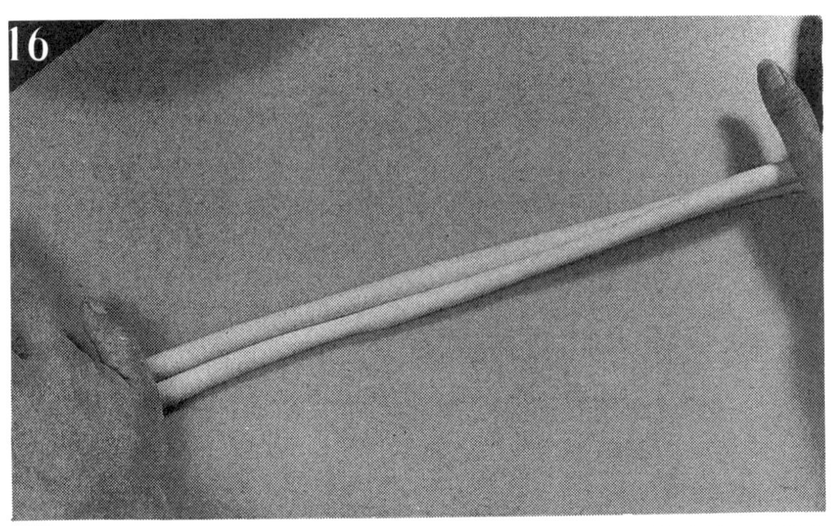

직경 1㎝, 길이 70㎝ 정도의 로우프를 2개 만든다.

2개의 로우프를 나란히 두고 끝을 두손으로 누르고 왼손을 앞, 오른손을 뒷쪽으로 굴려 꼰다.

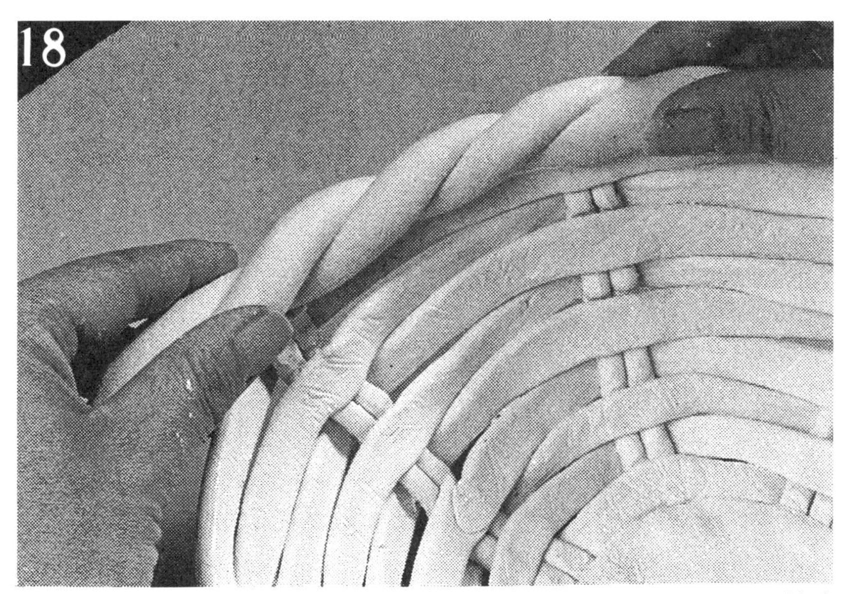

꼰 로우프를 본체 가장자리 주변에 얹어 붙여 본체에 익숙하게 한다.

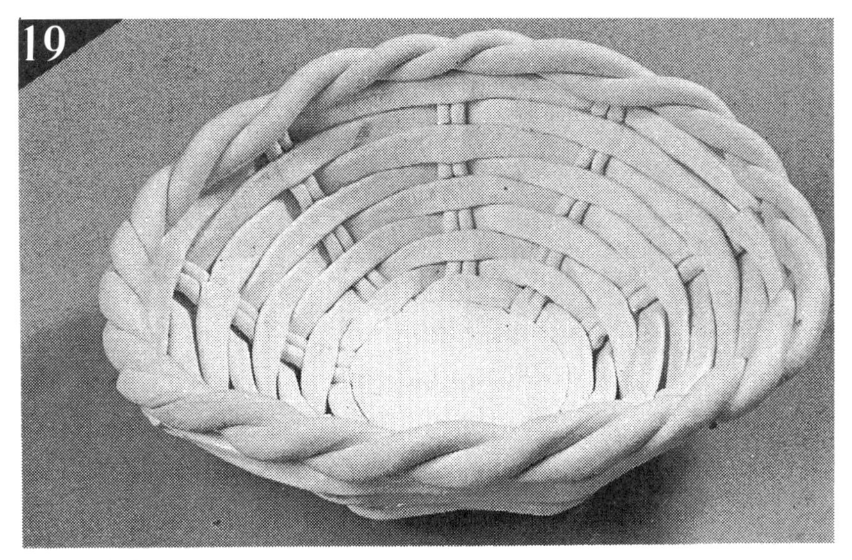

본체 완성.

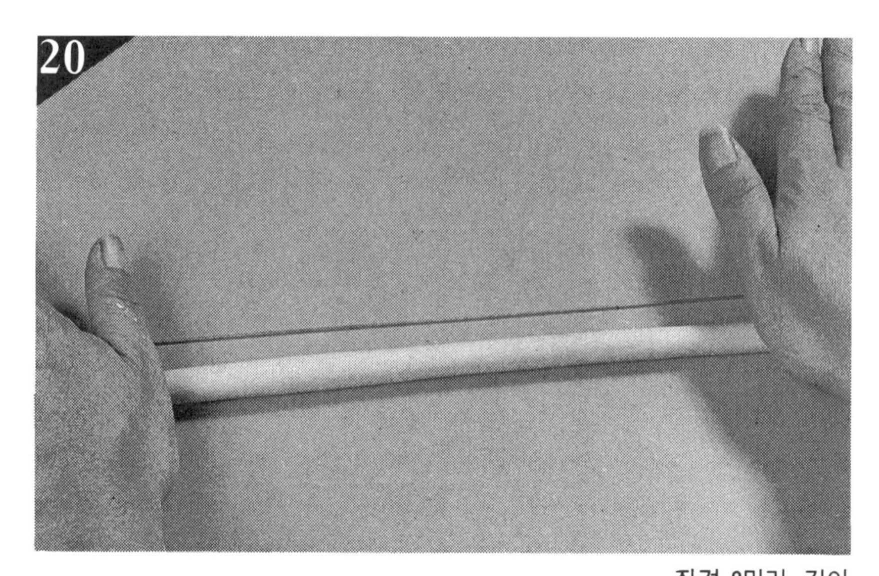

직경 8밀리, 길이 45㎝의 로우프에 와이어를 나란히 두어 함께 굴려 와이어가 든 로우프를 만든다.

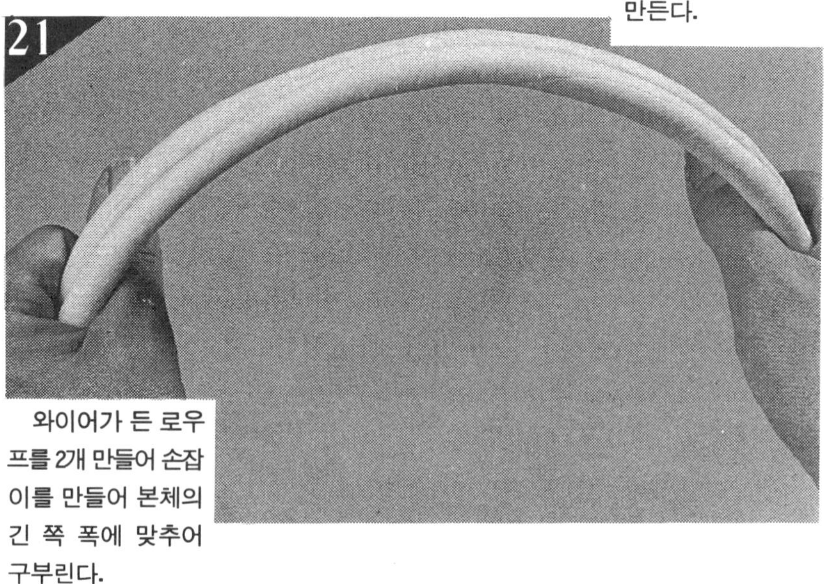

와이어가 든 로우프를 2개 만들어 손잡이를 만들어 본체의 긴 쪽 폭에 맞추어 구부린다.

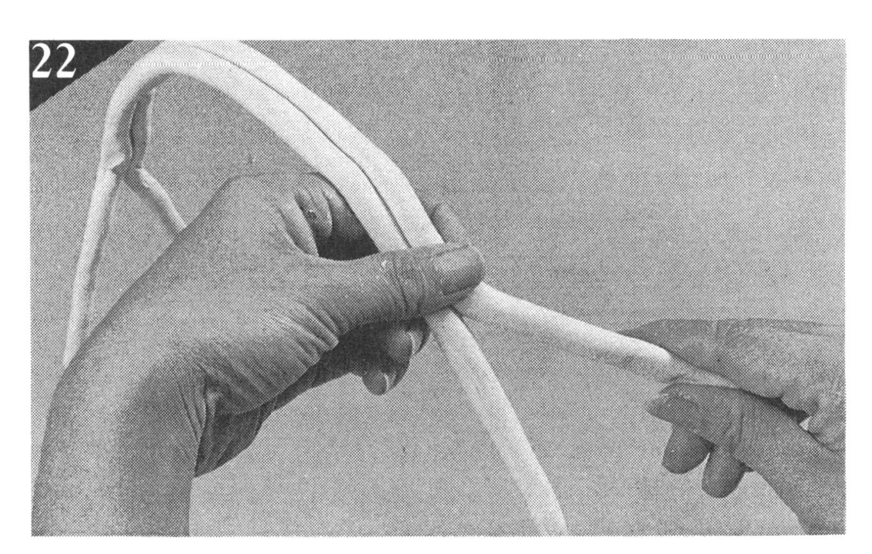

손잡이 양쪽 끝에
서 5cm를 V자형으로
벌린다.

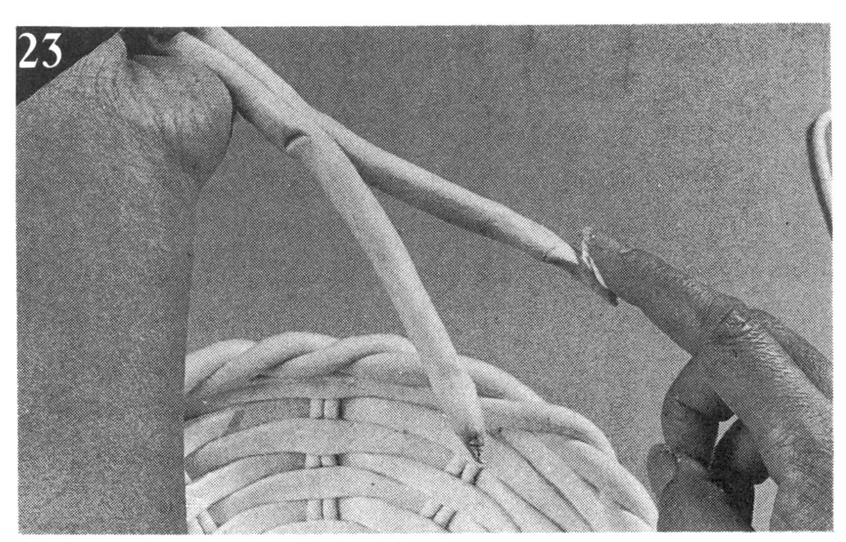

손잡이 양끝 4곳에
본드를 칠한다.

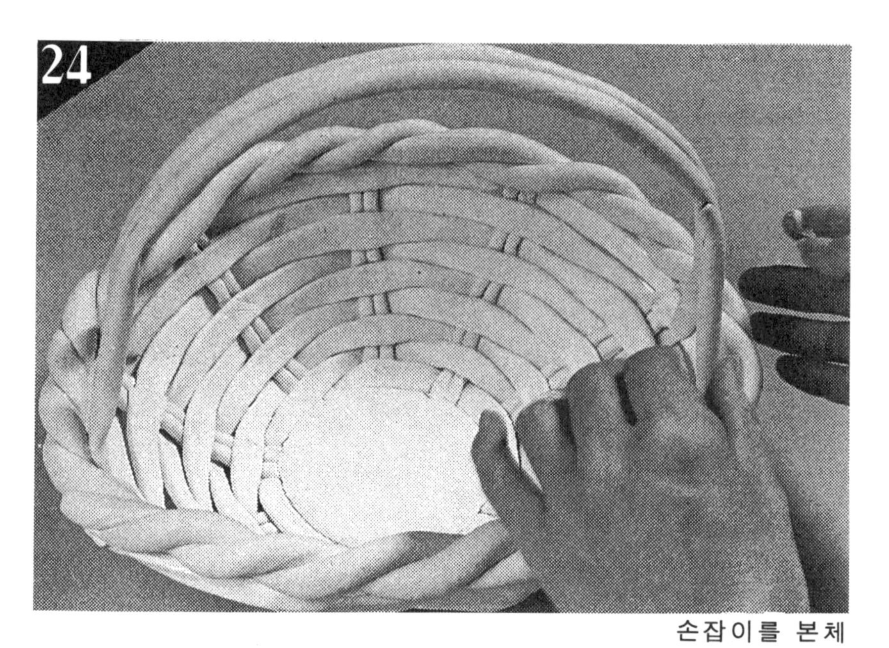

손잡이를 본체
내부에 눌러 붙이듯
이 붙인다.

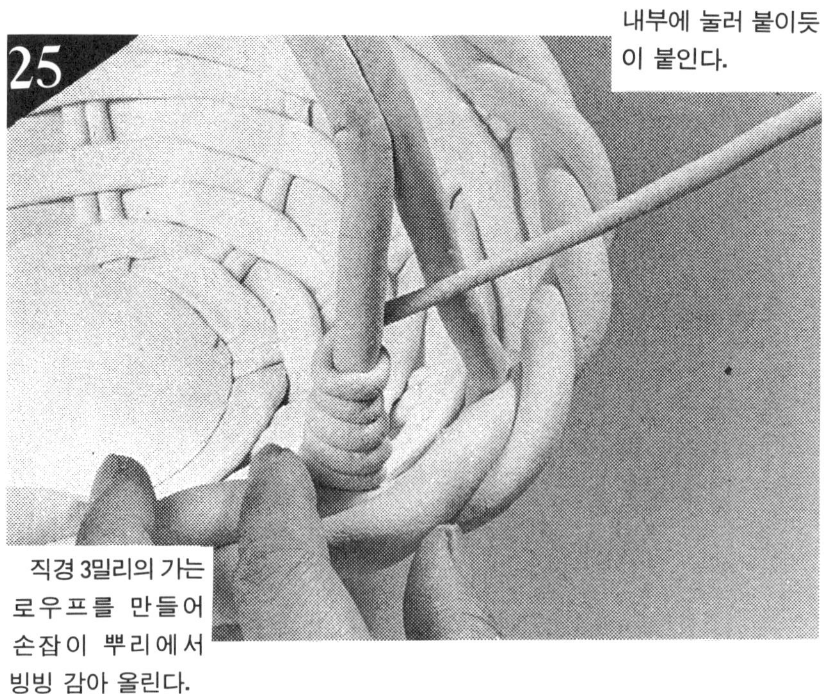

직경 3밀리의 가는
로우프를 만들어
손잡이 뿌리에서
빙빙 감아 올린다.

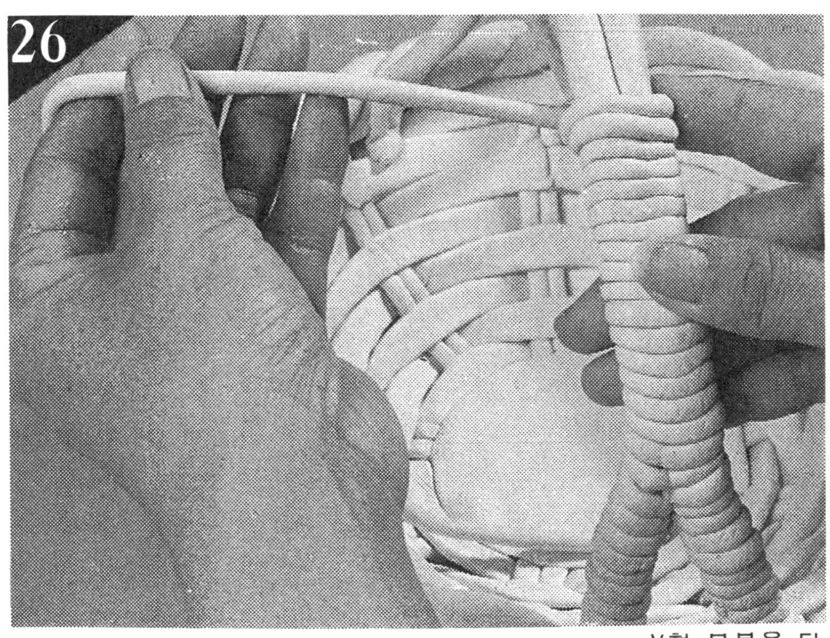

V형 부분을 다 감았으면 계속해서 굵은 부분을 감아 올린다.

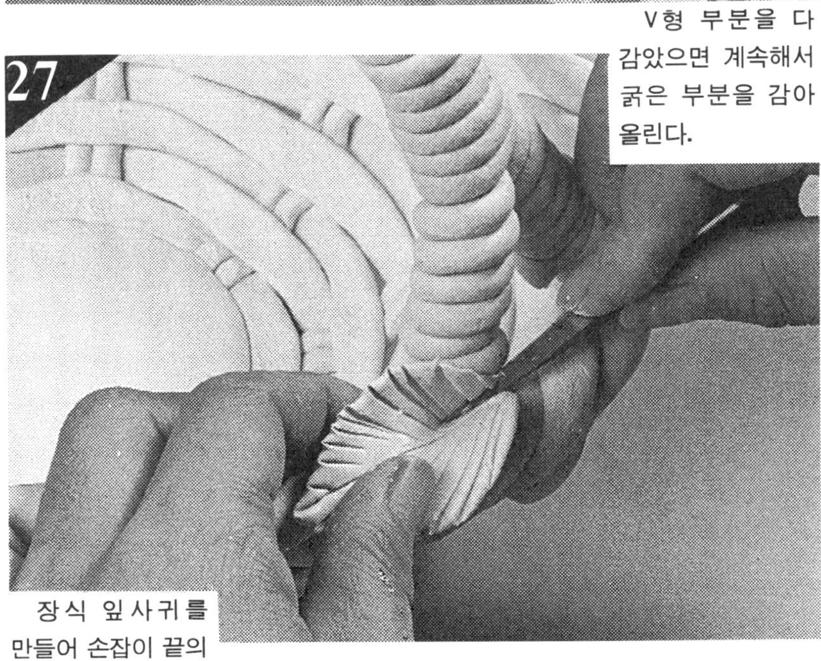

장식 잎사귀를 만들어 손잡이 끝의 바깥쪽에 붙인다.

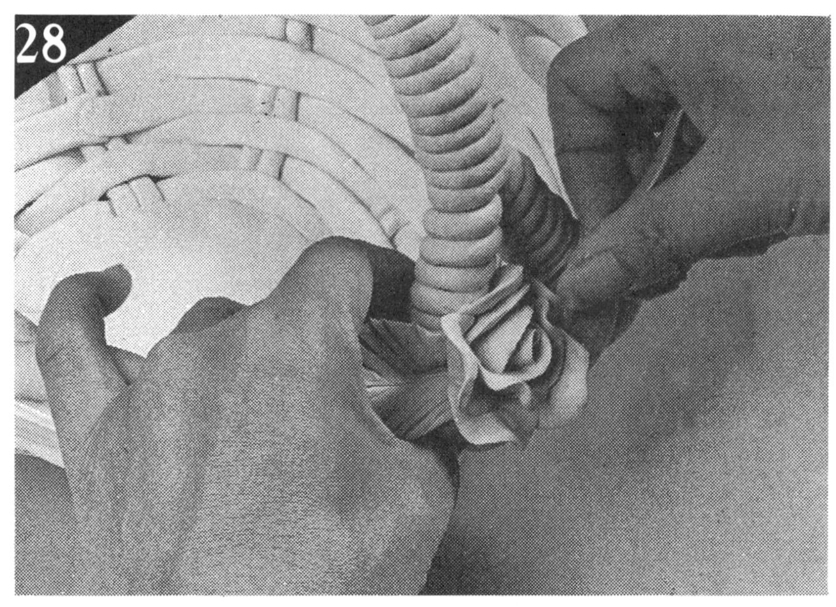

또다른 쪽 손잡이 끝에도 꽃과 잎사귀를 붙인다.

장미꽃을 만들어 잎사귀 위에 모양있게 붙인다.

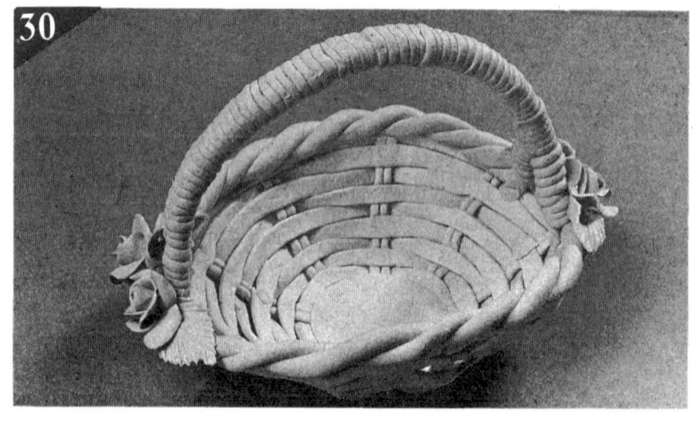

잘 건조시켜 (2일 정도) 채색을 엷게 칠해 완성한다.

꼰 로우프의 바스켓

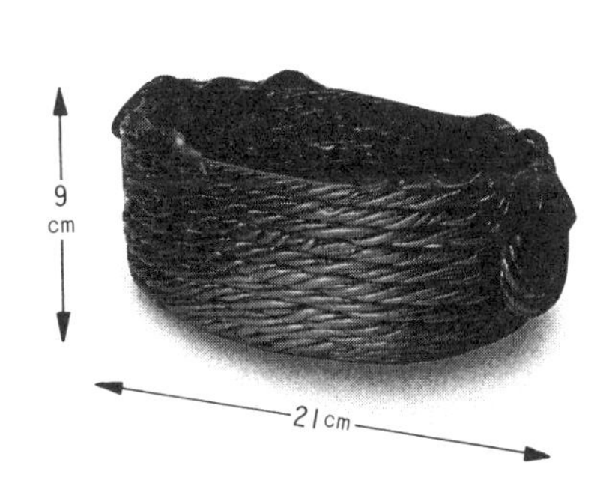

• 재료

점토 1¼개, 목공용 본드, 프라스틱제 마아가린 그릇(15㎝×10㎝의 타원으로 깊이 5㎝).

• 만드는 방법의 포인트

그릇의 곡선 재미를 살려 꼰 로우프를 빙글빙글 감는다. 로우프의 연결은 비스듬히 커트하여 꼰 것이 연결되도록 본드로 잇는다.

점토가 부드러울 때 재빨리 누르듯이 감고, 로우프끼리 붙이는데 건조되는 느낌이 있을 때는 본드를 바르면서 감아가자.

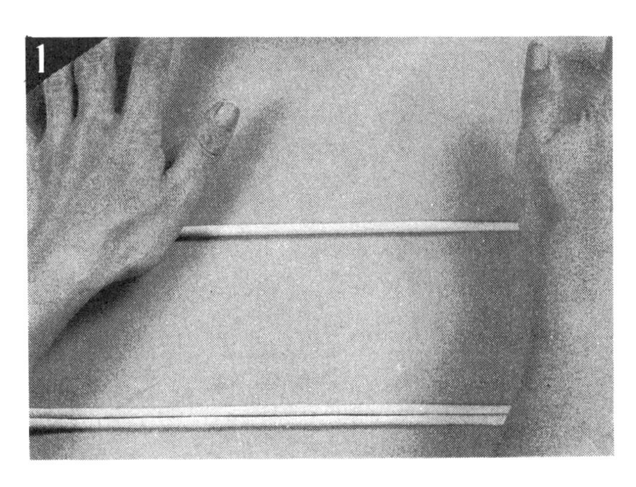

직경 5밀리의 로우프를 길이 70㎝정도로 3개 만든다.

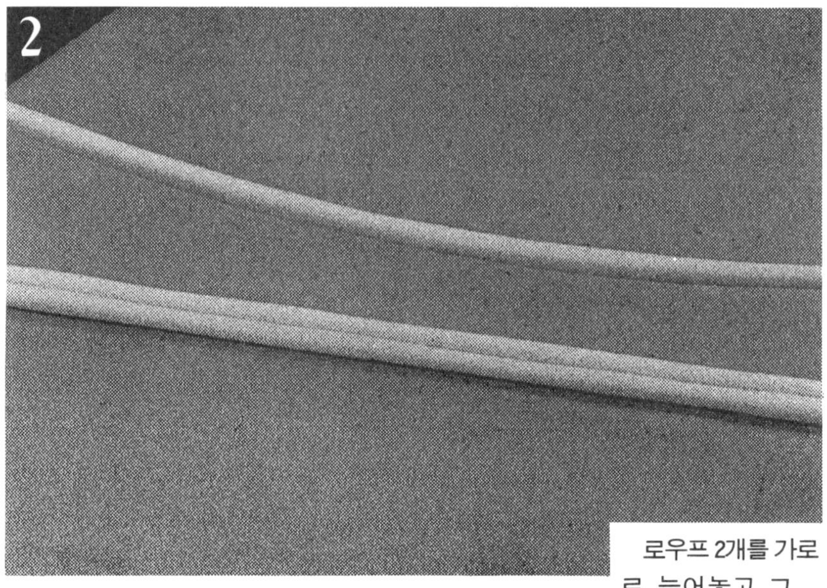

로우프 2개를 가로로 늘어놓고 그 위에 나머지 한개를 얹어 삼각으로 쌓는다.

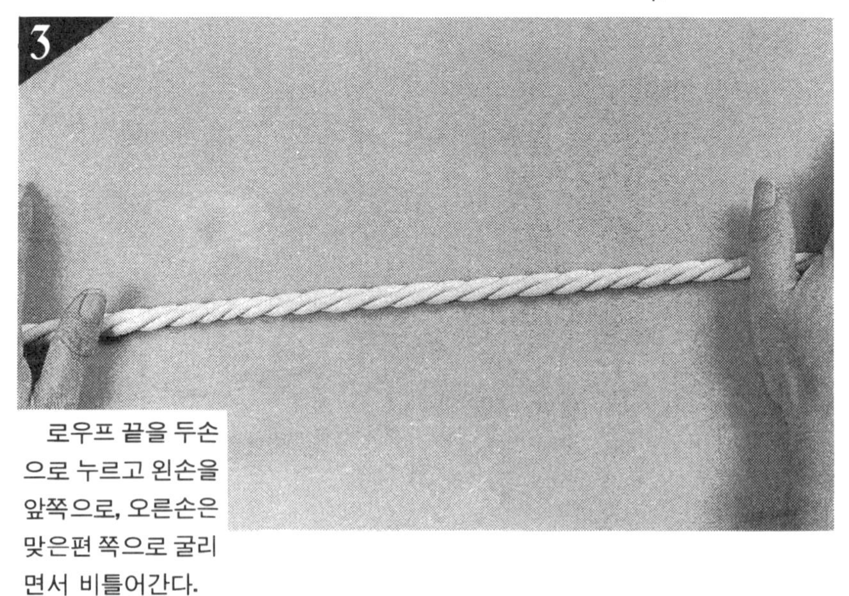

로우프 끝을 두손으로 누르고 왼손을 앞쪽으로, 오른손은 맞은편 쪽으로 굴리면서 비틀어간다.

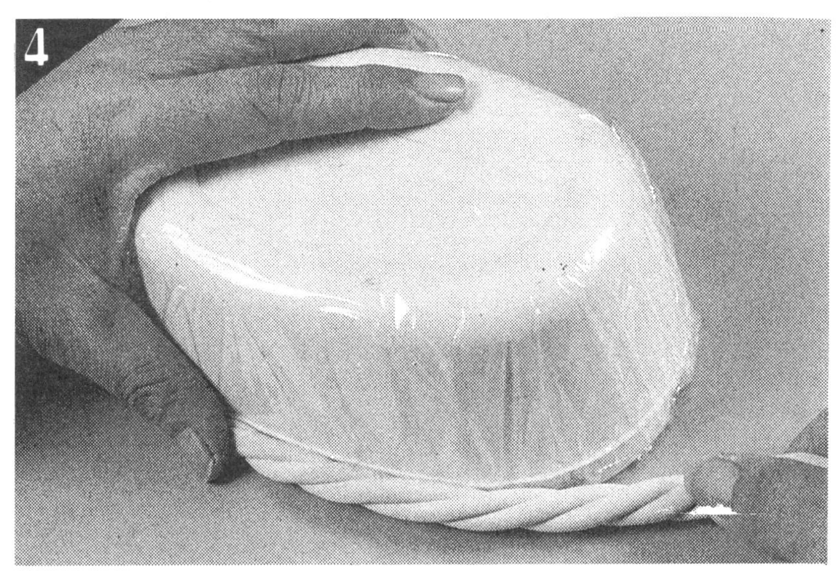

틀 아래에서 위를 향해 꼰 로우프를 틈이 생기지 않도록 빙글빙글 감아간다.

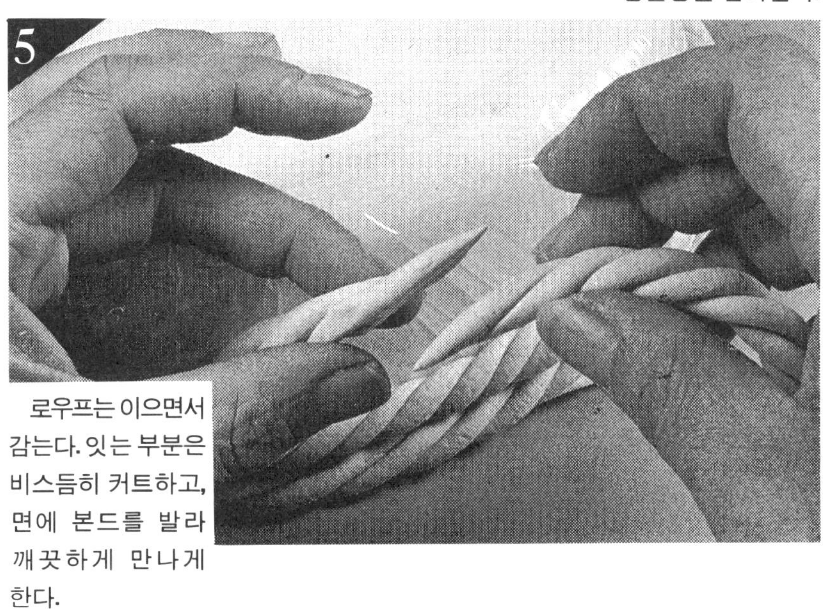

로우프는 이으면서 감는다. 잇는 부분은 비스듬히 커트하고, 면에 본드를 발라 깨끗하게 만나게 한다.

틀을 따라 박는 기분으로 측면에서 바닥 중심까지 감고 마지막을 넣는다.

전체가 잘 맞물리도록 손바닥으로 누른다.

잘 건조한 다음(약 2일) 틀을 뺀다.

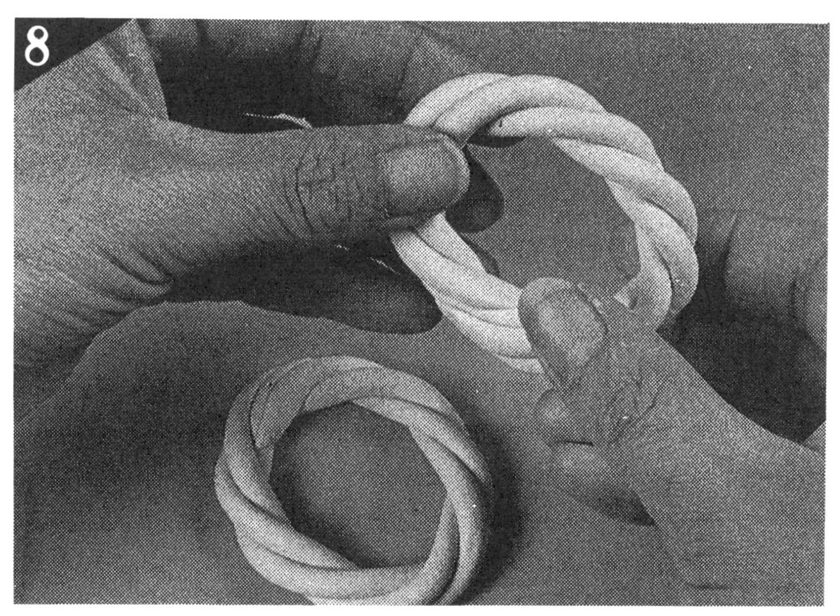

본체와 같이 꼰 로우프로 직경 약 5㎝의 링 2개를 만든다.

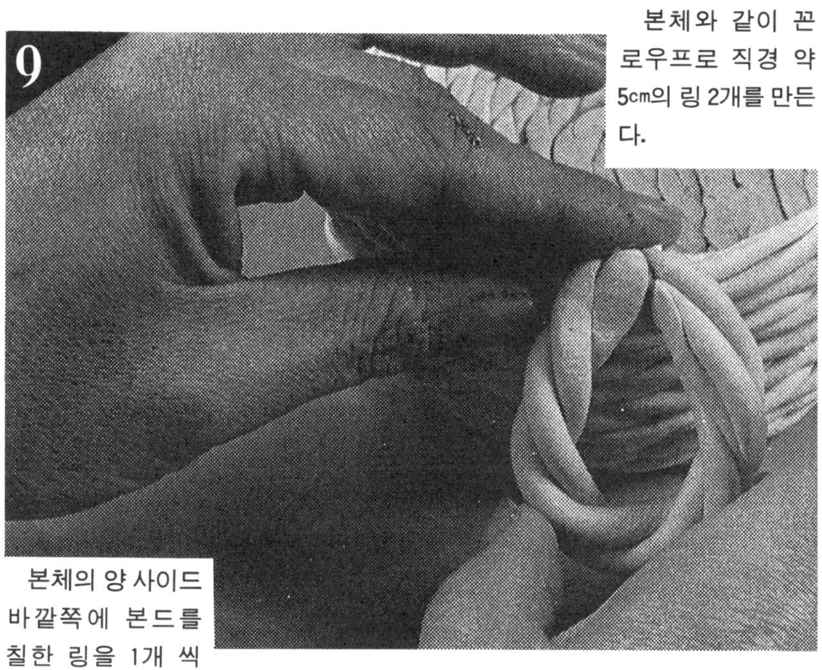

본체의 양 사이드 바깥쪽에 본드를 칠한 링을 1개 씩 붙인다.

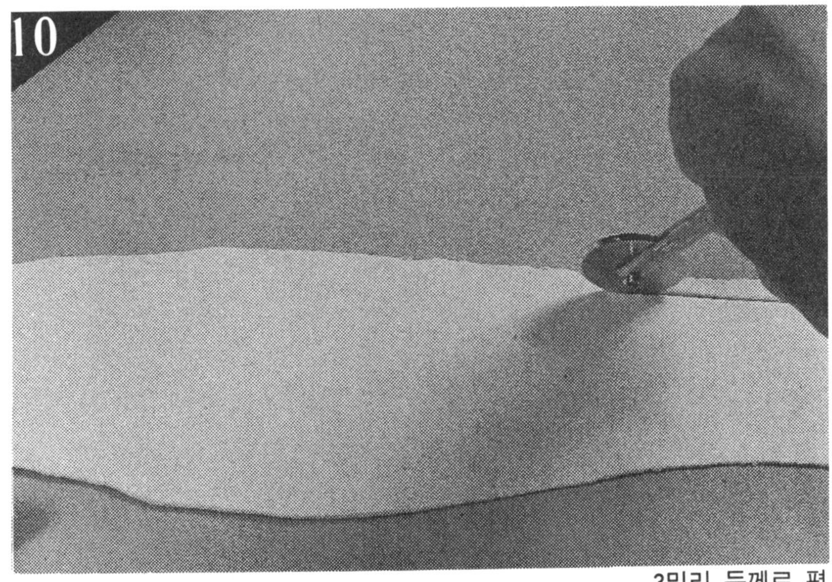

3밀리 두께로 편 점토를 컷로울러로 1㎝ 폭의 테이프 모양으로 자른다.

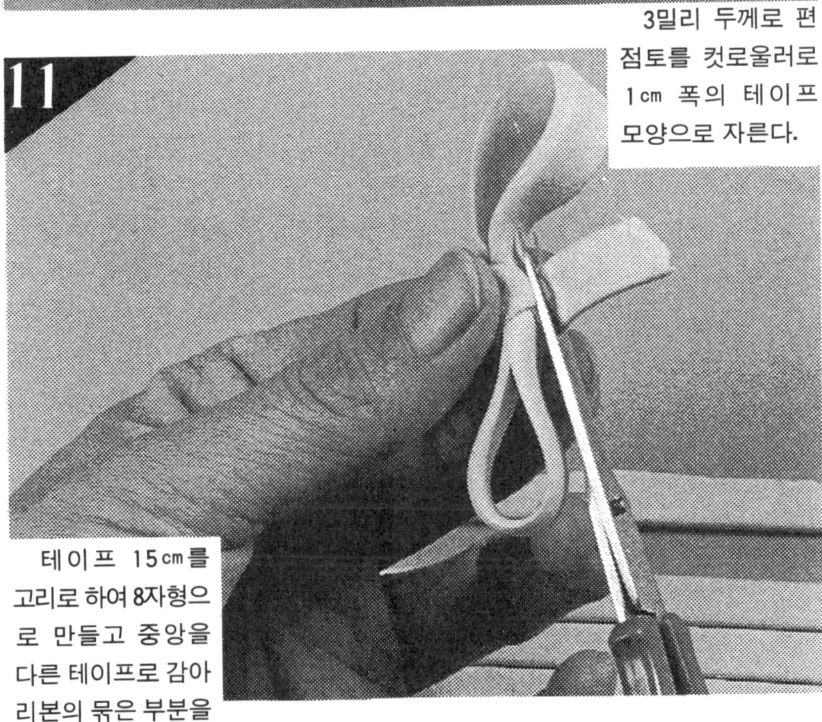

테이프 15㎝를 고리로 하여 8자형으로 만들고 중앙을 다른 테이프로 감아 리본의 묶은 부분을 만든다.

리본의 늘어진 부분은 13㎝ 길이의 테이프를 조금 꼬아 표정을 만들고 2개를 본체 가장자리에 붙인다.

링 위치상에 묶은 부분을 얹고 늘어진 부분과 밸런스를 잡으면서 형을 잘 다듬는다.

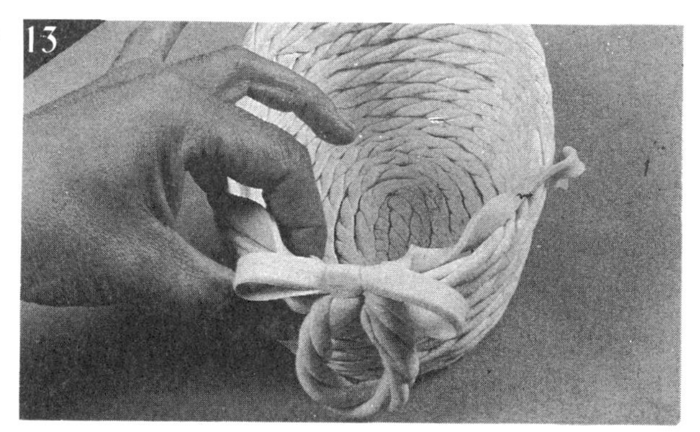

한편에도 리본을 붙여 잘 건조된 다음 착색한다.

레터락

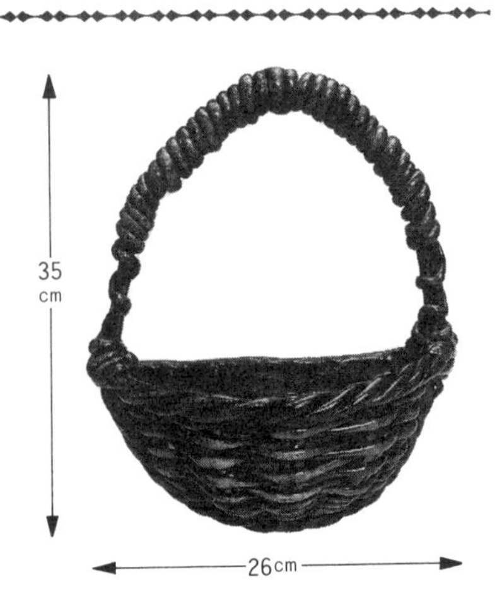

• 재료

점토 4개, 목공용 본드, 티슈 페이퍼, 랩.

• 만드는 방법의 포인트

종심은 2개로 하는데 짜는 방법은 각형(角形) 바스켓과 같다. 로우프의 굵기는 다소 달라도 그다지 신경쓰지 말고 짜자.

오히려 소박한 맛이 나온다.

틀을 사용하는데 대신 티슈 페이퍼를 둥글게 넣는다. 본체가 잘 건조된 다음 꺼내자.

벽에 걸어 그림을 넣기도 하고 엽서를 넣기도 한다.

점토를 두께 5밀리, 세로 20cm×가로 25cm 정도로 펴고 상부를 부드러운 활 모양으로 커트한다.(토대)

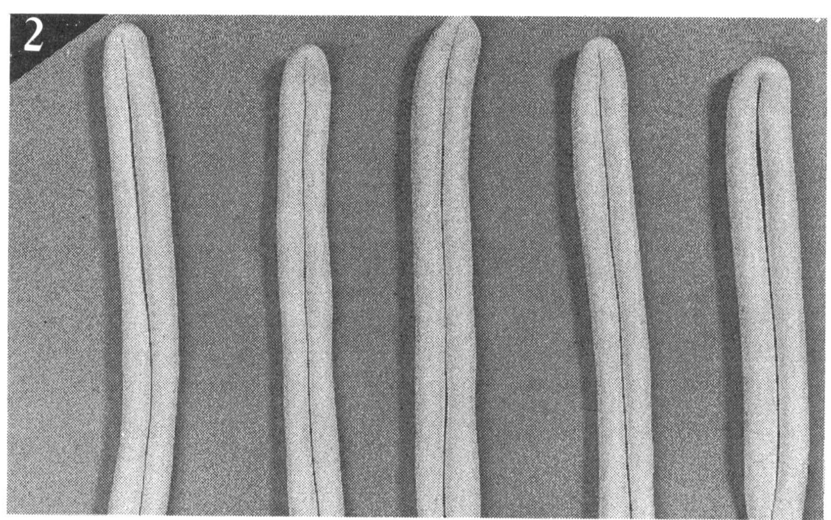

직경 8밀리의 로우프를 5개 만든다. 각각을 두개로 꺾어 세로 심지를 만든다.

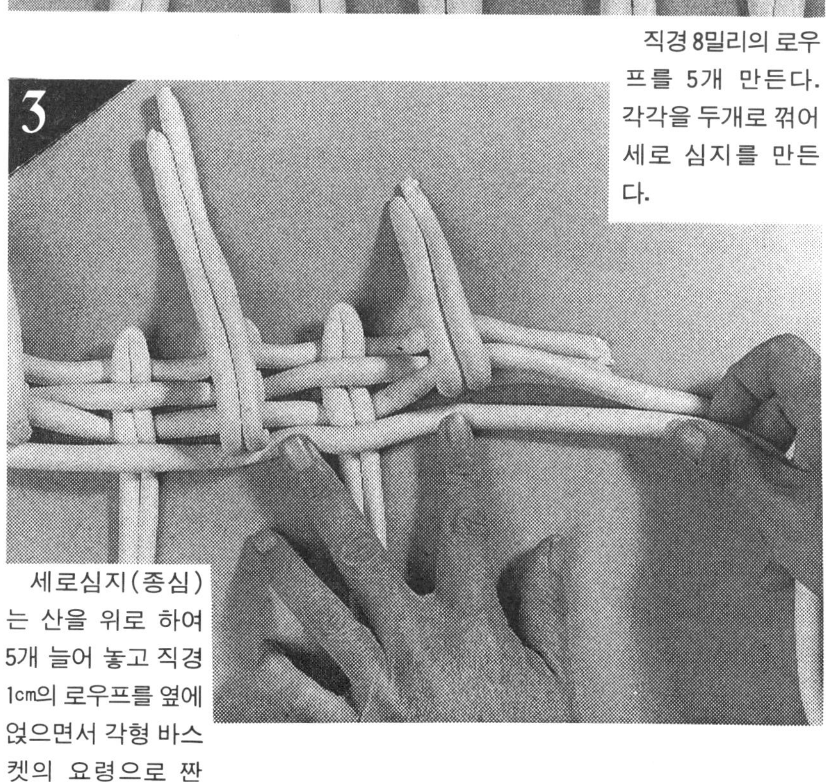

세로심지(종심)는 산을 위로 하여 5개 늘어 놓고 직경 1㎝의 로우프를 옆에 엮으면서 각형 바스켓의 요령으로 짠다.

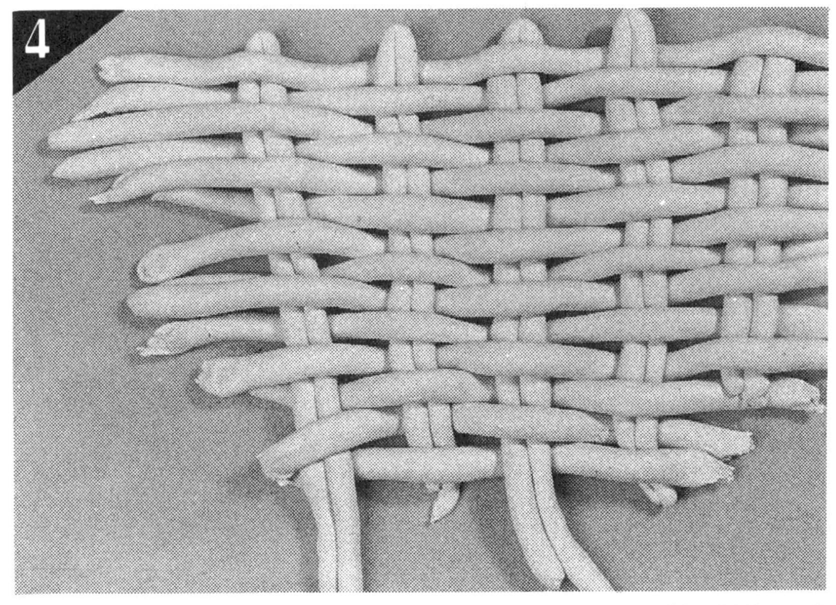

짜는 것은 토대 보다 크게 포켓형으로 만든다.

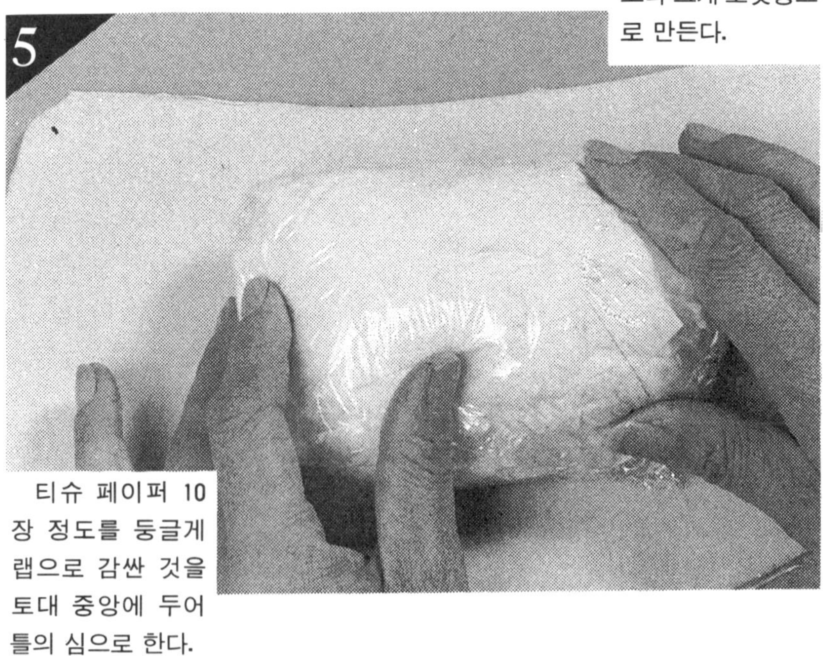

티슈 페이퍼 10 장 정도를 둥글게 랩으로 감싼 것을 토대 중앙에 두어 틀의 심으로 한다.

토대 위에 4의 짜는 것을 얹어 모양을 잘 만들어 토대와 함께 포켓 모양으로 만든다.

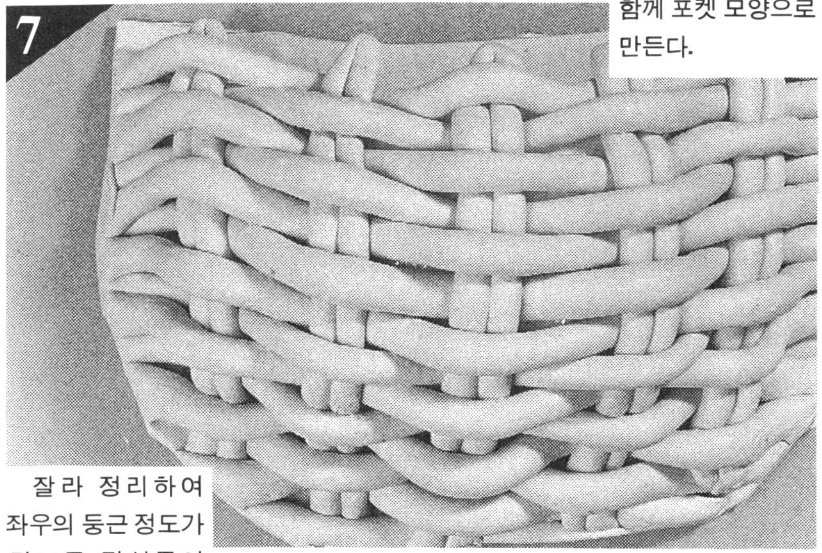

잘라 정리하여 좌우의 둥근 정도가 같도록 정성들여 커트한다.

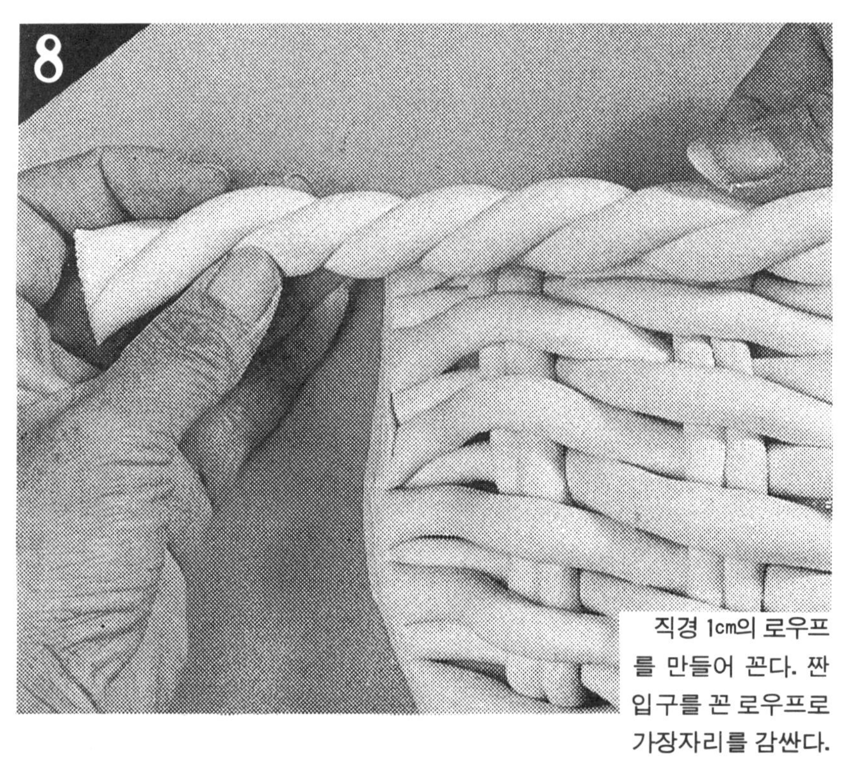

직경 1㎝의 로우프를 만들어 꼰다. 짠 입구를 꼰 로우프로 가장자리를 감싼다.

꼰 로우프는 포켓 주변에서도 빙글 돌린다.

양 끝의 여분 로우프를 잘라 내어 형을 정돈한다.

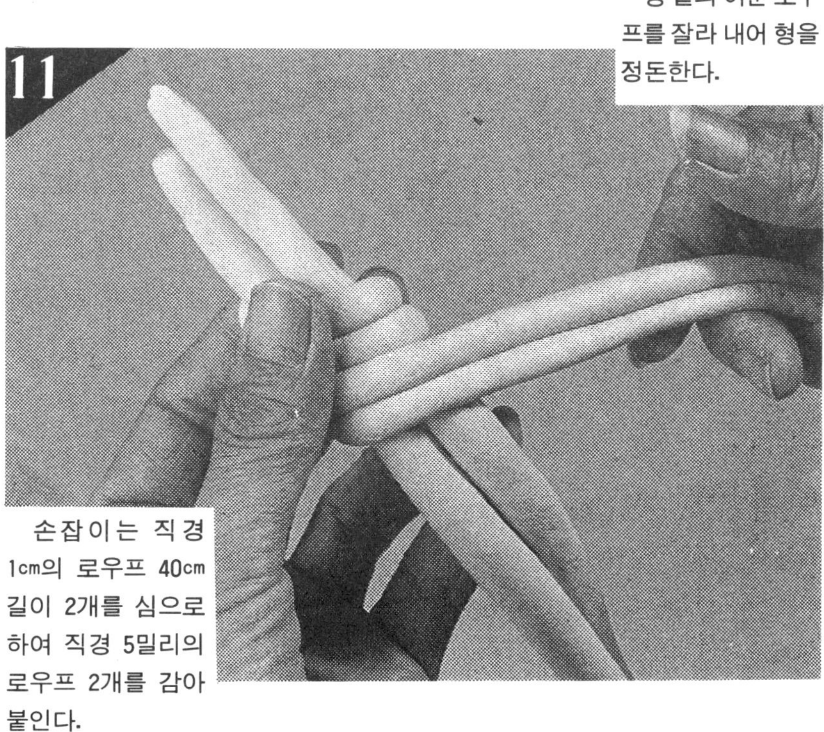

손잡이는 직경 1cm의 로우프 40cm 길이 2개를 심으로 하여 직경 5밀리의 로우프 2개를 감아 붙인다.

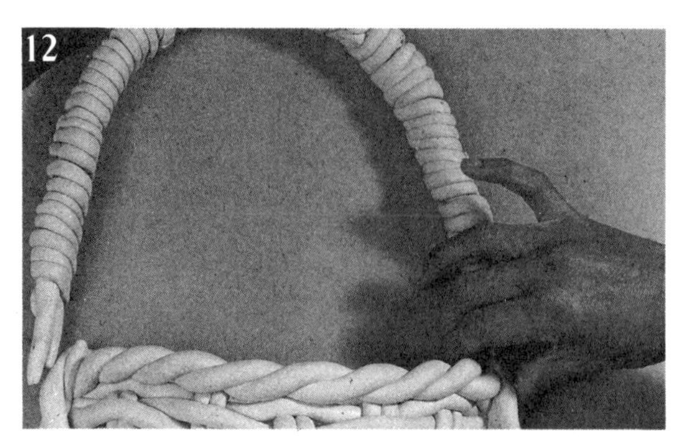

손잡이는 포켓 양 사이드 안쪽에 본드로 붙인다.

손잡이를 붙인 뿌리에 가는 로우프를 감아 손잡이를 보강한다.

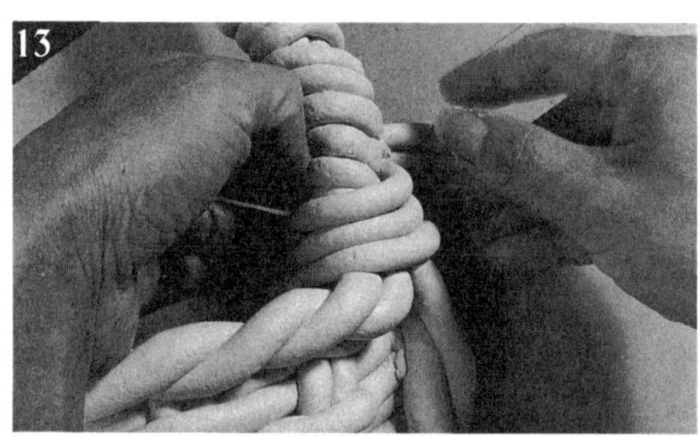

건조 후 티슈 페이퍼를 뺀다. 장미네크리스를 참조하여 착색한다.

장미 벽걸이

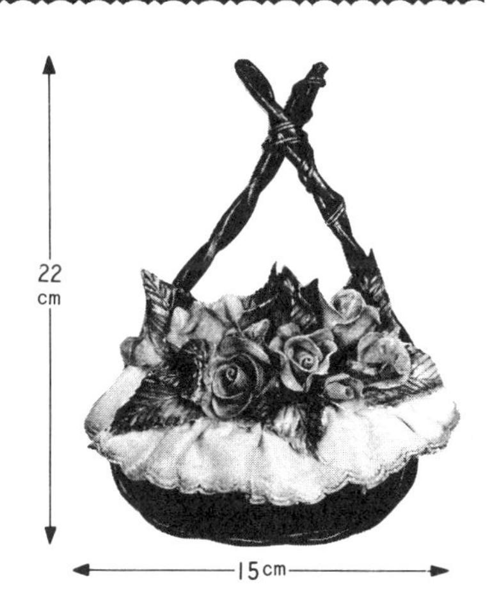

• 재료

점토 2개, 티슈 페이퍼, 랩.

• 만드는 방법의 포인트

이탈리안 도화(陶花)를 생각케 하는 장미의 귀여운 벽걸이이다.

바구니의 볼록한 것은 티슈 페이퍼를 둥글게 감아 넣었다. 전체를 가볍게 마무리하기 위해서는 레이스의 분량도 중요하다 붙일 길이의 약 1.5배를 기준으로 하여 잔주름을 잡는다.

주위에 붙일 손잡이는 재빠르게 작업하면 본체에 붙지만 건조 후 떼어질 것이 예상되면 본드로 붙이자.

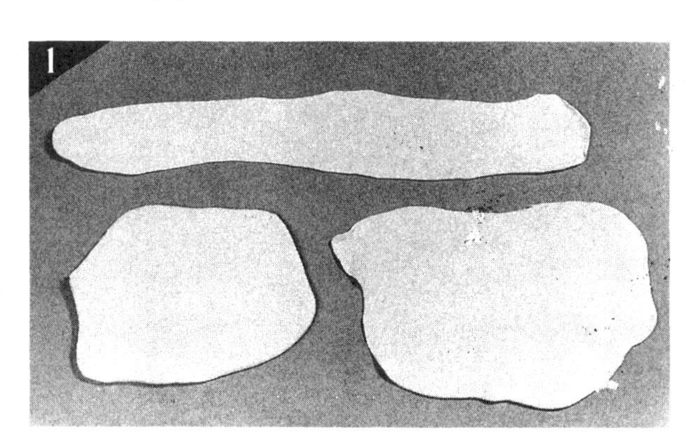

점토를 두께 3밀리 정도로 펴고 9cm×18cm(위), 9cm×12cm(아래), 5cm×28cm(레이스)를 준비한다.

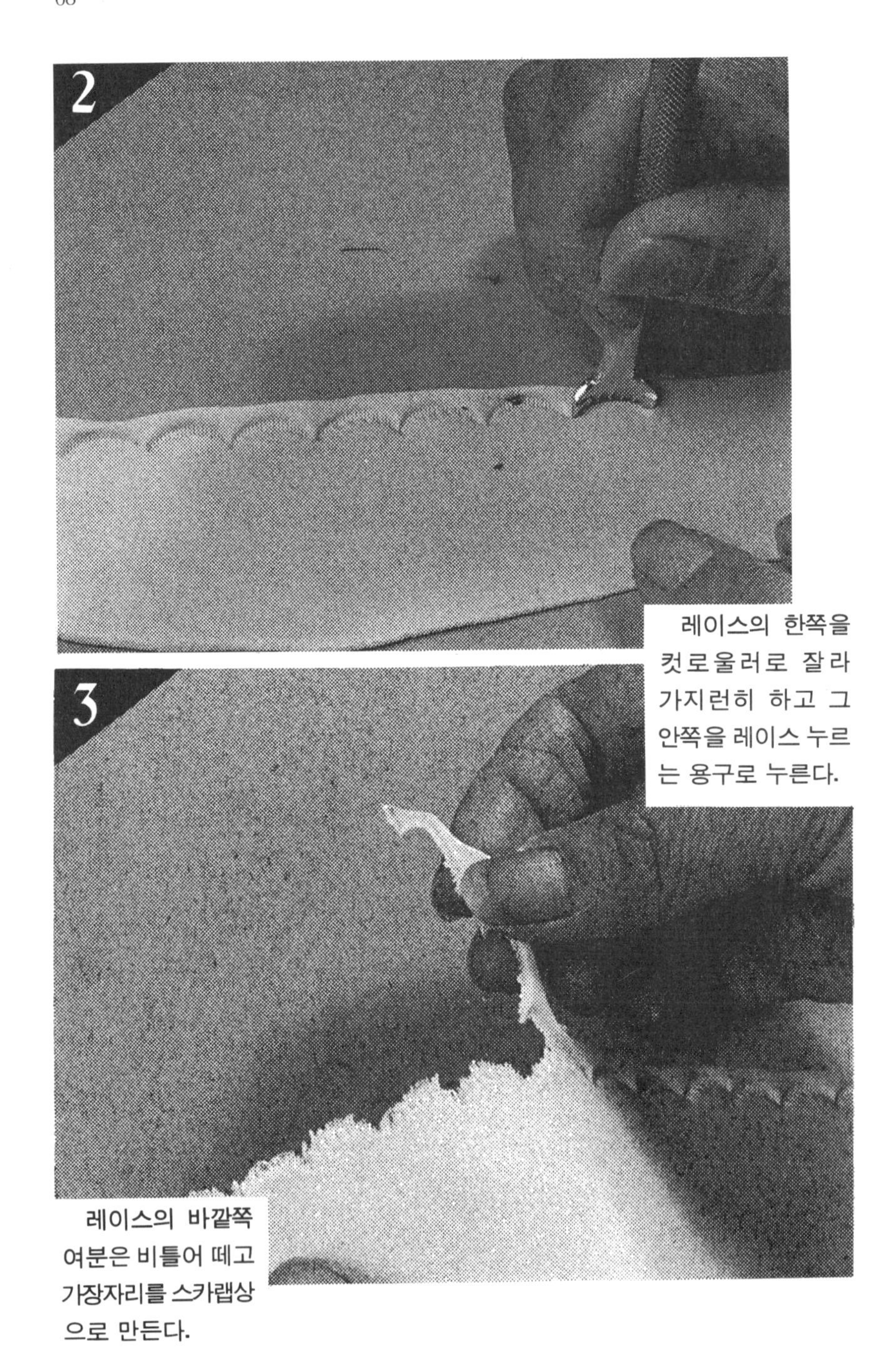

레이스의 한쪽을 컷로울러로 잘라 가지런히 하고 그 안쪽을 레이스 누르는 용구로 누른다.

레이스의 바깥쪽 여분은 비틀어 떼고 가장자리를 스카랩상으로 만든다.

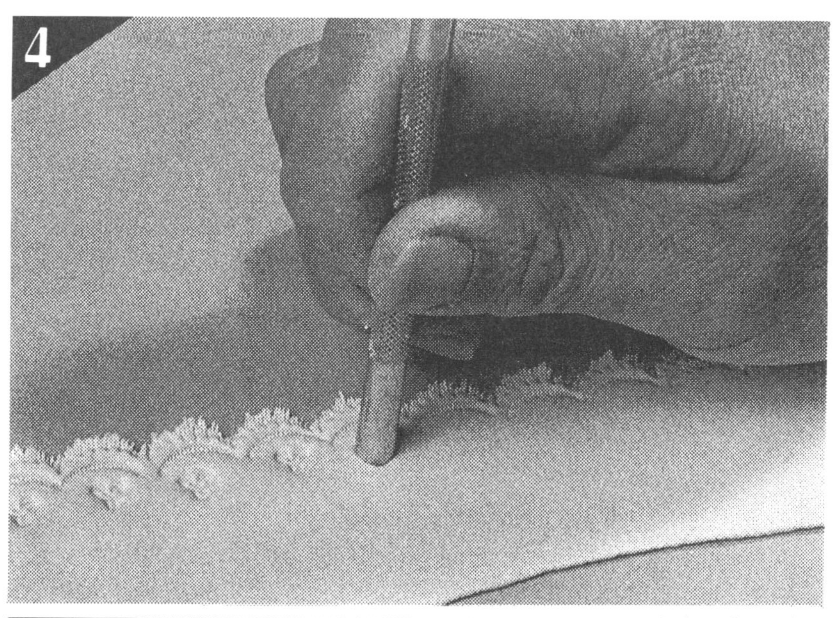

레이스의 무늬를 꽃 무늬 누름 완구로 누른다.

또 이쑤시개 5~6개를 다발로 하여 꼭꼭 눌러 레이스 무늬를 만든다.

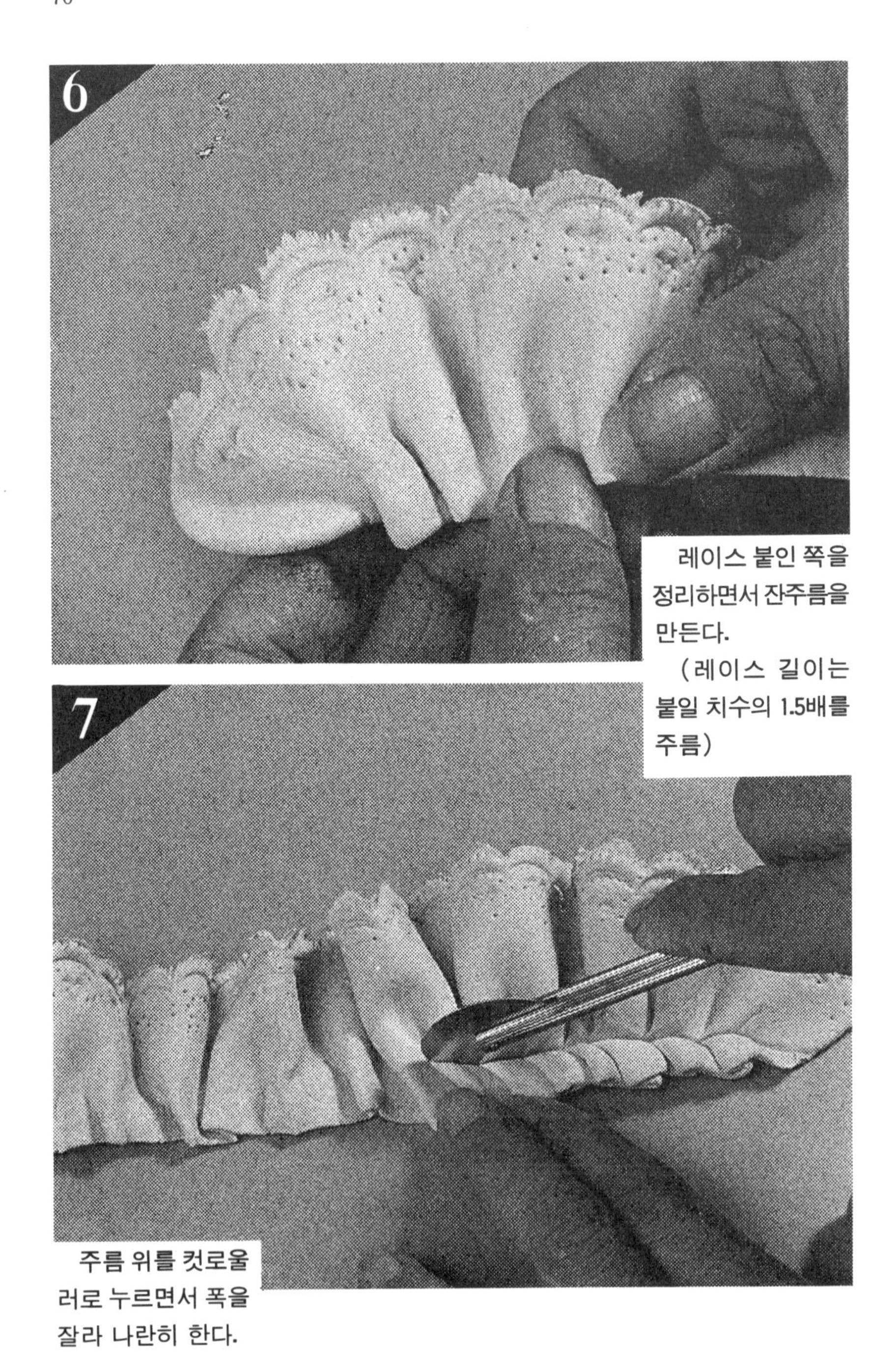

레이스 붙인 쪽을 정리하면서 잔주름을 만든다.
(레이스 길이는 붙일 치수의 1.5배를 주름)

주름 위를 컷로울러로 누르면서 폭을 잘라 나란히 한다.

포젯트(1의 윗 부분)의 입구쪽을 느슨한 활모양으로 커트한다.

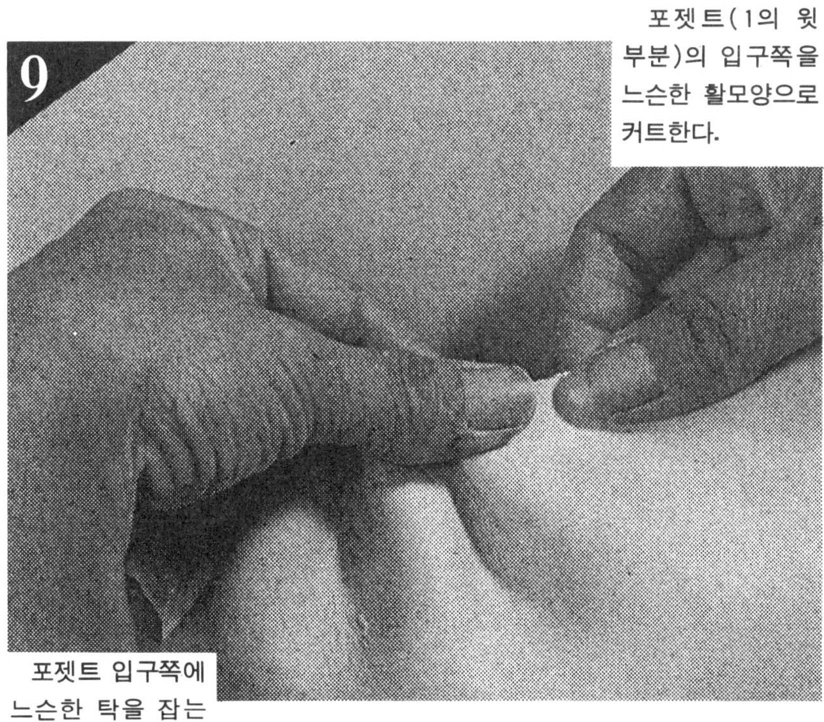

포젯트 입구쪽에 느슨한 탁을 잡는다.

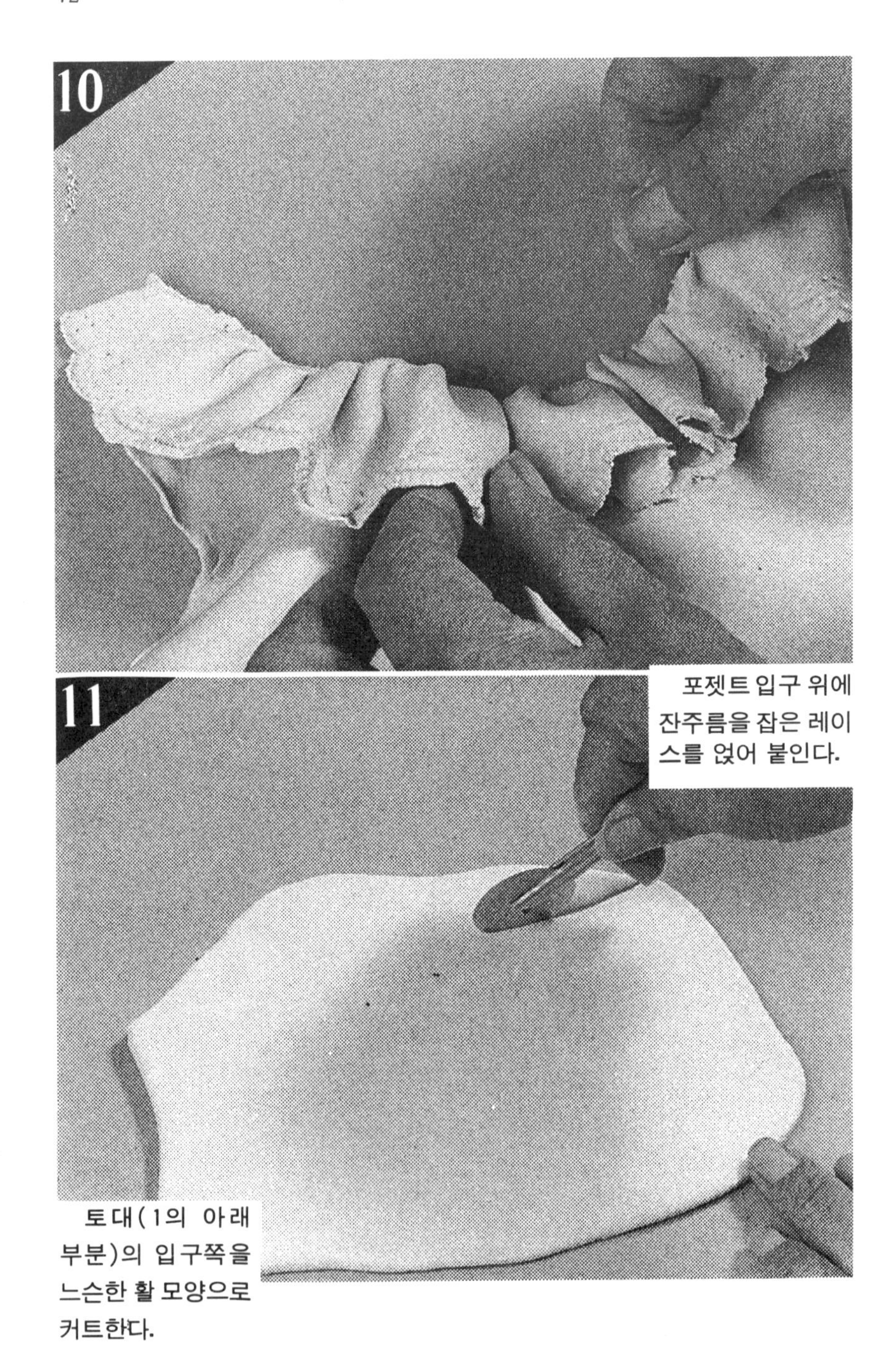

포젯트 입구 위에 잔주름을 잡은 레이스를 얹어 붙인다.

토대(1의 아래 부분)의 입구쪽을 느슨한 활 모양으로 커트한다.

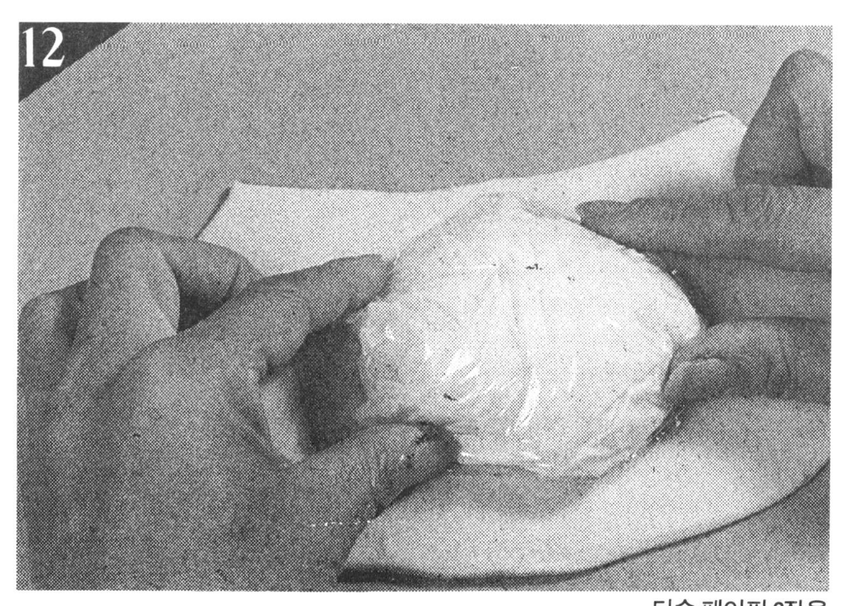

티슈 페이퍼 2장을 둥글게 랩으로 감아 토대 중앙에 얹는다.

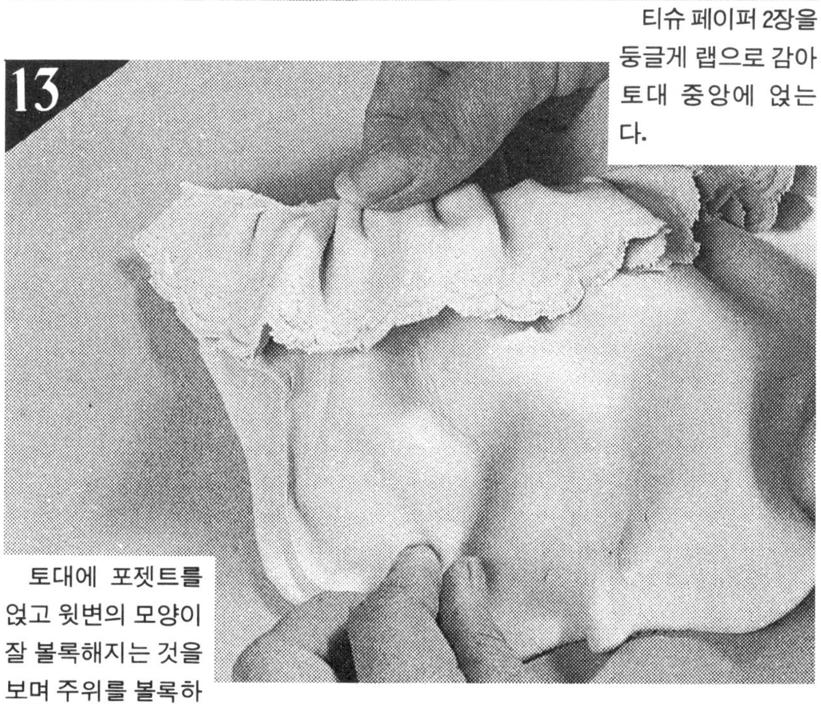

토대에 포젯트를 얹고 윗변의 모양이 잘 볼록해지는 것을 보며 주위를 볼록하게 만든다.

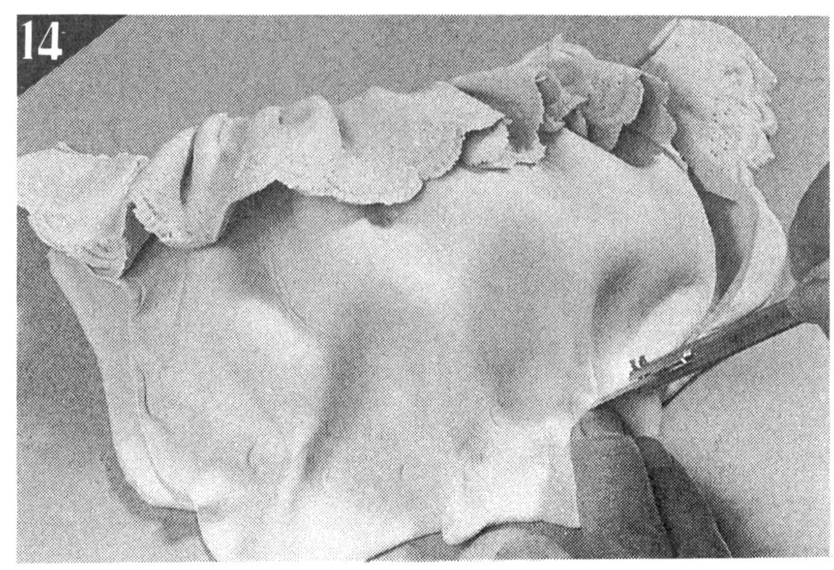

바깥 주위를 포켓
형으로 만들고 컷로
울러로 잘라낸다.

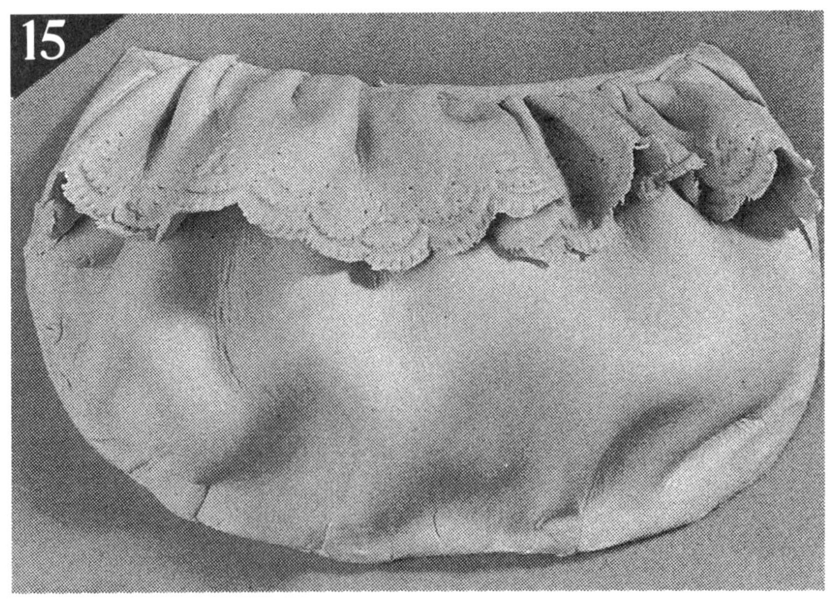

본체 완성이다.

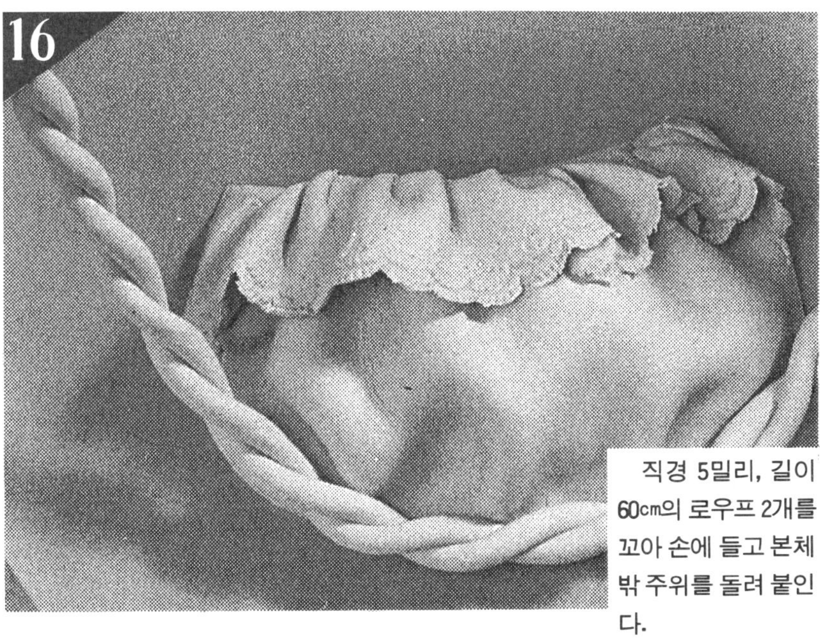

직경 5밀리, 길이 60㎝의 로우프 2개를 꼬아 손에 들고 본체 밖 주위를 돌려 붙인다.

본체와 손잡이가 떨어지지 않도록 단단히 눌러 붙이고 손잡이는 위에서 교차시킨다.

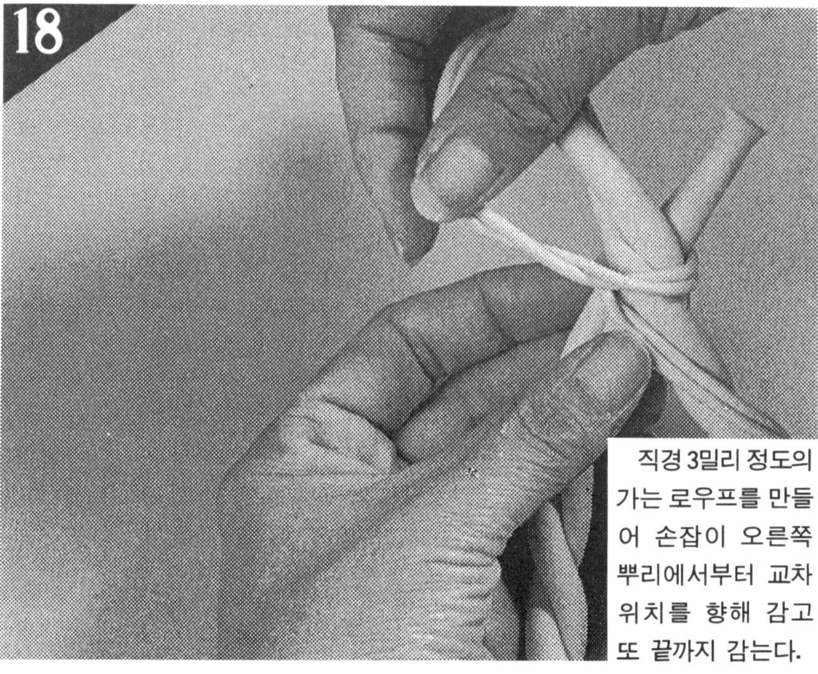

직경 3밀리 정도의 가는 로우프를 만들어 손잡이 오른쪽 뿌리에서부터 교차 위치를 향해 감고 또 끝까지 감는다.

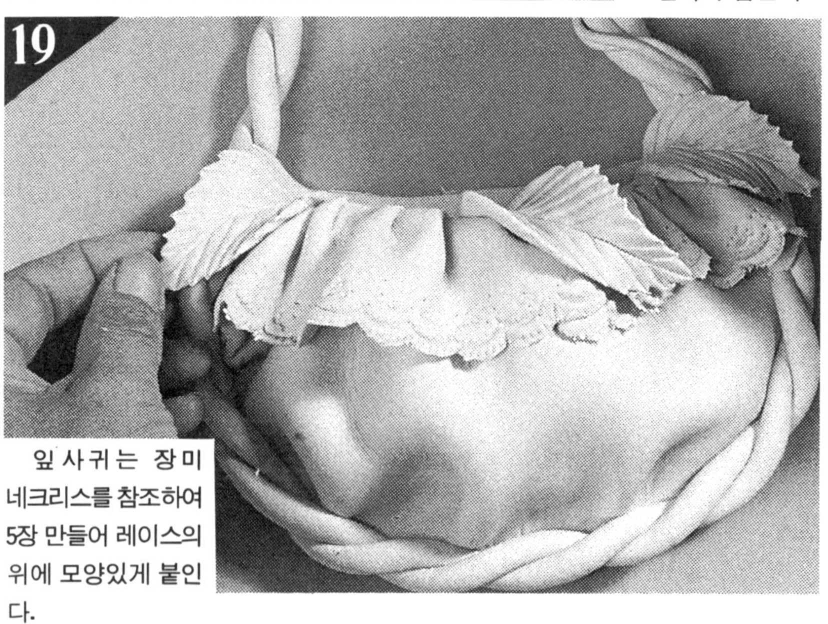

잎사귀는 장미 네크리스를 참조하여 5장 만들어 레이스의 위에 모양있게 붙인다.

장미꽃은 장미 네크리스를 참조하여 5장 만들어 잎사귀와 밸런스가 잡히는 위치에 붙여 동화시킨다.

모양을 정돈하여 건조시킨다(1일 정도). 장미 네크리스를 참조하여 착색하여 완성된다.

꽃 릴리이프

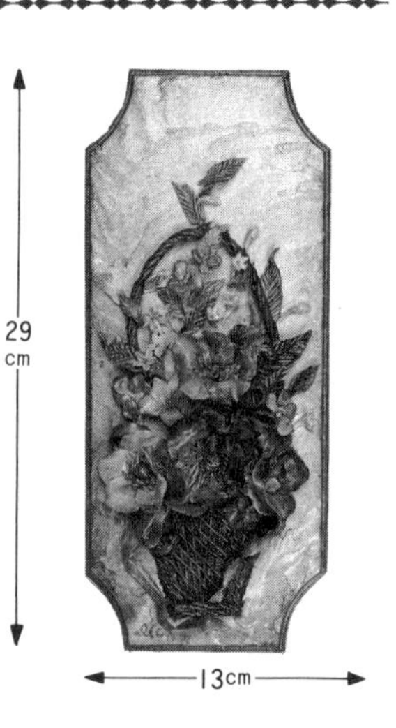

• 재료

점토 1개, 릴리이프판(13㎝×29㎝), 목공용 본드, 티슈 페이퍼, 랩.

• 만드는 방법의 포인트

릴리이프판에 붙이는 점토는 손가락 끝으로 거칠게 칠한다.

대조적으로 바스켓이나 꽃 리본은 섬세하게 정리하자.

꽃이랑 잎사귀 리본을 만들고 있는 동안 릴리이프나 바스켓의 점토는 건조되므로 본드로 잘 붙이자.

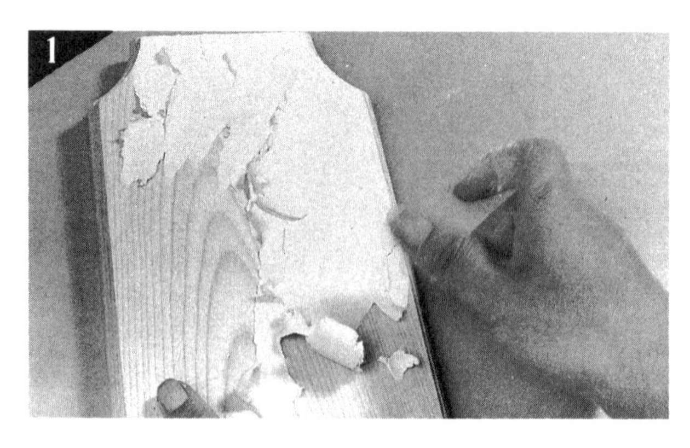

점토를 릴이이프판에 손가락 끝으로 강하게 눌러 붙이듯이 얇게 펴면서 거칠게 붙인다.

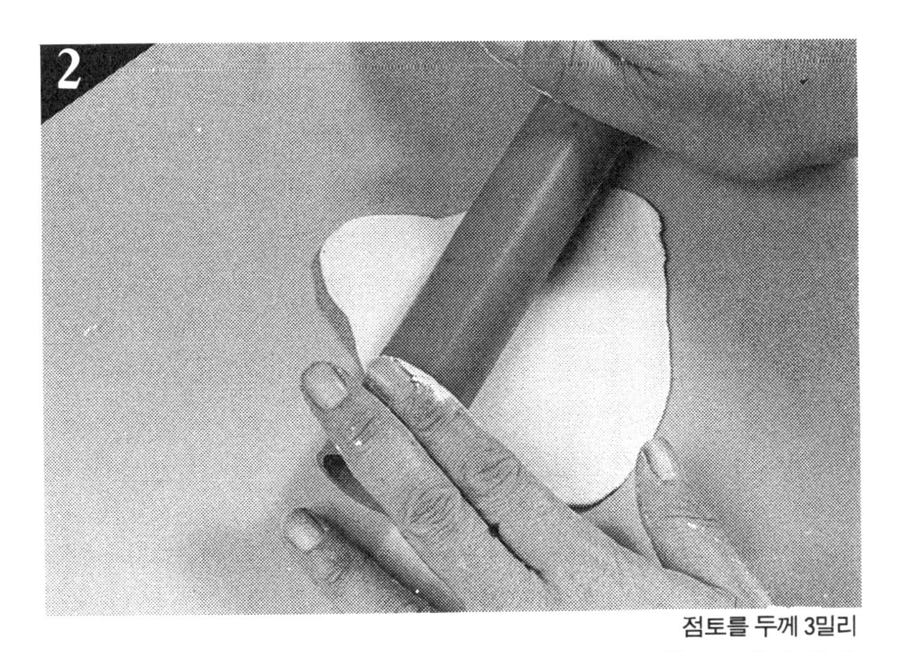

점토를 두께 3밀리 정도로 얇게 편다. 크기는 8㎝로 각을 뜰 수 있을 정도로 한다.(토대가 된다)

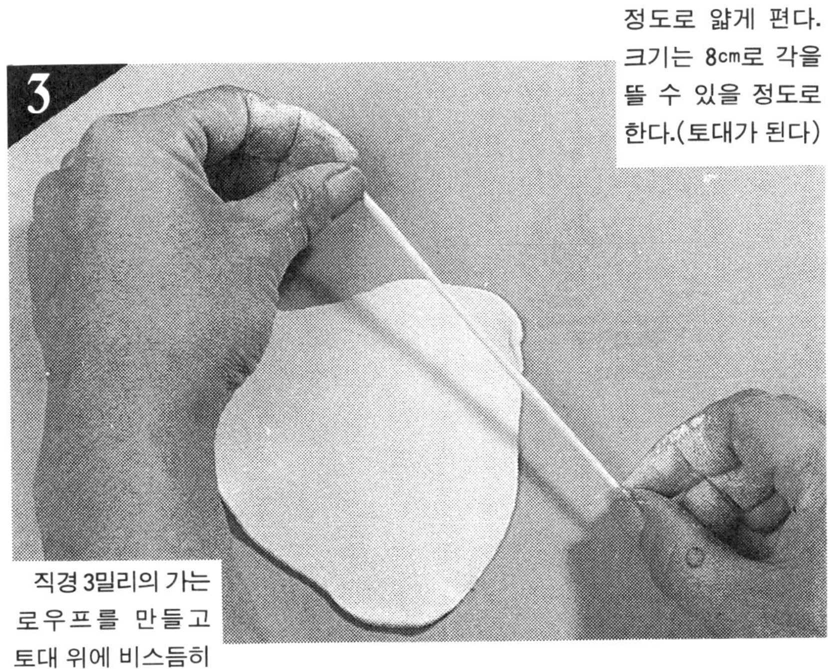

직경 3밀리의 가는 로우프를 만들고 토대 위에 비스듬히 얹는다.

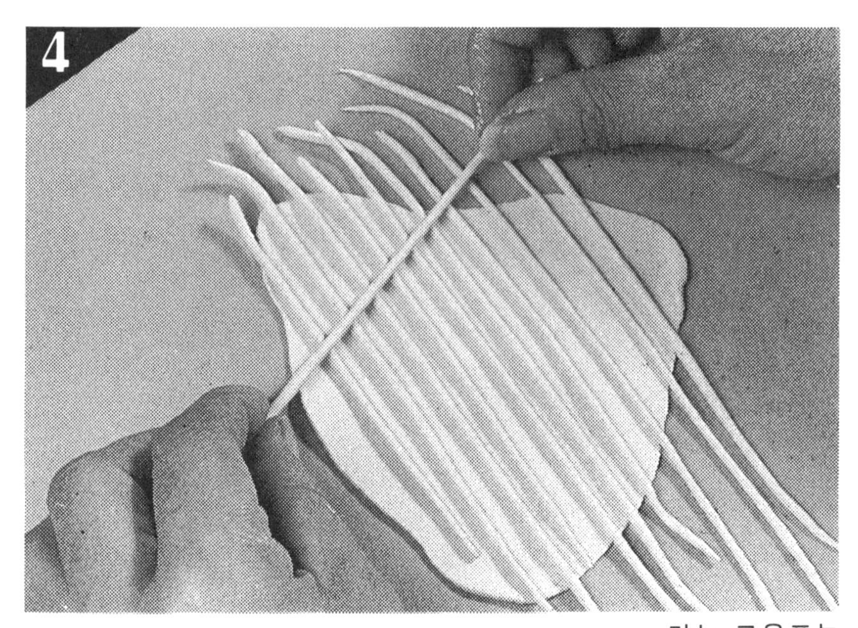

가는 로우프는 평행이 되도록 토대 위에 얹는다.

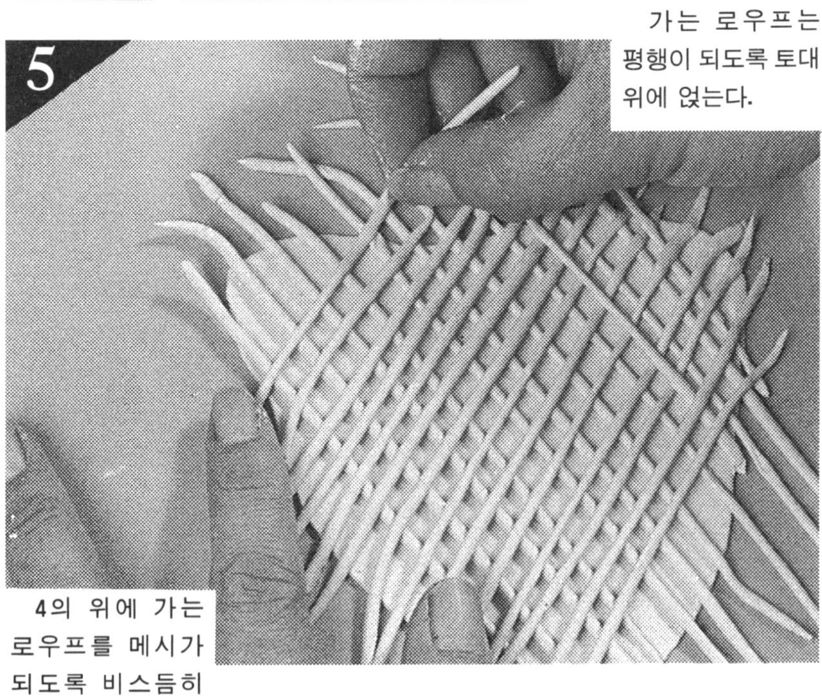

4의 위에 가는 로우프를 메시가 되도록 비스듬히 얹는다.

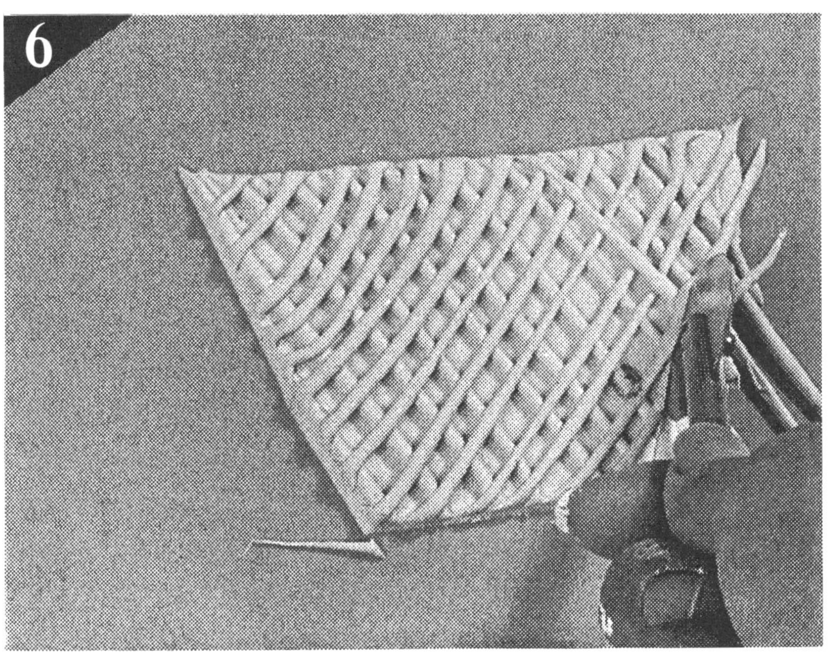

컷로울러로 바스컷 모양으로 커트한다.

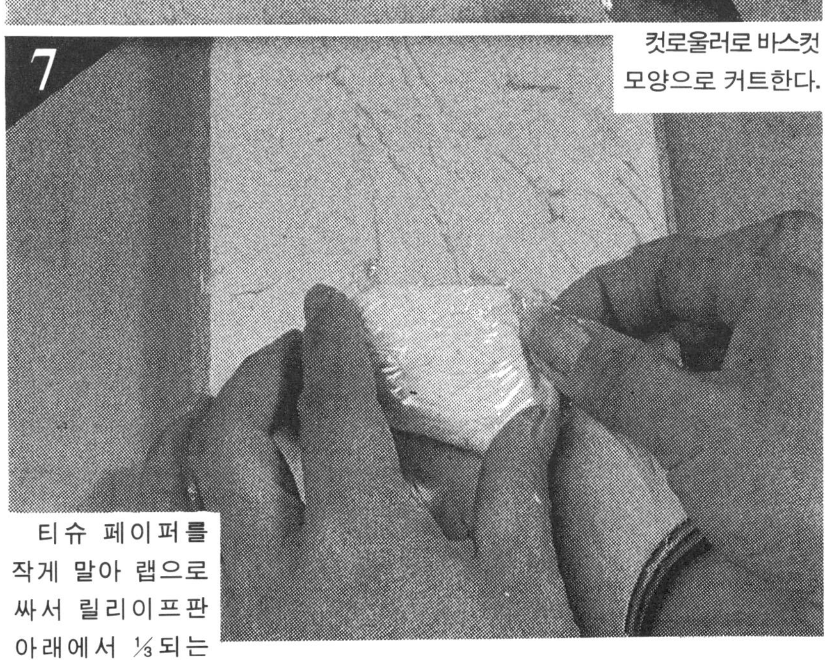

티슈 페이퍼를 작게 말아 랩으로 싸서 릴리이프판 아래에서 ⅓되는 곳에 둔다.

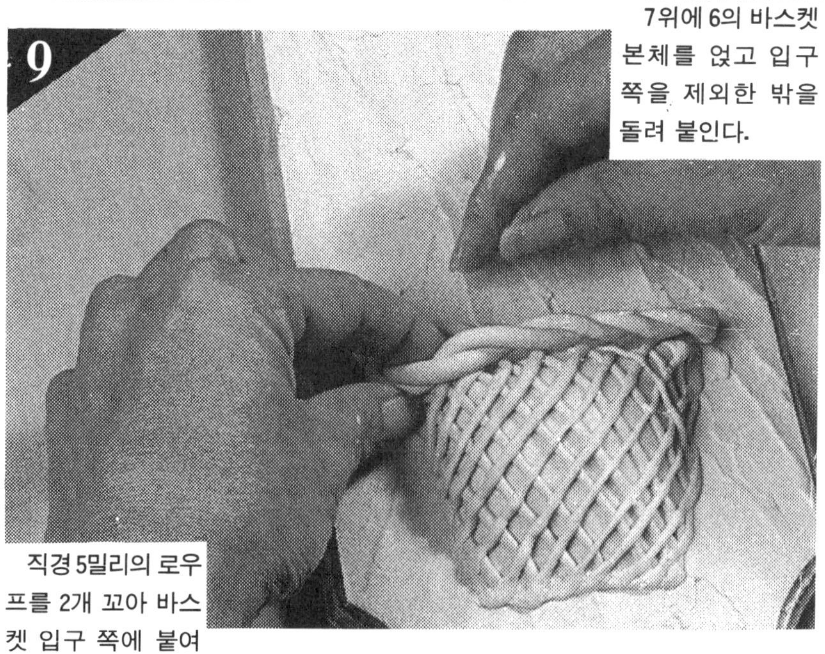

7위에 6의 바스켓 본체를 얹고 입구 쪽을 제외한 밖을 돌려 붙인다.

직경 5밀리의 로우프를 2개 꼬아 바스켓 입구 쪽에 붙여 가장자리를 만든다.

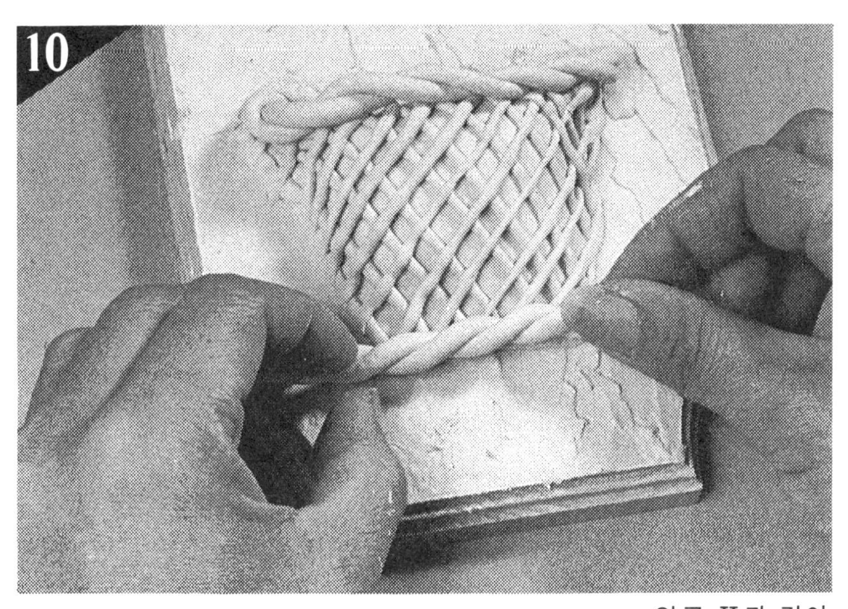

입구 쪽과 같이 꼰 로우프를 바닥에도 붙인다.

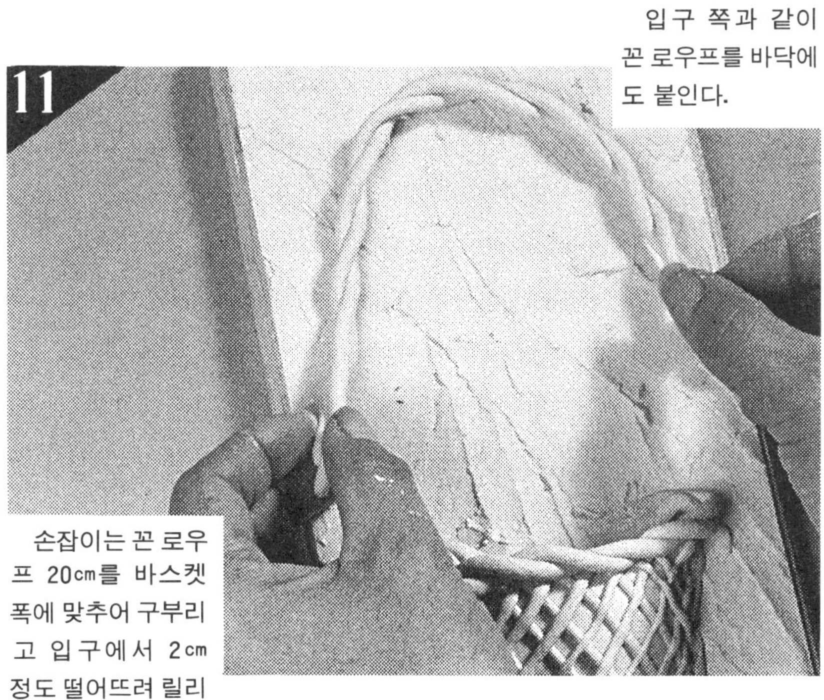

손잡이는 꼰 로우프 20㎝를 바스켓 폭에 맞추어 구부리고 입구에서 2㎝ 정도 떨어뜨려 릴리이프 판에 붙인다.

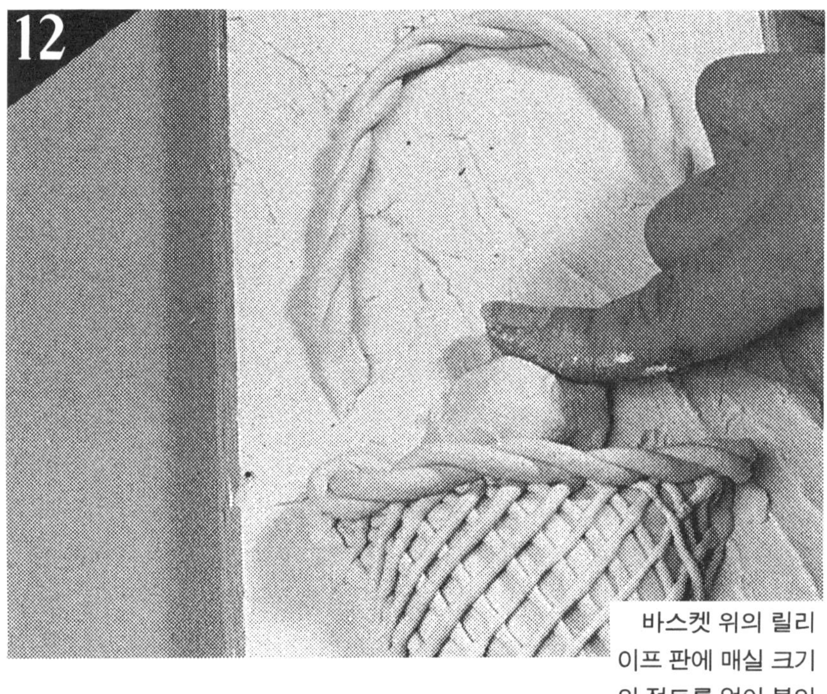

바스켓 위의 릴리이프 판에 매실 크기의 점토를 얹어 붙인다.

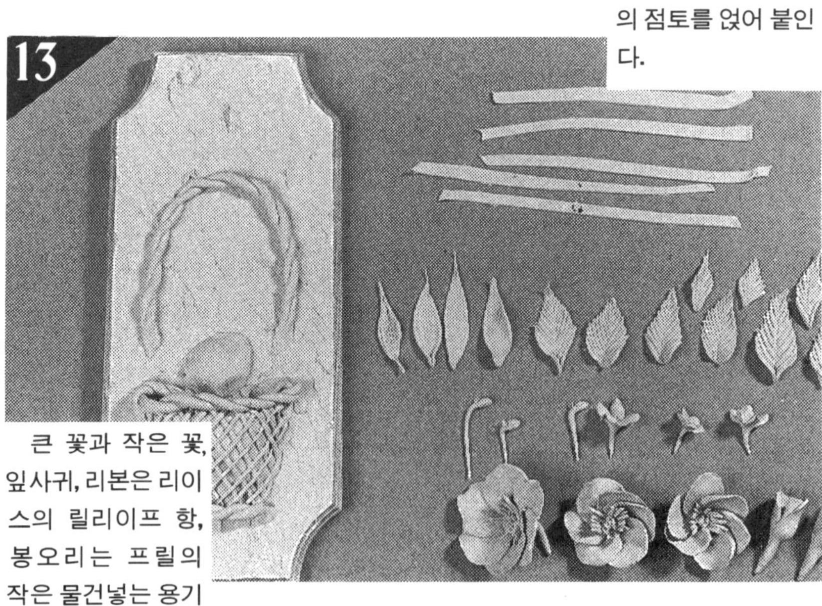

큰 꽃과 작은 꽃, 잎사귀, 리본은 리이스의 릴리이프 항, 봉오리는 프릴의 작은 물건넣는 용기를 참조로 만든다.

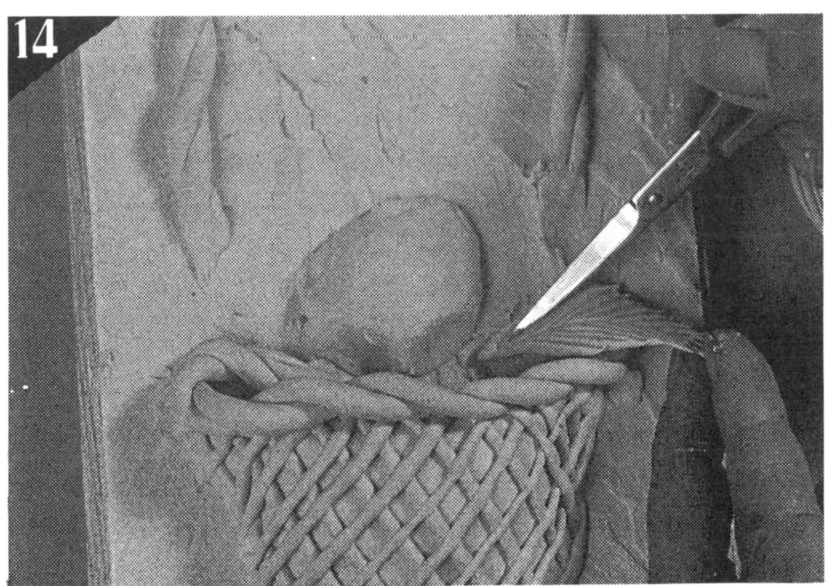

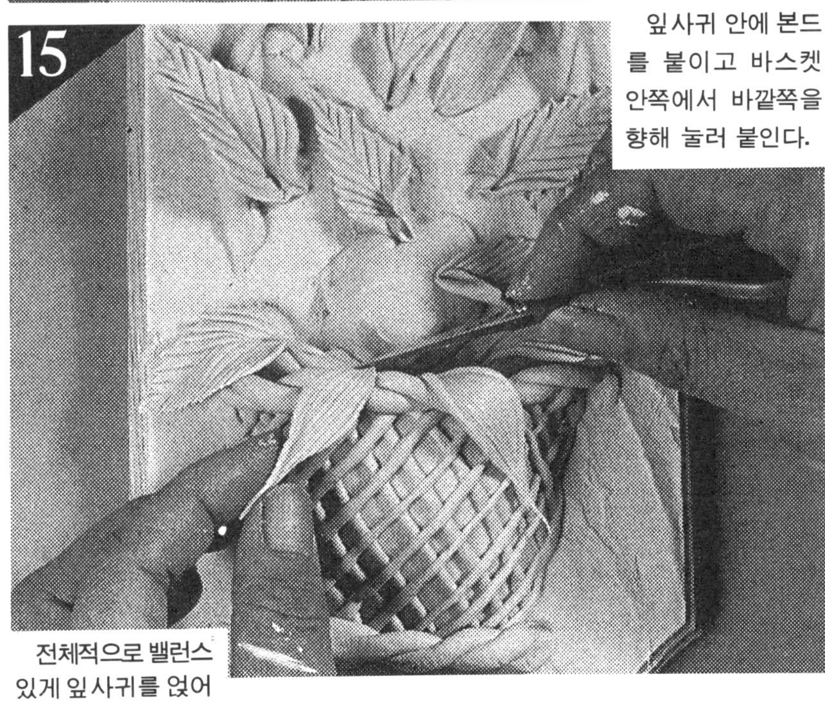

잎사귀 안에 본드를 붙이고 바스켓 안쪽에서 바깥쪽을 향해 눌러 붙인다.

전체적으로 밸런스 있게 잎사귀를 얹어 붙인다.

꽃은 바스켓 입구 위치에 가깝게 풍성하게 붙인다.

바스켓의 오른쪽에 리본의 매듭을 붙인다.

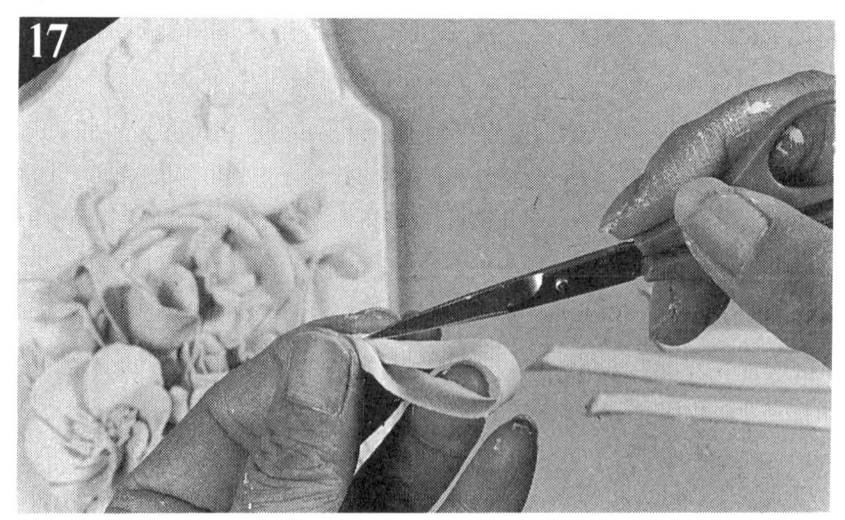

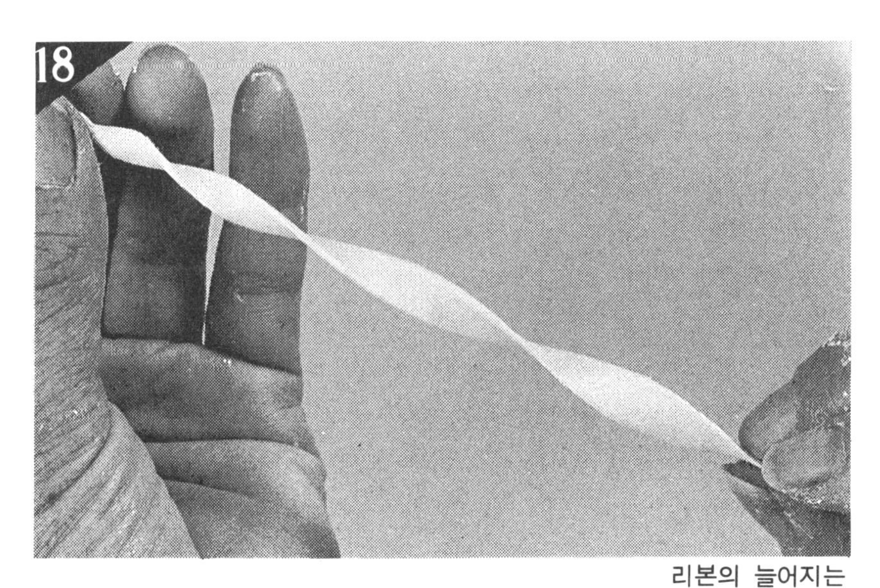

리본의 늘어지는 부분은 테이프를 꼬아 표정을 만든다.

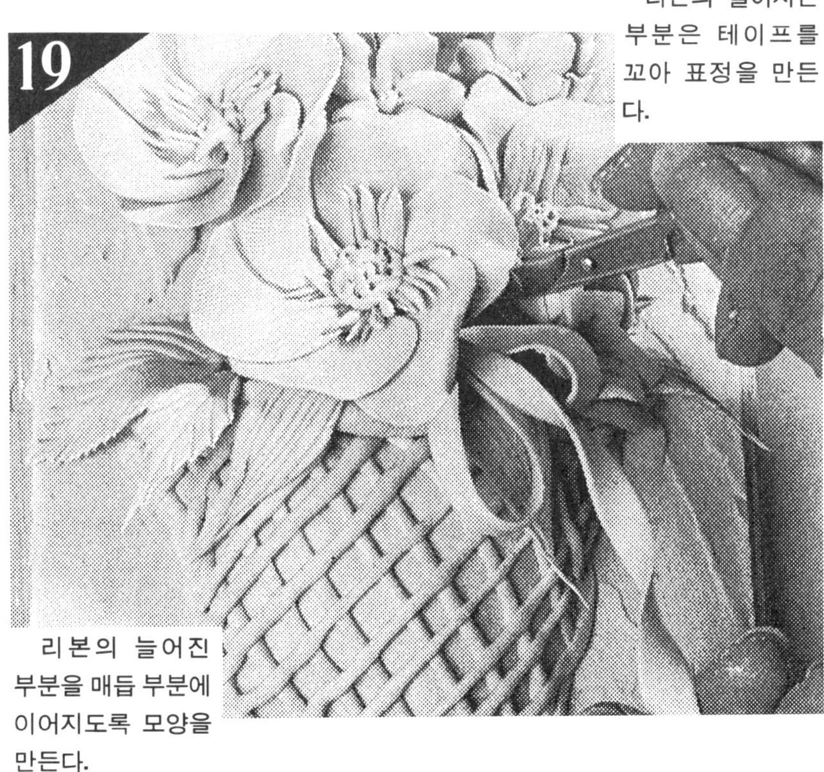

리본의 늘어진 부분을 매듭 부분에 이어지도록 모양을 만든다.

전체의 모양을 정리하여 건조시켜 장미 네크리스를 참조하여 착색한다.

리이스

• 재료

점토 5개, 22번 와이어 10개, 리이스 몸체(외경 30㎝의 발포 스트로플), 목공용 본드.

• 만드는 방법의 포인트

많은 꽃, 잎사귀가 필요하다.

손가락 끝으로 섬세하게 표정을 만드는 연습에도 좋고 와이어를 붙여 만들어 둘 수 있다.

점토는 잘 건조된 다음 착색하고 와이어 부분에 본드를 칠해 리이스 몸체에 비스듬히 붙여 리이스 몸체에 비스듬히 찔러 넣는다. (와이어 길이가 전부 들어있도록)

매우 화려한 리이스이다.

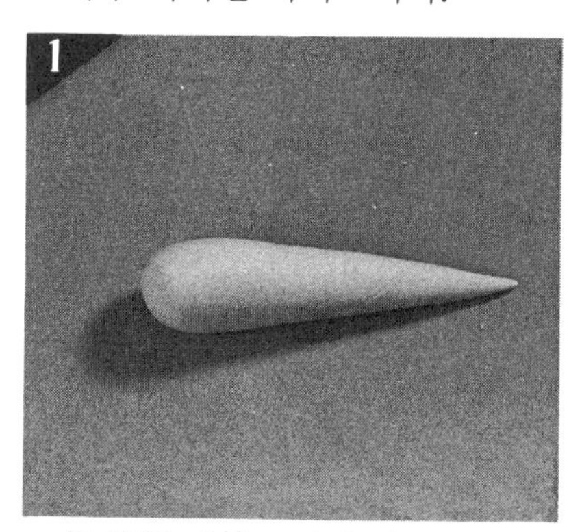

큰 꽃은 매실 크기의 점토를 둥글게 손바닥으로 눈물 모양으로 만든다.

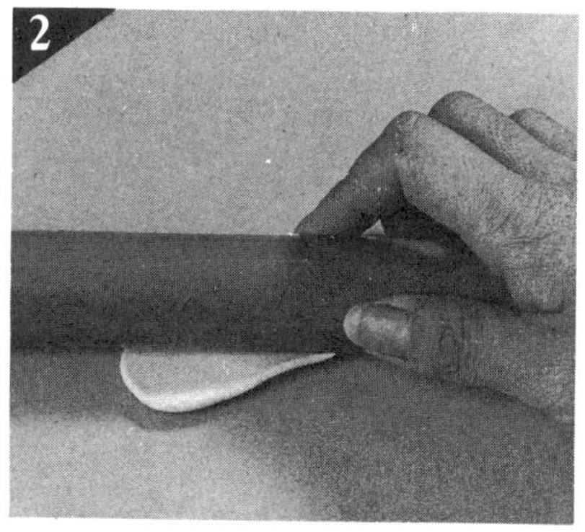

꽃잎의 모양이 되도록 밀방망이로 편다.

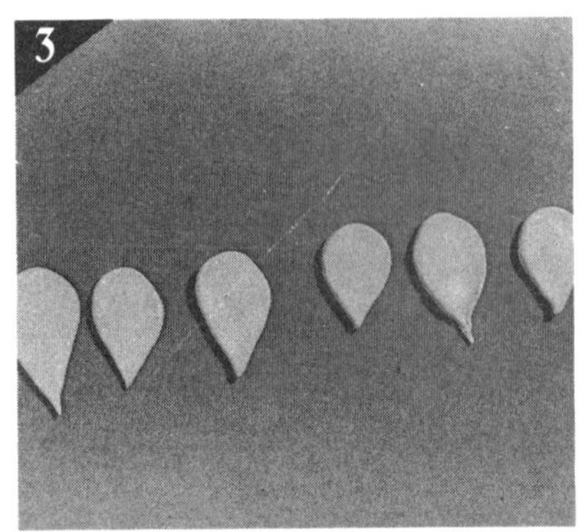

같은 크기의 꽃잎을 6장 준비한다.

6장의 꽃잎은 뿌리를 겹치고 끝을 벌려 부채 모양으로 든다.

꽃잎의 뿌리를 빙그르 감으면 끝이 아름답게 벌어진다.

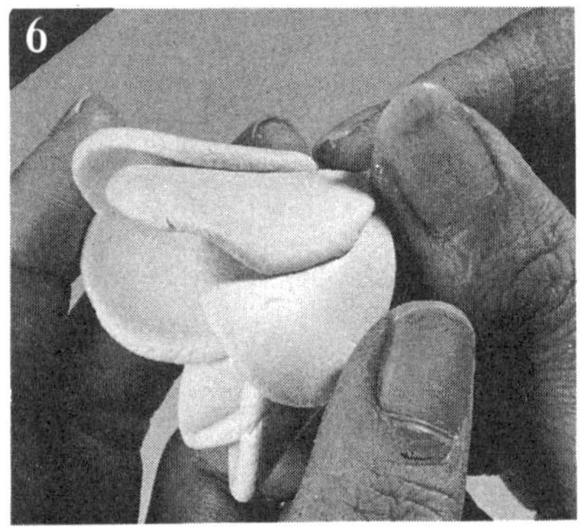

꽃잎의 뿌리를 한다발 잡아 단단히 동화시킨다.

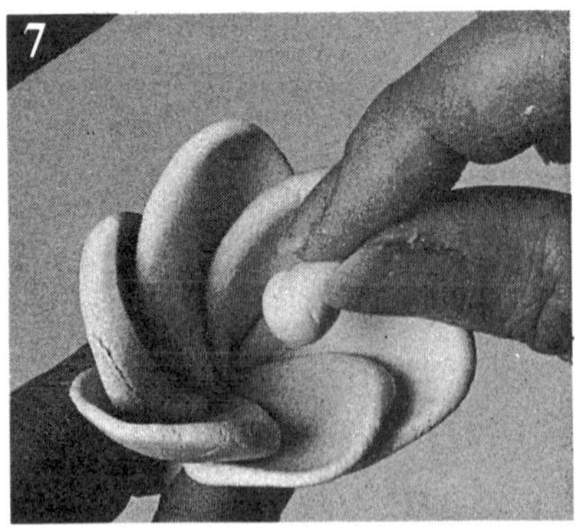

큰 콩 크기의 점토를 둥글게 만들어 화심을 만들고 꽃중심에 넣는다.

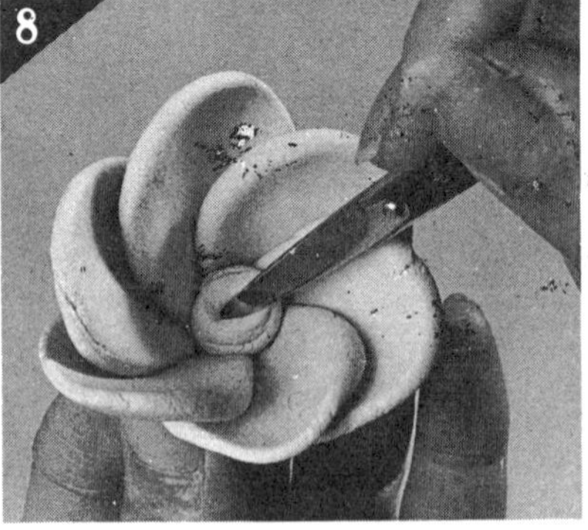

화심을 가위 끝으로 단단히 누르면서 화심의 느낌으로 만든다.

꽃잎의 바깥쪽을 손가락 끝으로 얇게 펴고 6장의 꽃에 표정을 만든다.

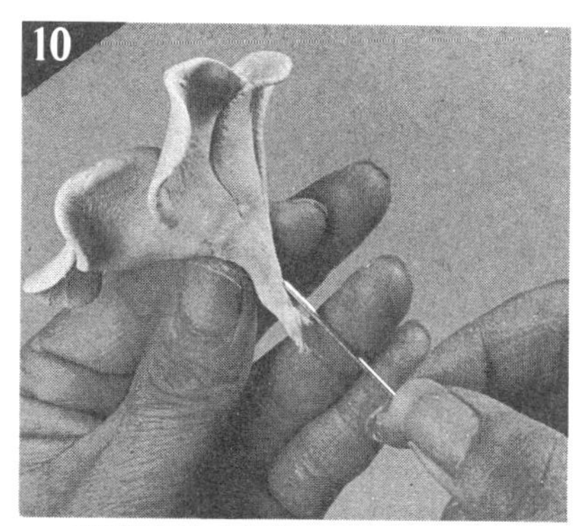

와이어를 ¼길이로 자르고 꽃의 뿌리에서 화심을 향해 찔러 넣는다.

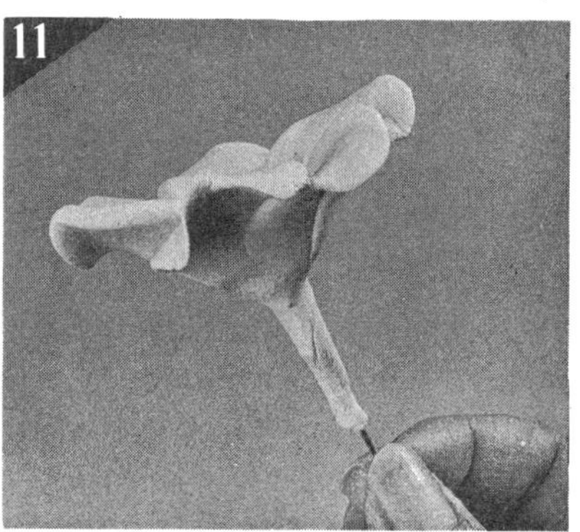

꽃 뿌리의 점토를 손가락 끝을 사용하여 와이어에 감아 내린다.

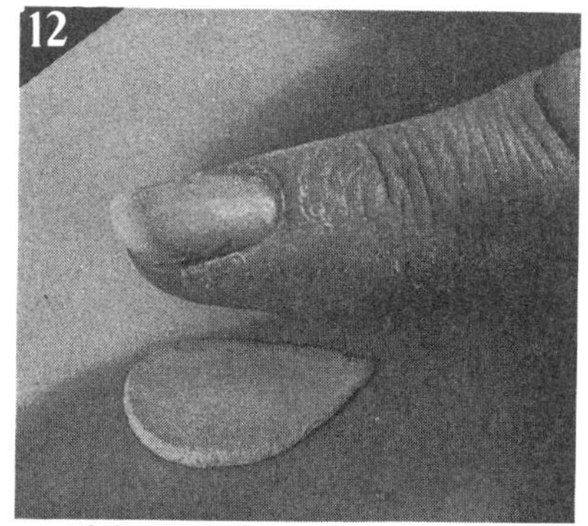

작은 꽃은 큰 콩 크기의 점토를 눈물 모양으로 눌러 얇게 만든다.

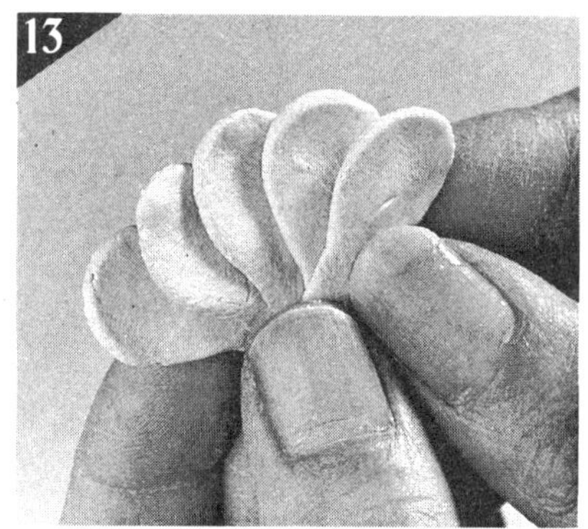

꽃잎 5장을 부채 모양으로 나란히 잡아 5와 마찬가지로 감는다.

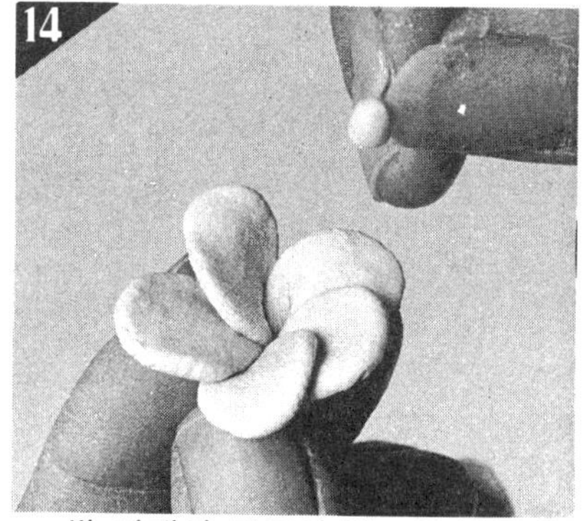

쌀 알갱이 정도의 점토를 둥글게 하여 꽃중심에 넣어 화심을 만든다.

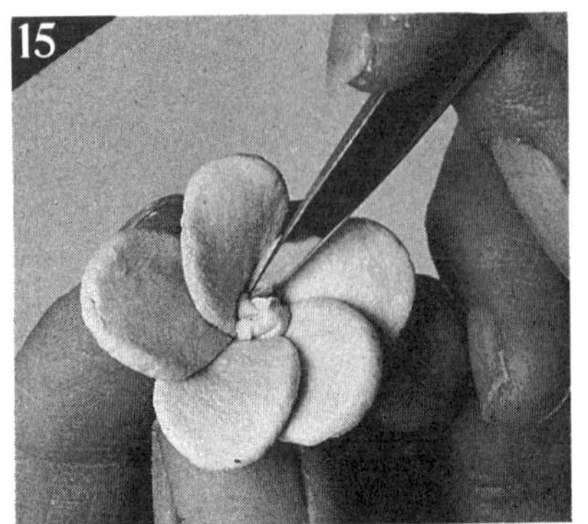

화심은 큰 꽃을 참조하여 만들고 마찬가지로 와이어를 붙인다.

잎사귀는 매실 크기의 점토를 눈물 모양으로 얇게 펴고 잎맥을 붙인다.

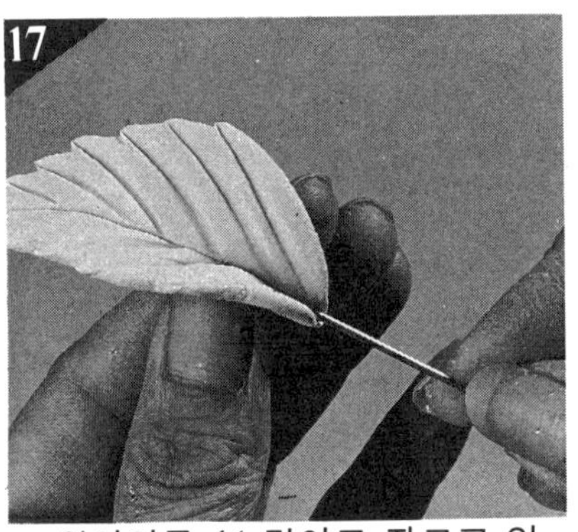

와이어를 ¼ 길이로 자르고 잎 붙이는 쪽 중심에 얹어 붙인다.

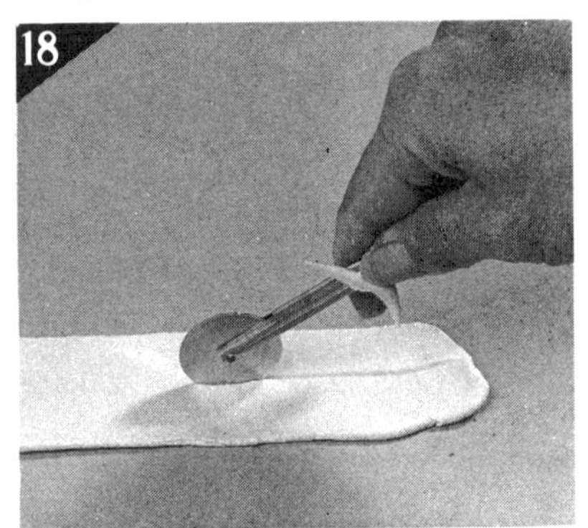

리본은 점토를 3밀리 두께로 펴 3cm폭의 테이프상으로 커트한다.

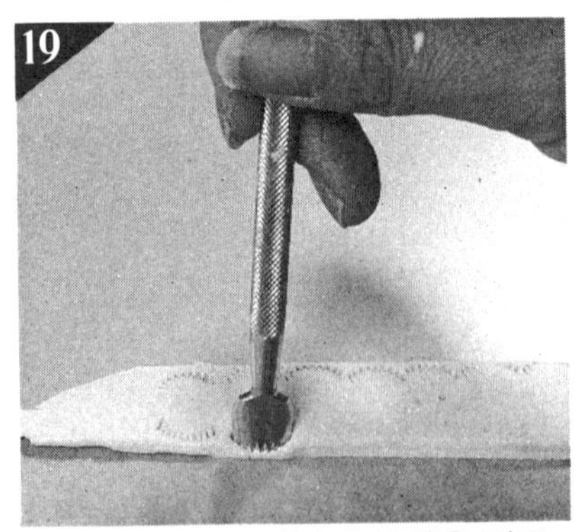

누름 용구로 리본의 모양을 만든다.

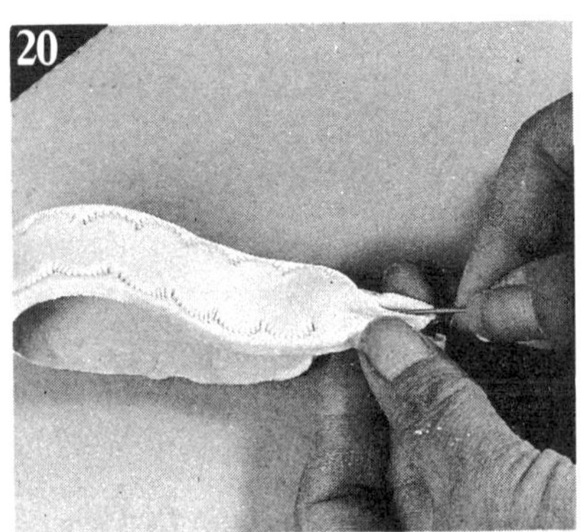

매듭 부분은 14cm 길이를 고리로 하여 매듭 부분에 와이어를 붙인다.

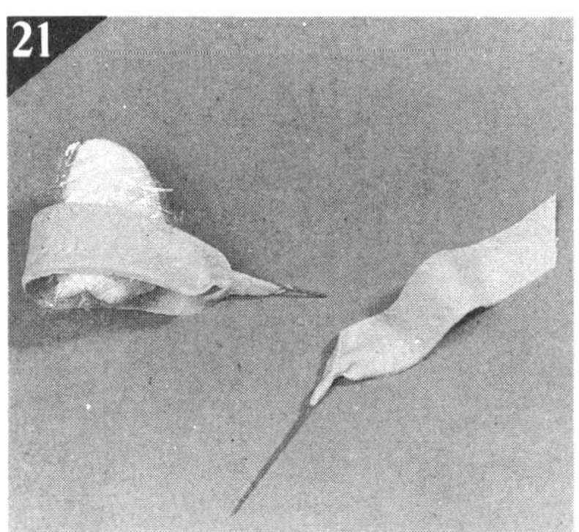

매듭 부분에 심을 넣어 모양이 깨지는 것을 방지한다.

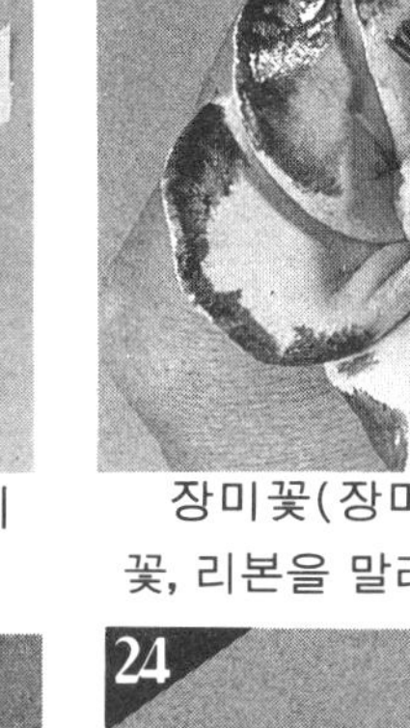

장미꽃(장미 네크리스), 대소의 꽃, 리본을 말려 착색한다.

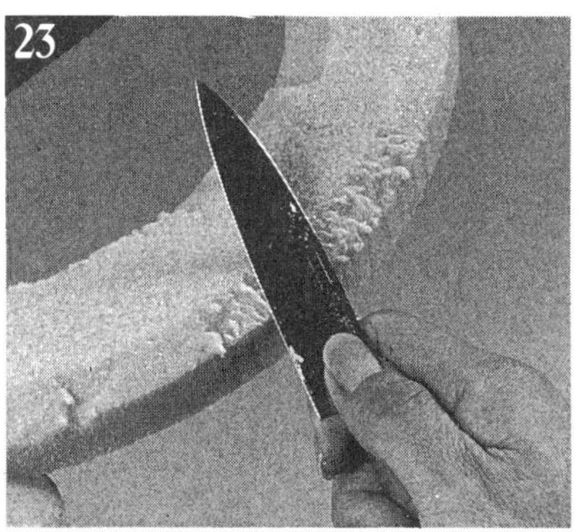

리이스 몸체의 모퉁이를 커터로 잘게 자른다.

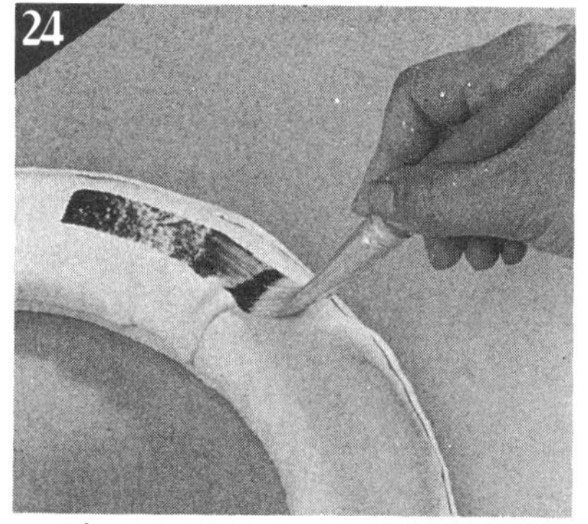

점토를 얇게 펴 리이스 몸체에 바르고 잎사귀 색으로 착색한다.

착색, 니스를 바른 꽃은 약 50개, 잎사귀도 50장 정도 준비한다.

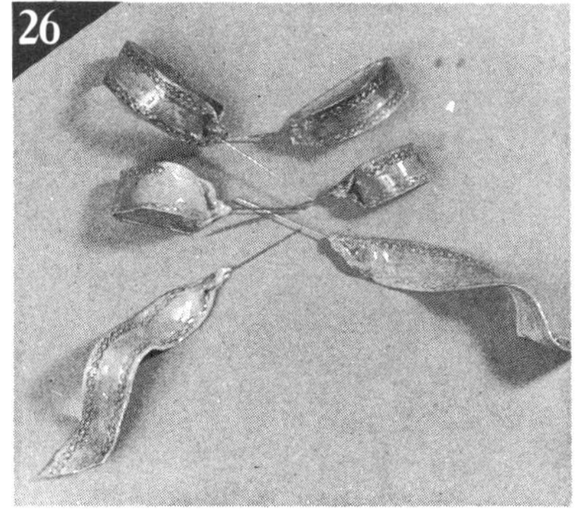

리본도 마찬가지로 만들고 매듭 4개, 늘어지는 부분을 2개 준비한다.

잎사귀의 와이어에 본드를 칠하고 리이스 몸체에 비스듬히 꽂는다.

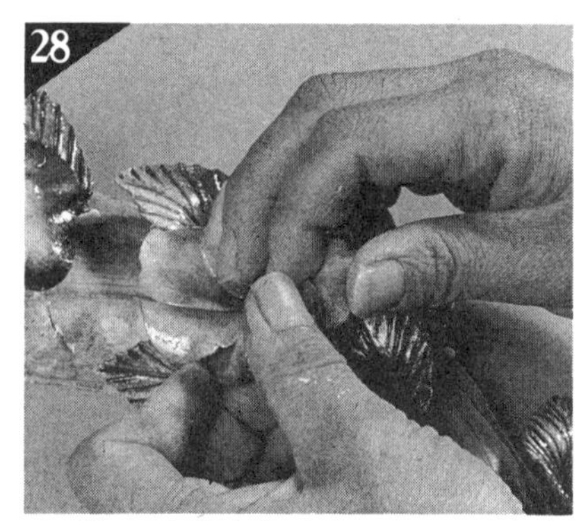

꽃도 잎사귀와 같은 요령으로 밸런스 있게 꽂아 넣는다.

전체의 느낌을 보아 마지막에 리본을 붙이기도 하고 리본을 끼워 마무리한다. 측면도 리이스 몸체가 보이지 않도록 잎사귀와 꽃으로 장식한다.

꼰 로우프 손잡이 바구니

• **재료**

점토 3개, 18번 와이어 2개, 보올(직경 20㎝), 목공용 본드, 랩.

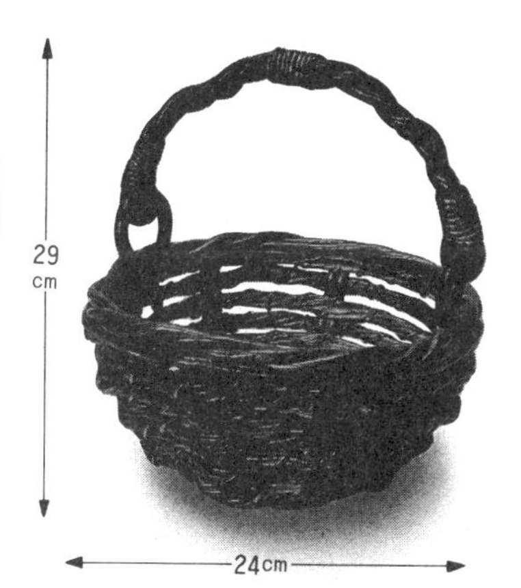

• **만드는 방법의 포인트**

로우프의 변형으로 짠 바스켓이다.

종심이 되는 로우프는 2개 잡아 틀 주위에 7개나 9개 기수로 얹었으면 1개 걸러 빙글빙글 짜내려 재빨리 만든다.

로우프를 만들면서 계속 짜는 작업을 재빨리 하지 않으면 건조되는 느낌이 들으로 익숙해진 사람에게 권하고 싶은 작품이다.

손잡이는 누일 수 있도록 만든다.

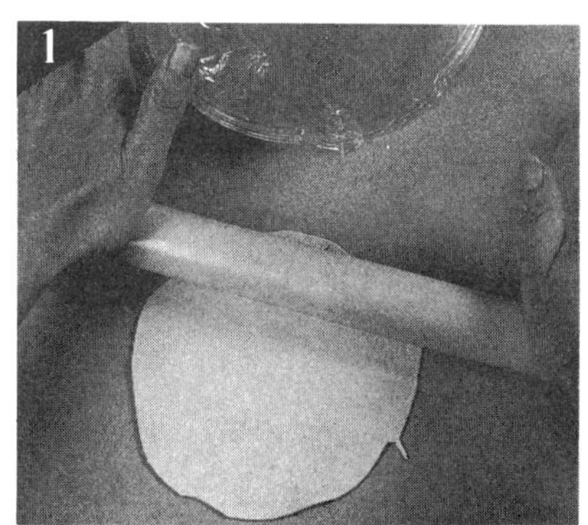

점토를 5밀리 두께로 펴고 틀(보올) 바닥 크기로 자른다. (바닥 면)

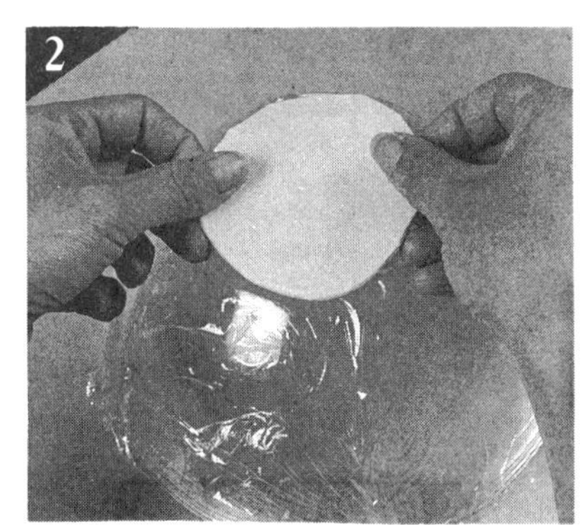

랩으로 둥글게 한 틀 바닥 위에 1의 것을 얹는다.

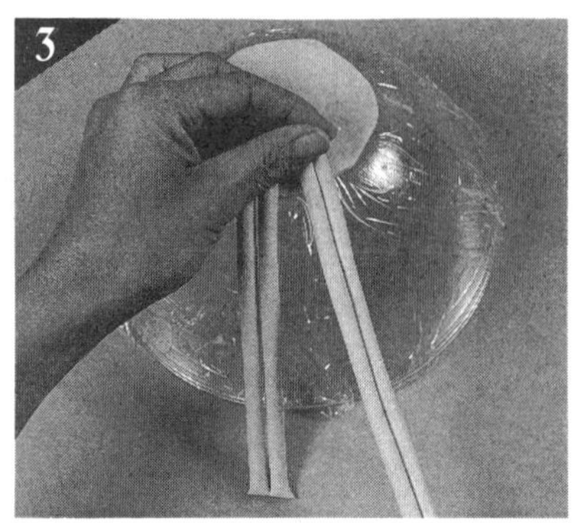

직경 5밀리, 길이 30㎝의 로우프를 3개 꺾어 종심을 만든다.

종심은 틀 주위에 7개나 9개 기수로 정리하여 등분으로 얹는다.

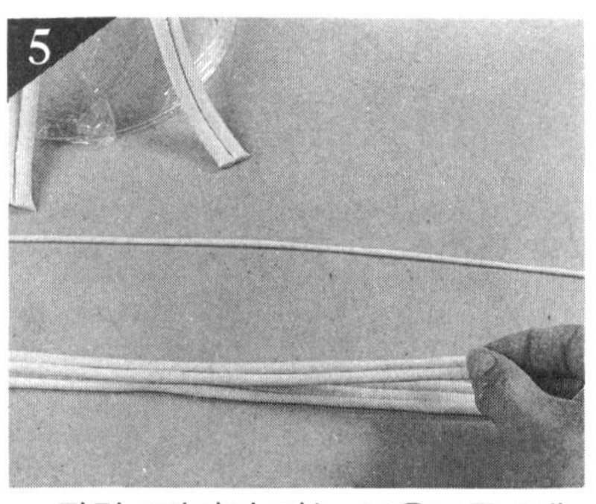

직경 3밀리의 가는 로우프를 6개 만들어 3개를 나란히 한 뒤 2개를 얹는다.

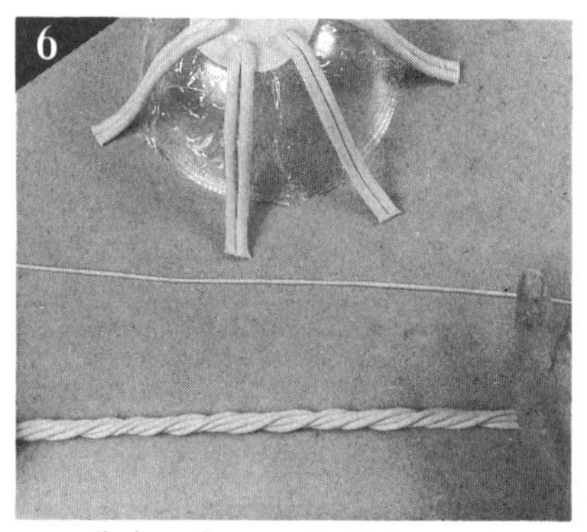

5개의 로우프 끝을 두손으로 눌러 꼰다.

꼰 로우프에 남아 있는 1개를 꼬아 역방향으로 감는다.

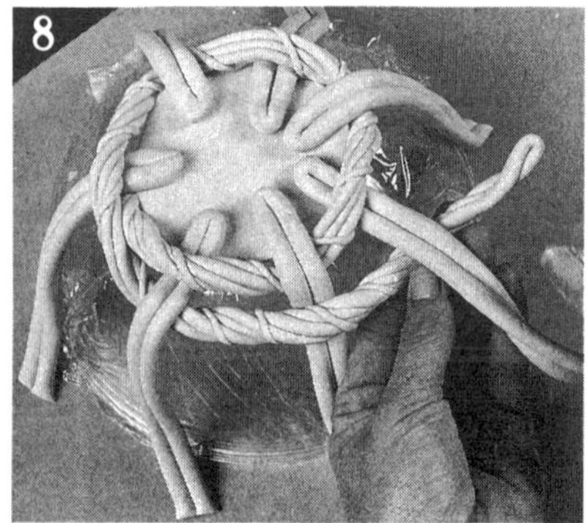

7의 로우프를 짜는 심지로 하여 종심은 1개 걸러 통과시켜 짠다.

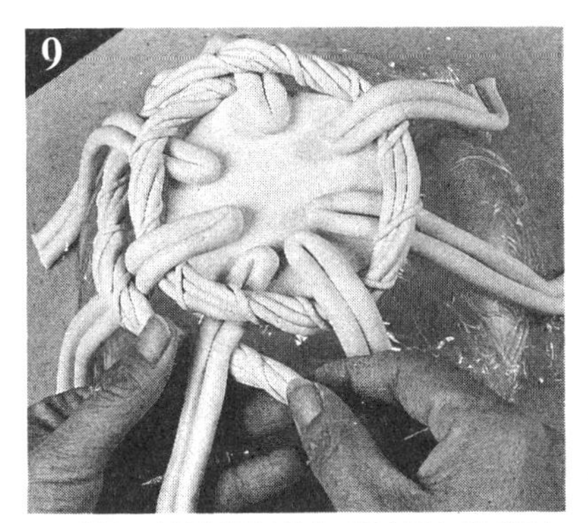

짜는 심지(편심)는 종심의 안에서 연결되도록 조작하면서 짠다.

종심은 기수이므로 번갈아 들면서 빙글빙글 아래까지 짠다.

틀 입구에 맞추어 로우프의 여분을 가위로 잘라낸다.

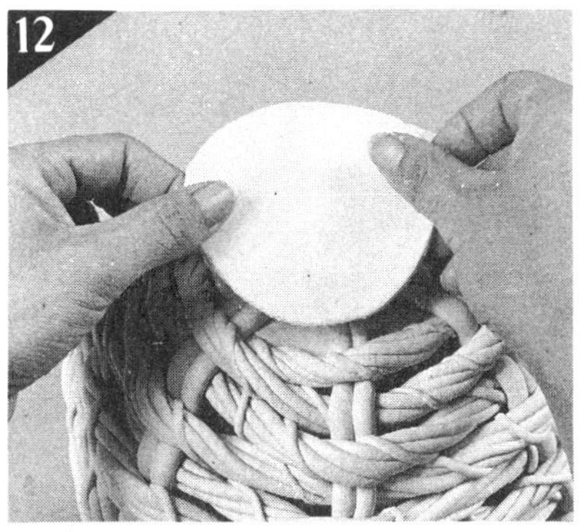

바닥 중앙에 1과 마찬가지로 바닥면을 얹어 눌러 붙인다.

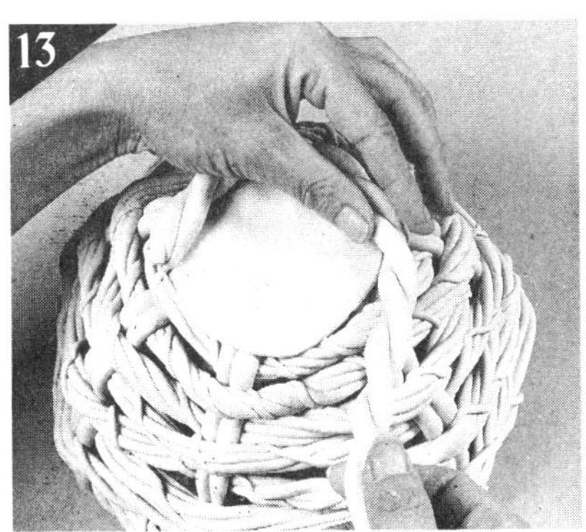

직경 1cm의 로우프 2개를 꼬아 바닥면 주변에 붙인다. 말린다.

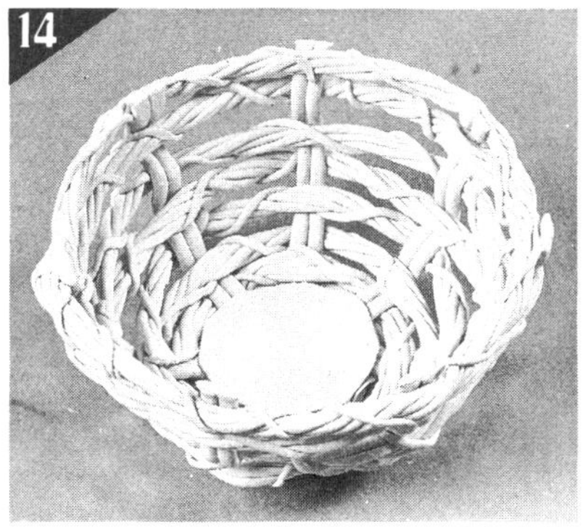

틀을 빼고 본체 안쪽 바닥 주위에 본드를 바른다.

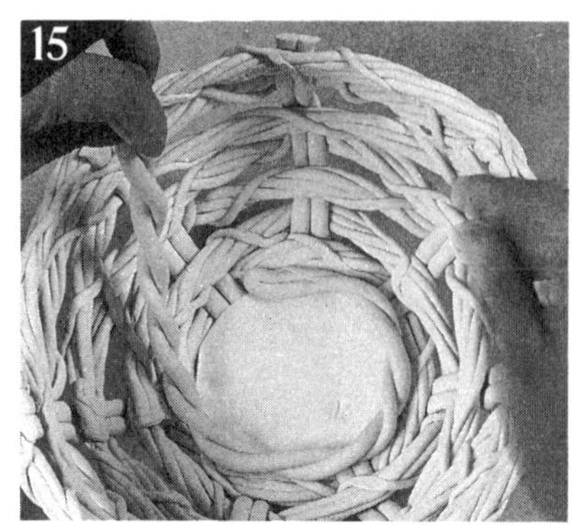

직경 5밀리의 로우프 2개를 꼬아 본드를 칠한 위에 얹는다.

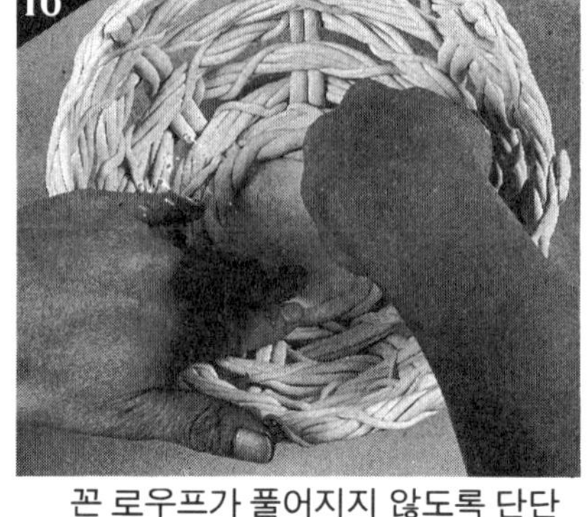

꼰 로우프가 풀어지지 않도록 단단히 눌러 붙인다.

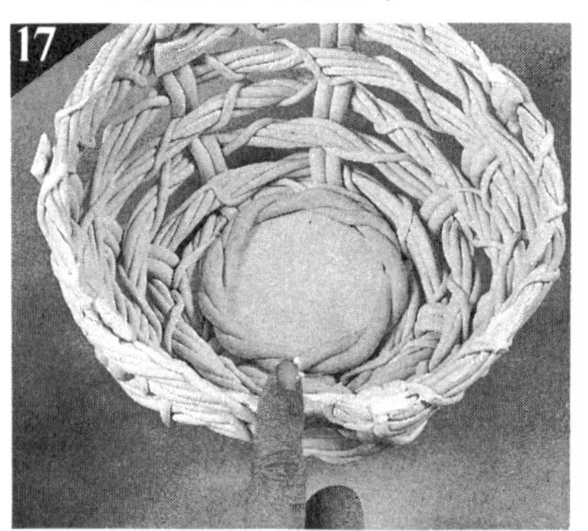

본체 가장자리 주변에 본드를 칠한다.

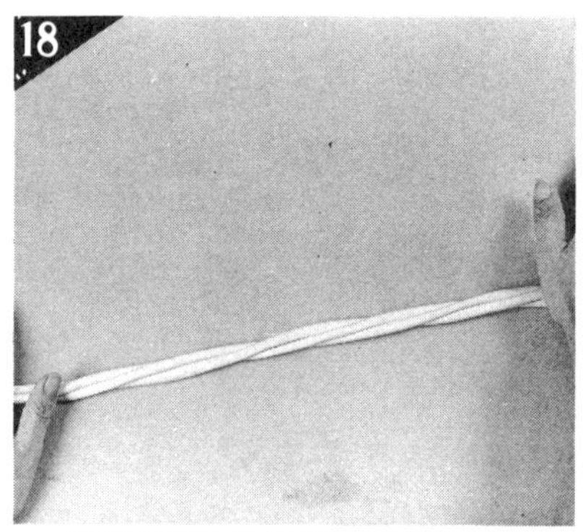

직경 7밀리의 로우프 3개를 만들어 2개 위에 1개를 얹어 꼰다.

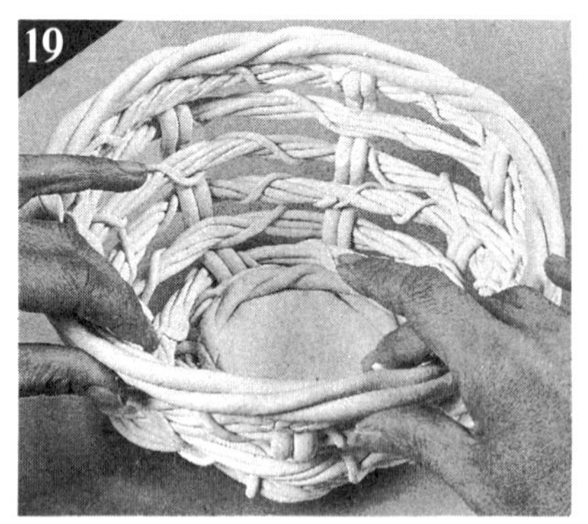

가장자리 주변에 꼰 로우프를 눌러 붙여 돌린다.

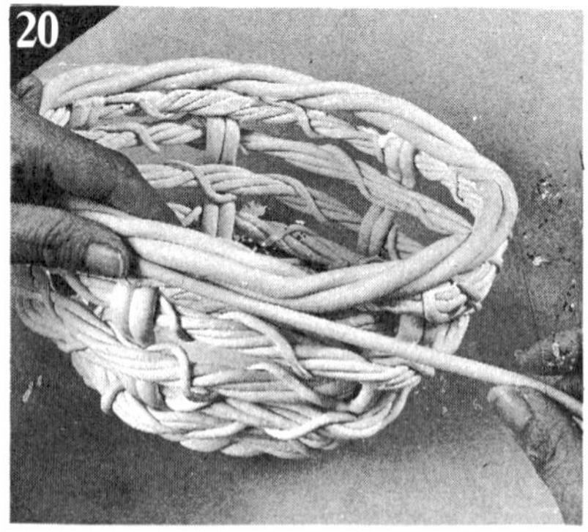

직경 7밀리의 로우프를 2개 만들어 한개를 19의 바깥쪽에 붙인다.

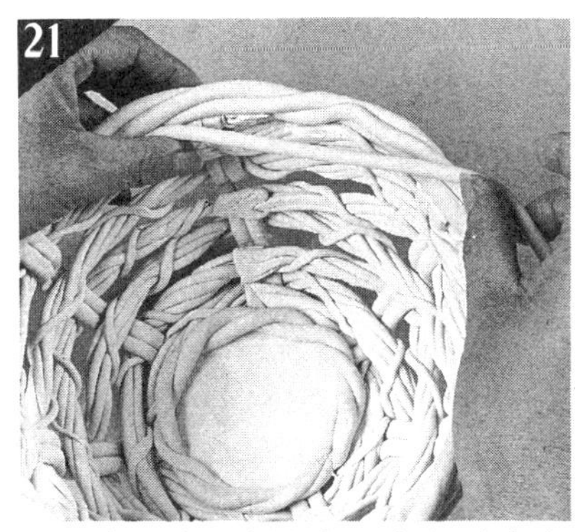

1개를 안쪽에 붙여 돌린다. 가장자리는 3중으로 하여 단단하게 한다.

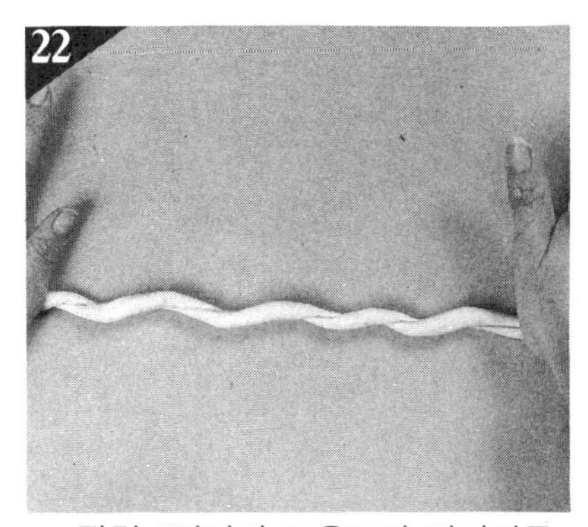

직경 8밀리의 로우프와 와이어를 붙여 와이어가 든 로우프를 만든다.

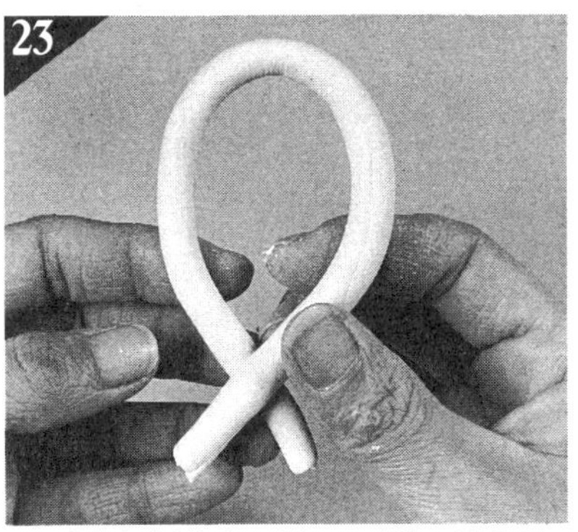

2등분의 길이로 자르고 링모양으로 구부려 끝을 크로스시킨다.

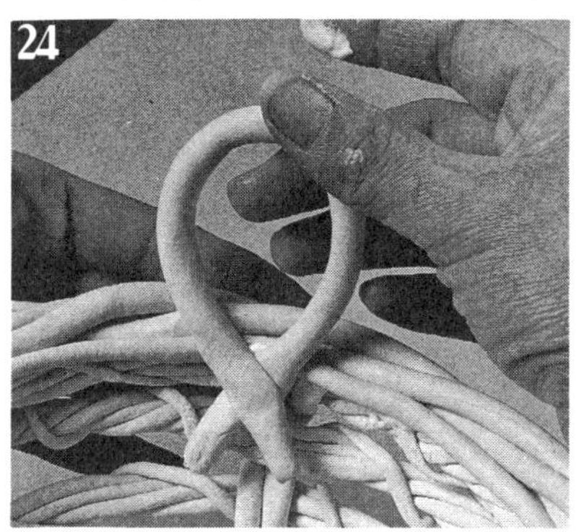

손잡이 통과의 크로스 위치에 본드를 바르고 본체 안쪽에 붙인다.

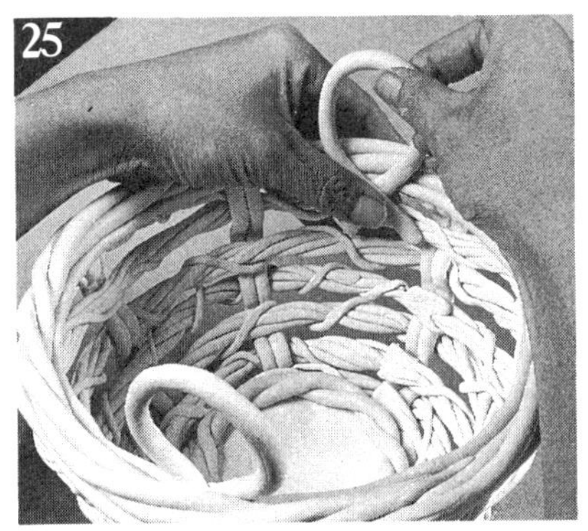

손잡이 통과는 본체의 양쪽에 붙이고 잘 건조시킨다.

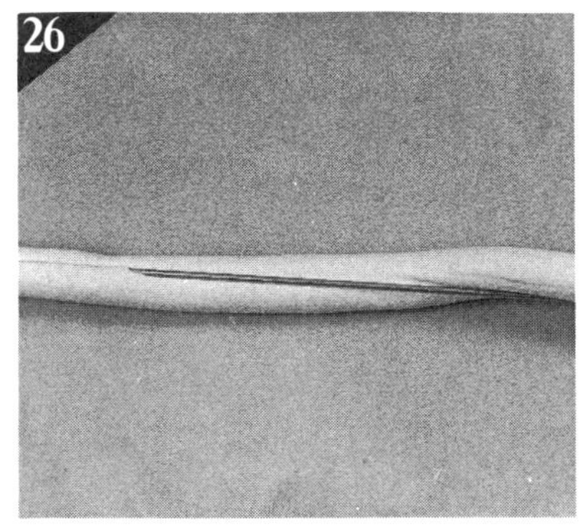

직경 1.2㎝의 로우프에 와이어를 감는다.(사진 22를 참조)

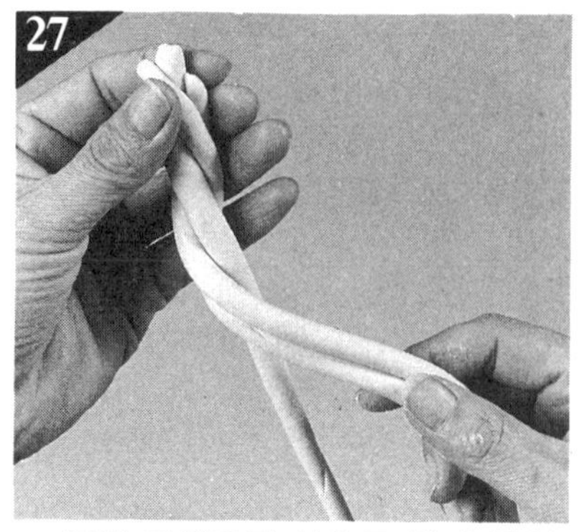

26의 로우프를 심으로 하여 직경 7밀리의 로우프 2개를 감는다.

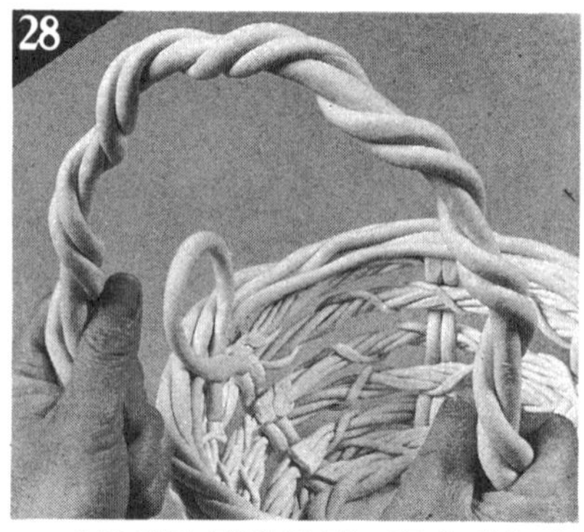

손잡이를 본체 붙이는 쪽에 맞추어 구부려 모양을 만든다.

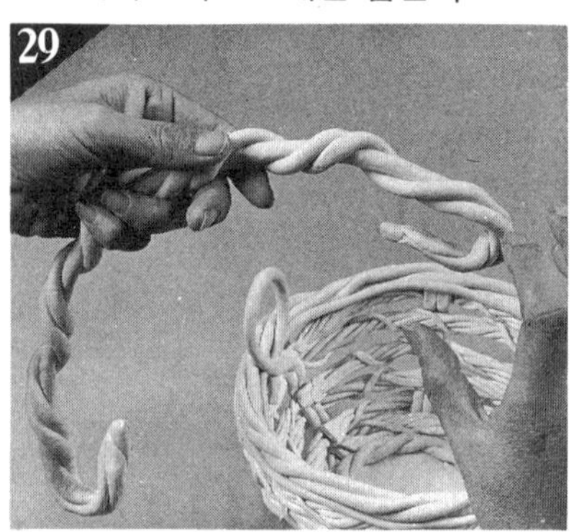

손 잡이 양끝을 손잡이 통과 고리에 통과시켜 구부린다.

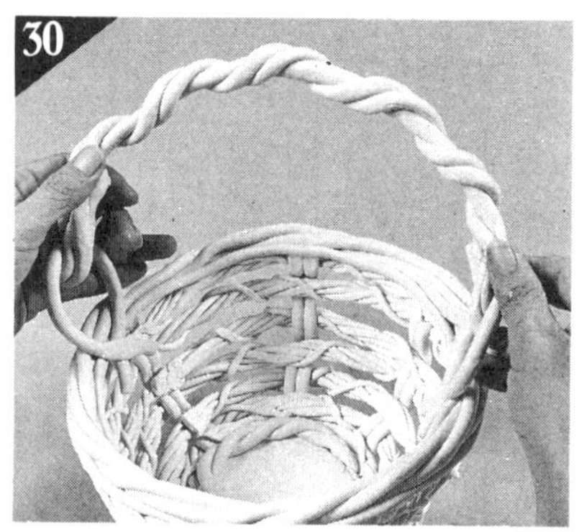

손잡이 고리를 통과시켜 잡아당겨 손이 움직이는데 여유를 갖게 한다.

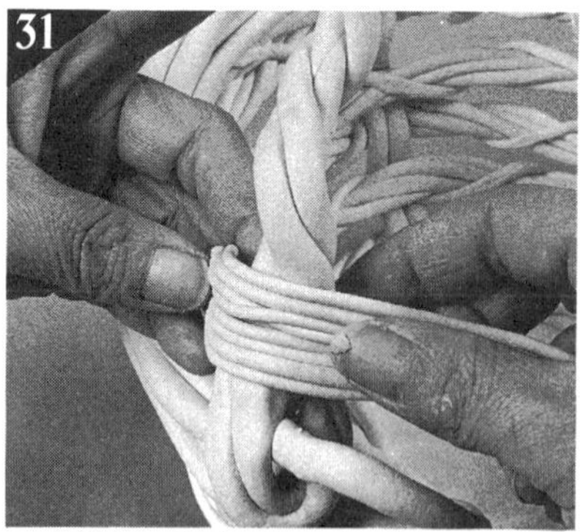

직경 2밀리 정도의 가는 로우프 8개를 잡아 손잡이 끝에 감아 준다.

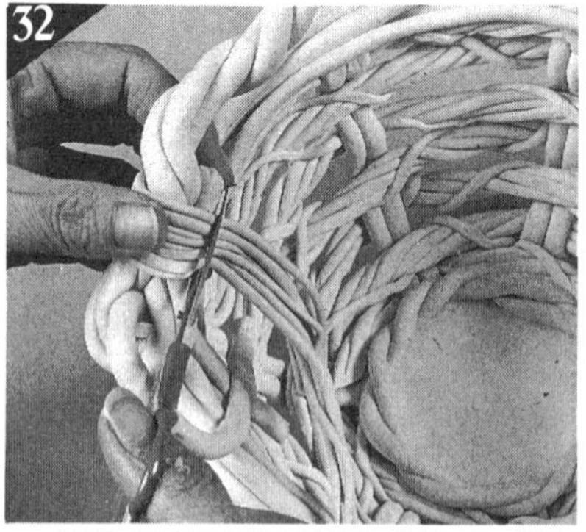

감은 로우프의 여분은 손잡이 안쪽에서 잘라내어 잘 동화시킨다

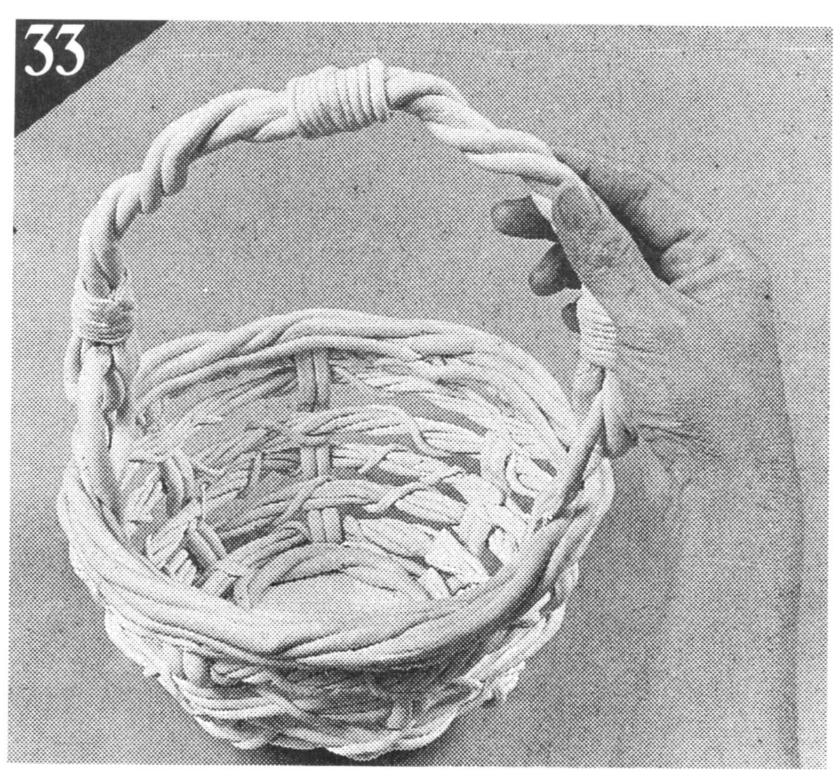

손잡이의 중심도 31과 마찬가지
로우프로 감아 완성한다.

프릴의 작은 물건 넣는 용기

• 재료

점토 4개. 18번 와이어 한개, 빈통(직경20㎝×깊이 10㎝), 목공용본드.

• 만드는 방법의 포인트

프릴이 듬뿍 달린, 레이스가 달린 엘레강트한 용기이다.

빈통을 심으로 하여 겉과 속을 점토로 감싸듯이 함으로 점토는 전체에 크게, 두께를 평균적으로 하여 펴는 것이 요령이다.

2단에 붙이는 레이스는 겹친 곳이 보이지 않도록 그리고 엘레강트하게 보이기 위해 붙이는 치수의 1.5배 정도의 레이스 길이를 주름으로 잡는다.

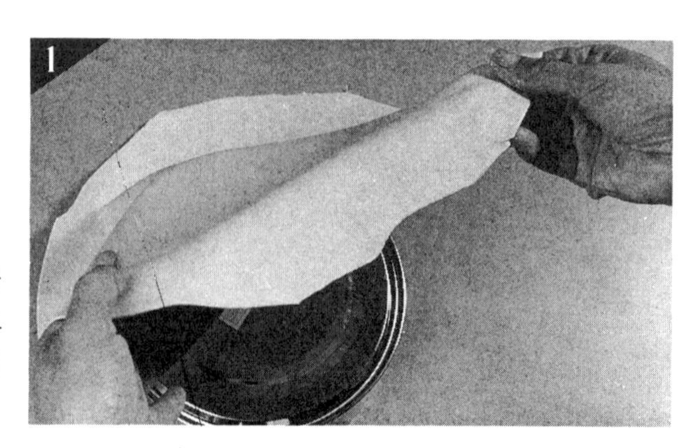

점토 ½개 분을 두께 3밀리의 원형으로 펴고 빈통(심) 바닥에 씌운다.

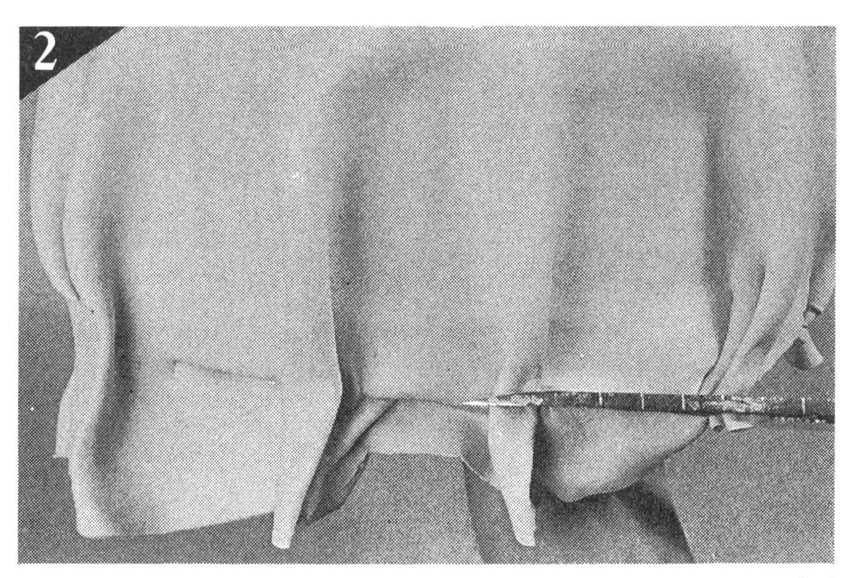

바닥에서부터 측면을 잘 감싸고 빈통의 입구에서 부터 1㎝ 아래의 여분을 잘라낸다.

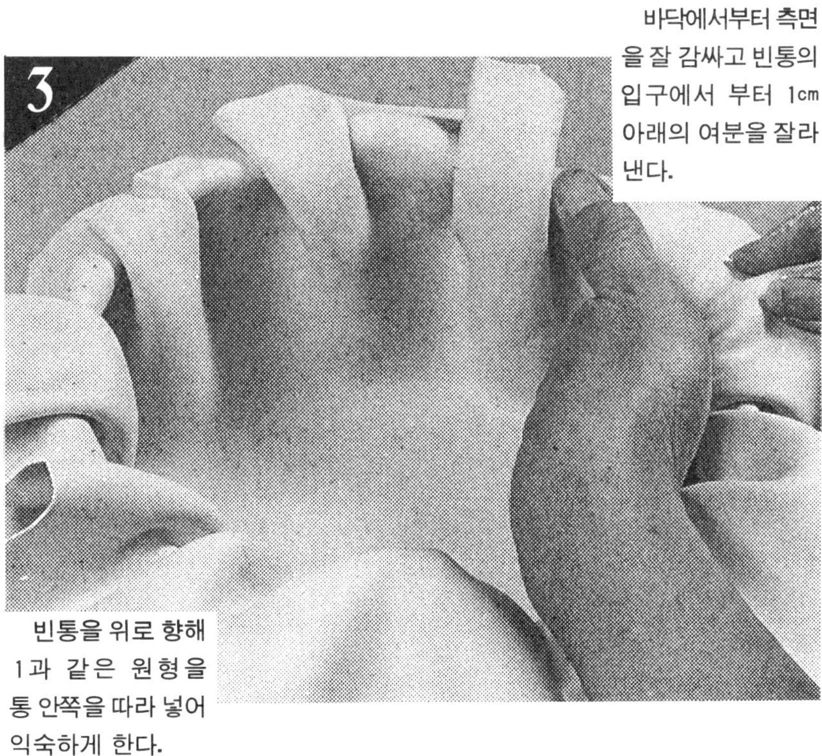

빈통을 위로 향해 1과 같은 원형을 통 안쪽을 따라 넣어 익숙하게 한다.

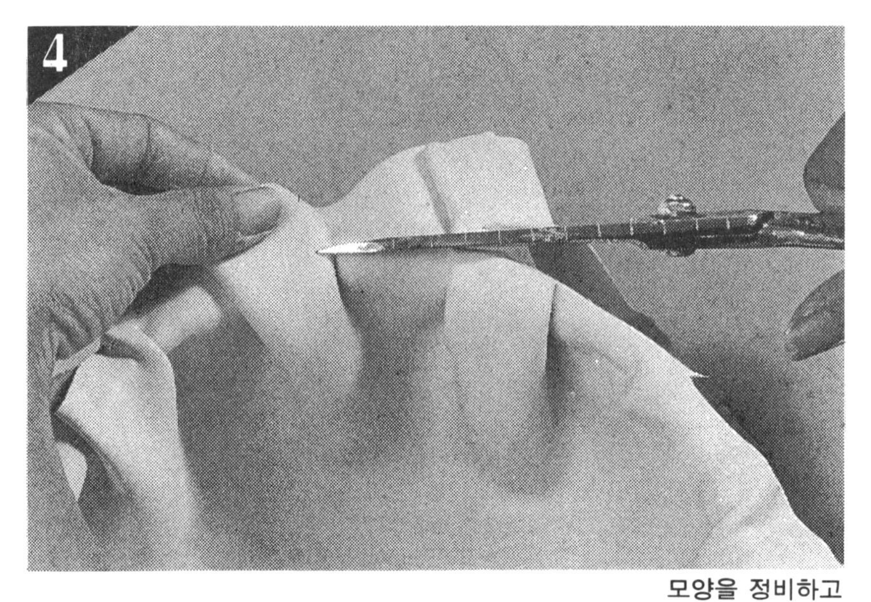

모양을 정비하고 여분은 입구 위치에 맞추어 2장을 함께 자른다.

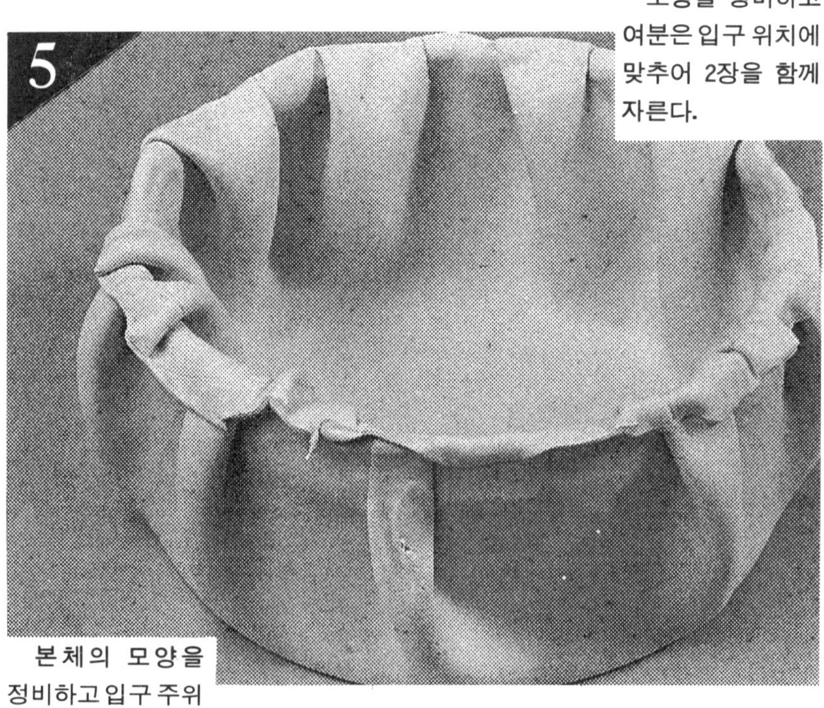

본체의 모양을 정비하고 입구 주위에 본드를 칠한다.

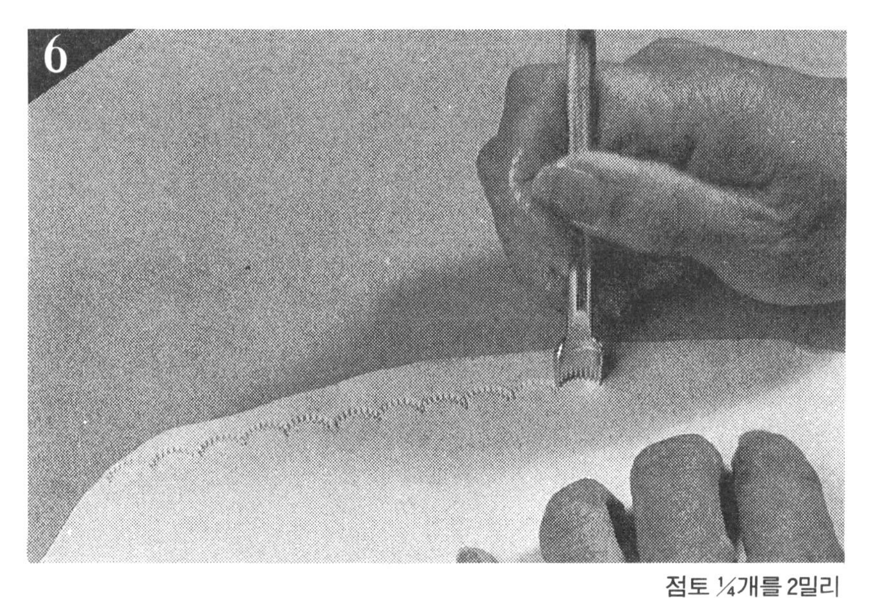

점토 ¼개를 2밀리 두께로 6㎝ 폭의 테이프상으로 펴고 끝을 레이스의 누름 용구로 강하게 누른다.

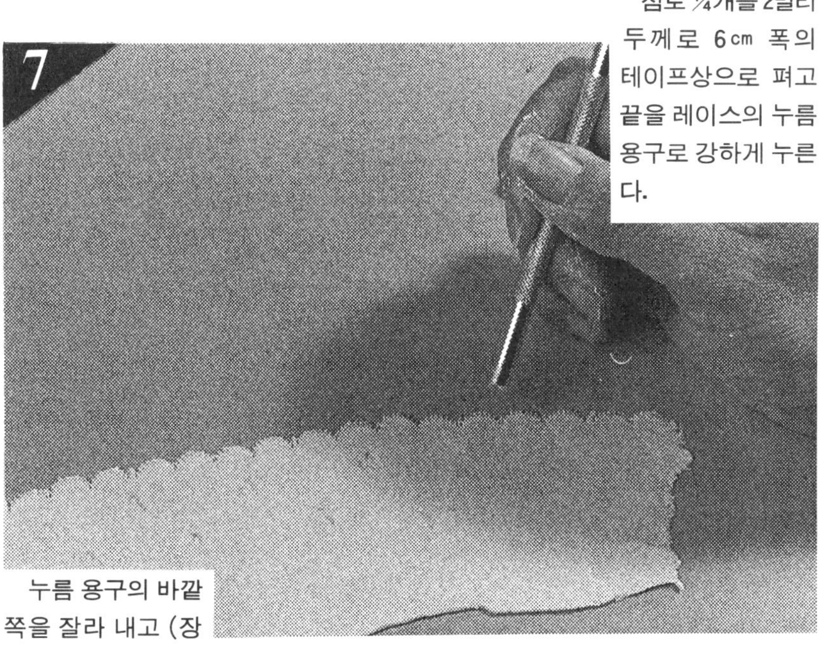

누름 용구의 바깥쪽을 잘라 내고 (장미 벽걸이 참조) 꽃무늬 누름 용구로 무늬를 낸다.

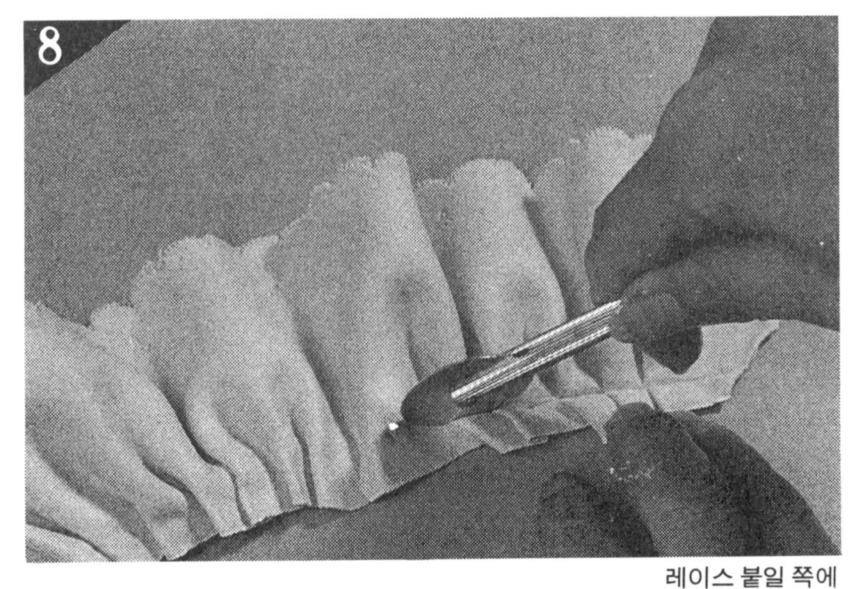

레이스 붙일 쪽에 잔주름을 잡아 1.5배 길이를 주름 잡아 5㎝ 폭으로 커트한다.

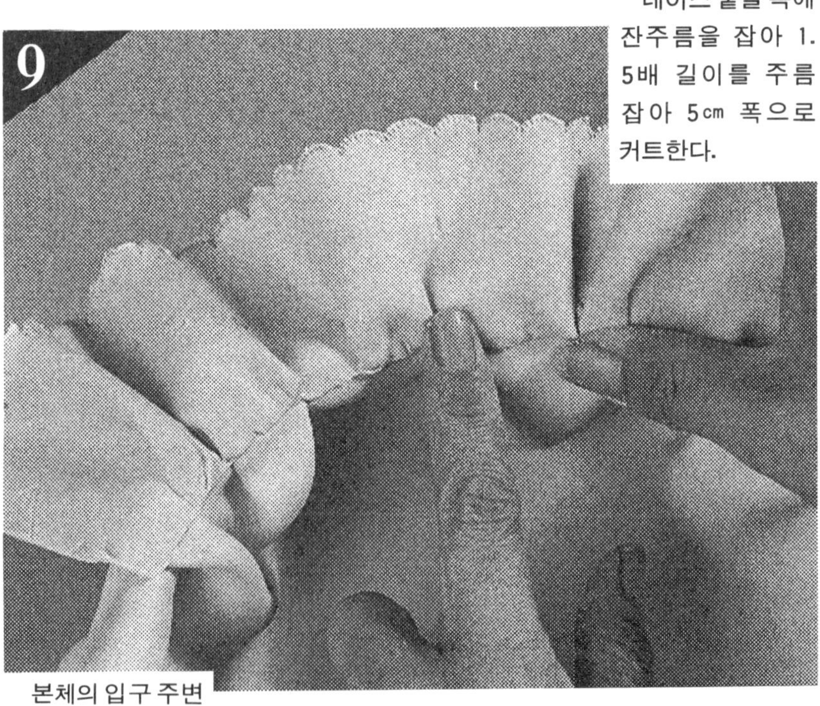

본체의 입구 주변에 레이스를 단다.

2장 째의 레이스는 4㎝ 폭으로 만들고 1장 째 위에 얹어 모양 있게 붙인다.

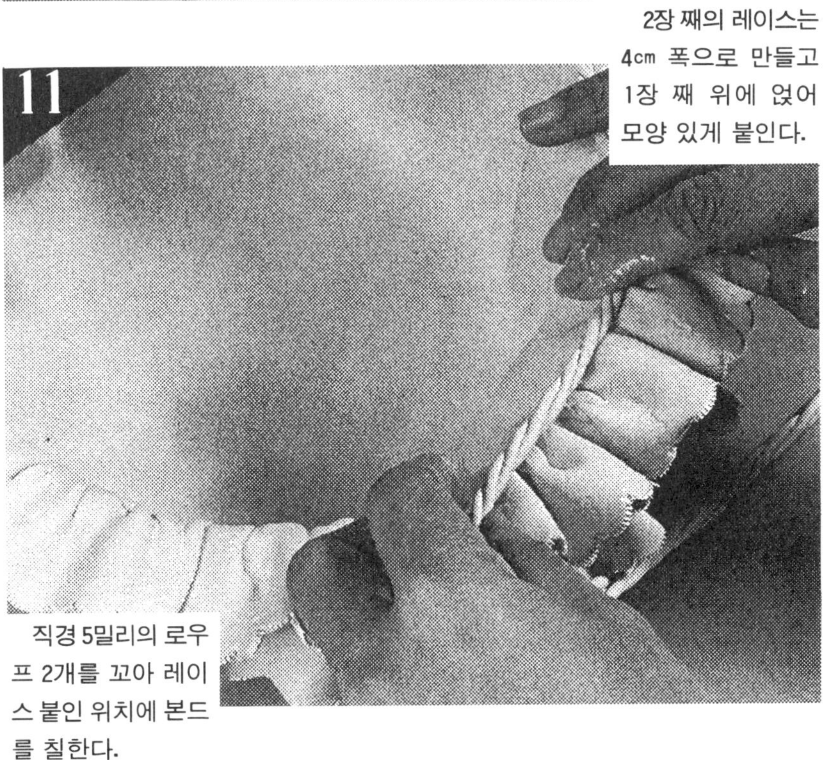

직경 5밀리의 로우프 2개를 꼬아 레이스 붙인 위치에 본드를 칠한다.

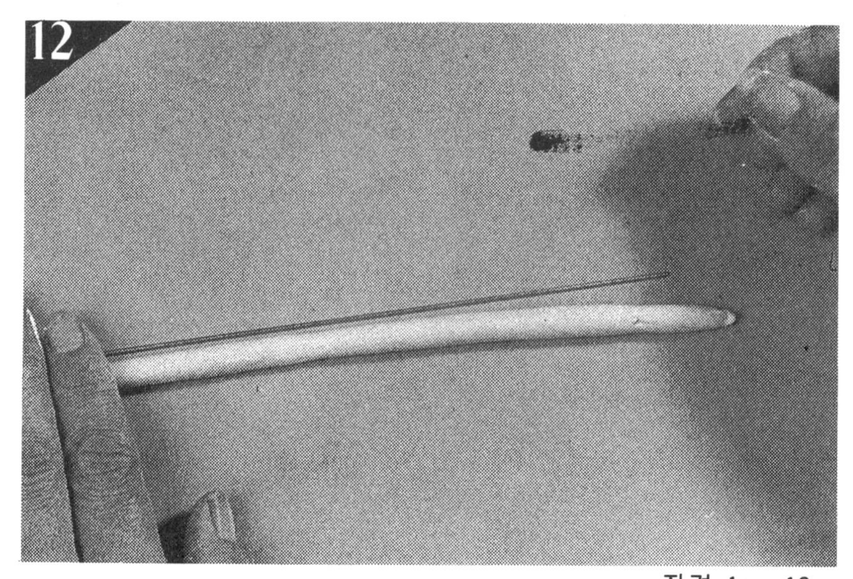

직경 1cm, 16cm 길이의 로우프 2개를 만들어 각각에 와이어를 넣는다. (빨간 바스켓 참조)

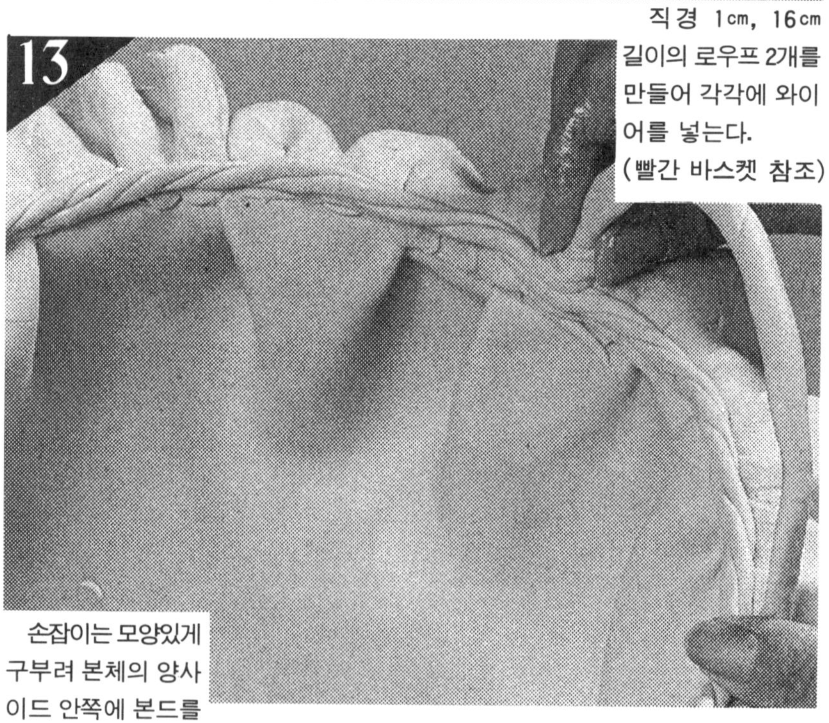

손잡이는 모양있게 구부려 본체의 양사이드 안쪽에 본드를 칠해 붙인다.

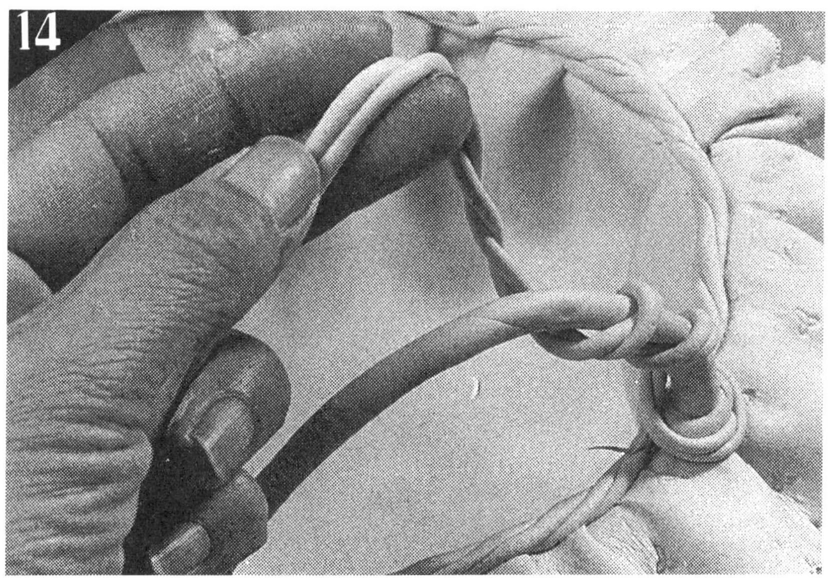

직경 2밀리의 가는 로우프를 2개 만들어 꼬아 손잡이에 엮는다.

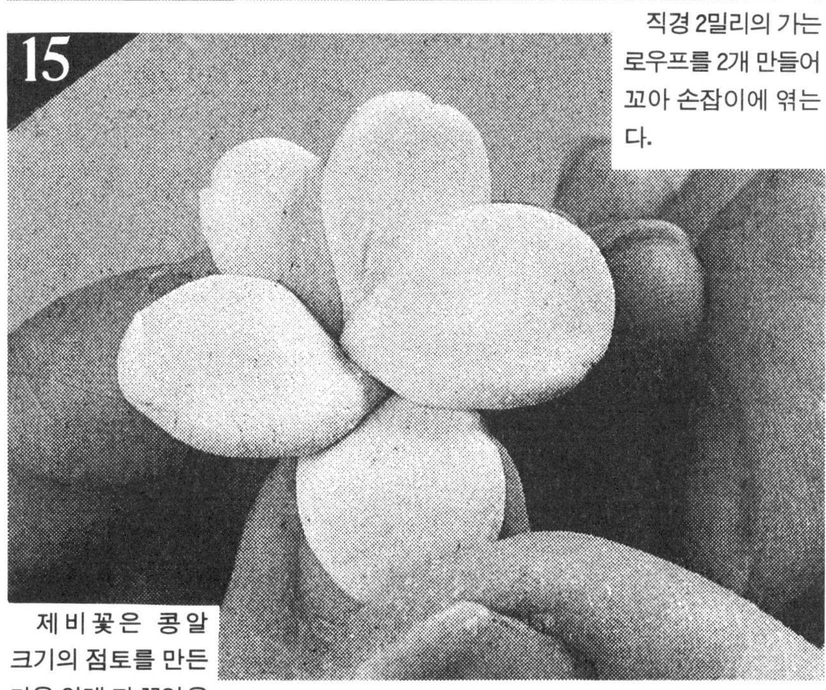

제비꽃은 콩알 크기의 점토를 만든 다음 얇게 펴 꽃잎을 만든다.(5장)

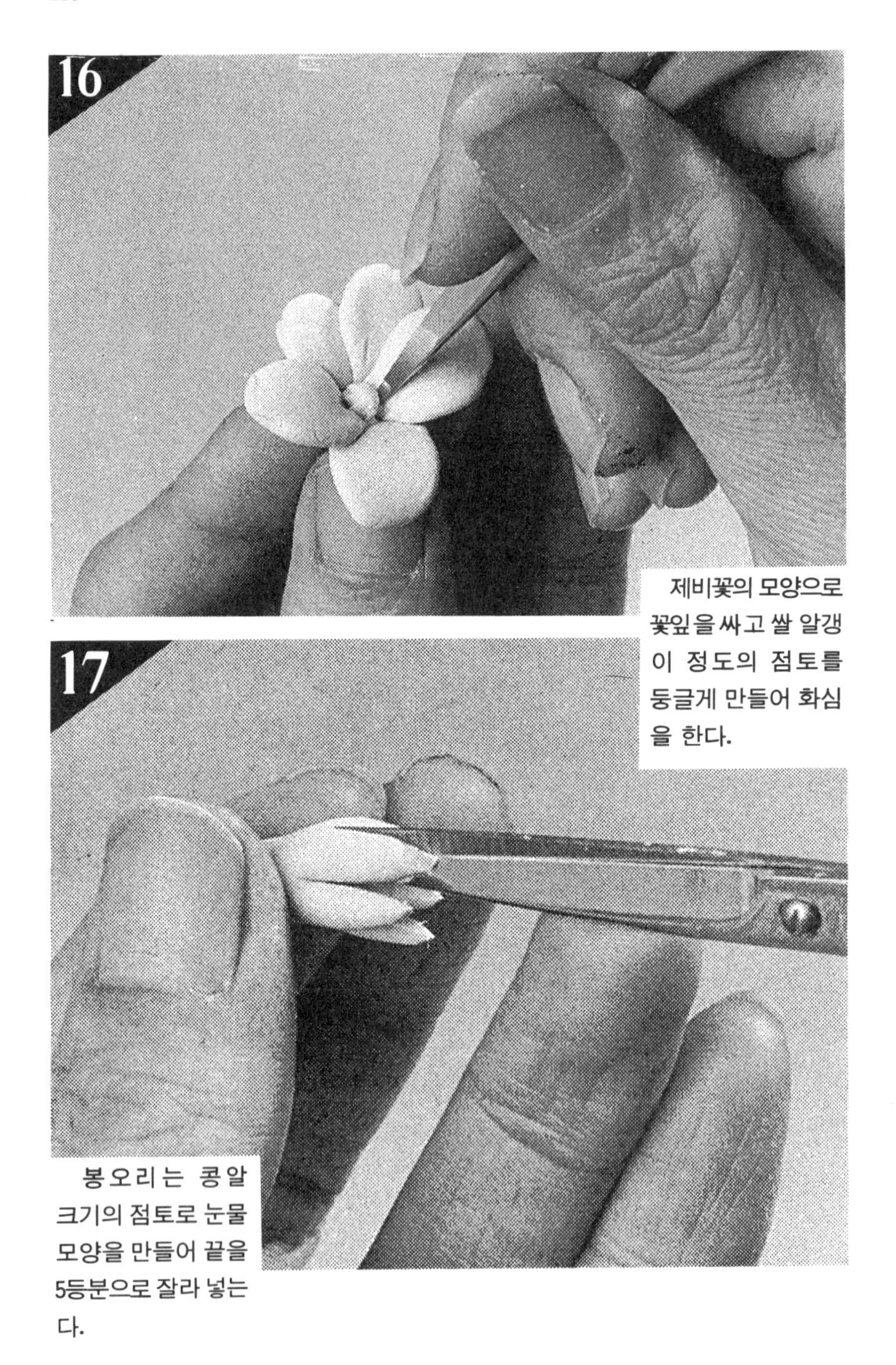

제비꽃의 모양으로 꽃잎을 싸고 쌀 알갱이 정도의 점토를 둥글게 만들어 화심을 한다.

봉오리는 콩알 크기의 점토로 눈물 모양을 만들어 끝을 5등분으로 잘라 넣는다.

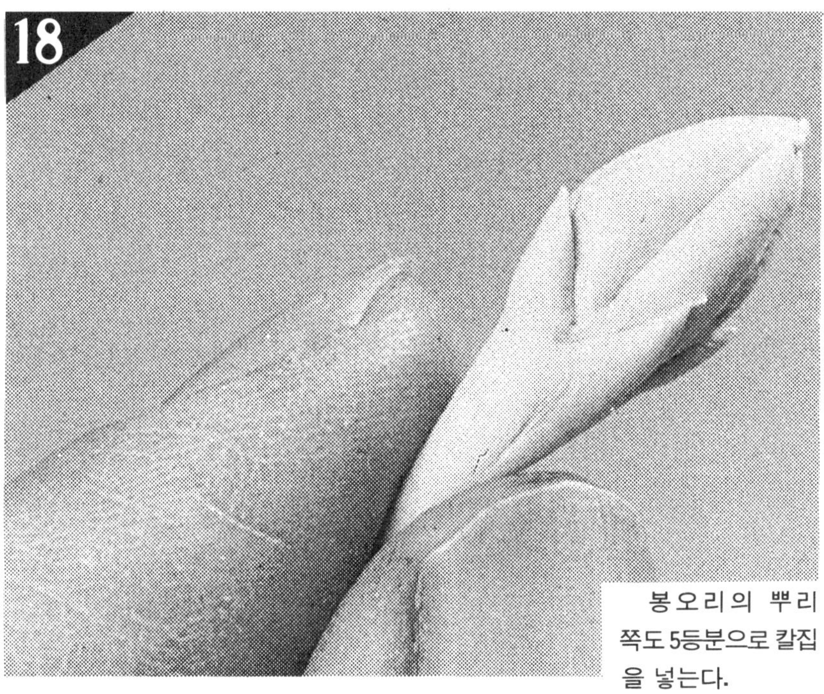

봉오리의 뿌리 쪽도 5등분으로 칼집을 넣는다.

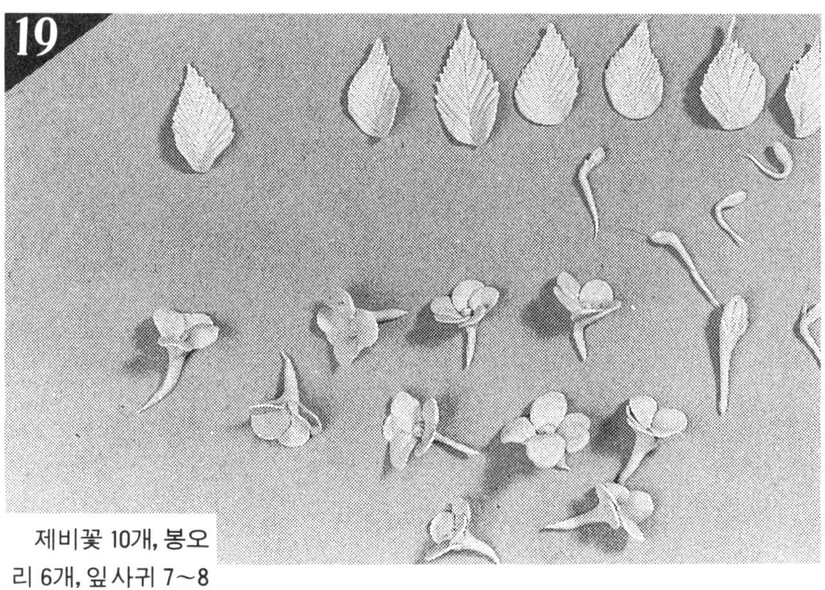

제비꽃 10개, 봉오리 6개, 잎사귀 7~8장을 준비한다.

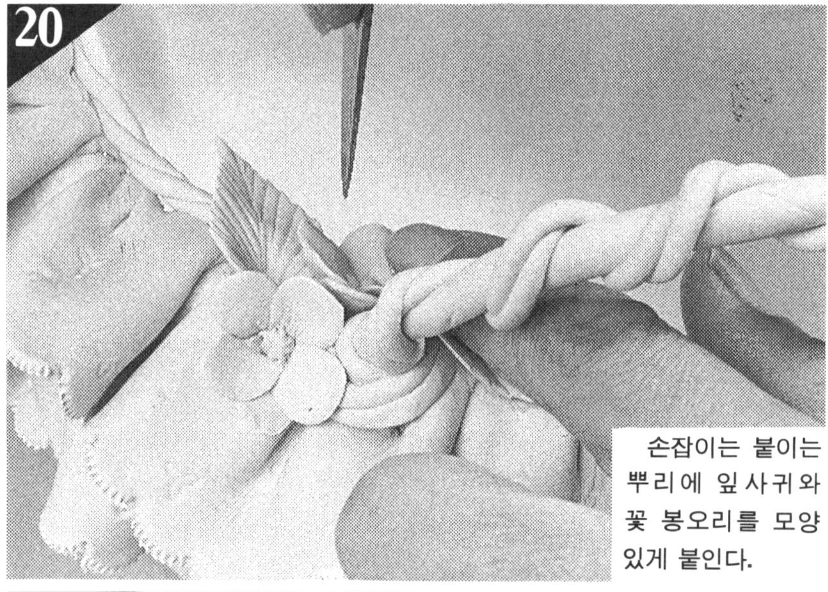

손잡이는 붙이는 뿌리에 잎사귀와 꽃 봉오리를 모양 있게 붙인다.

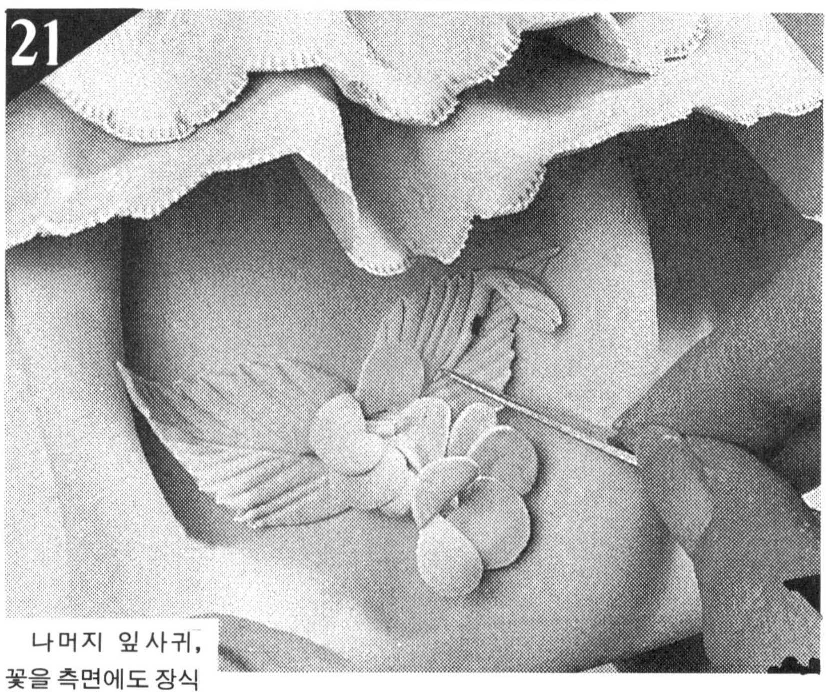

나머지 잎사귀, 꽃을 측면에도 장식한다.

전체를 자연스럽게 말리고 장미 네크레스를 참조로 하여 착색한다.

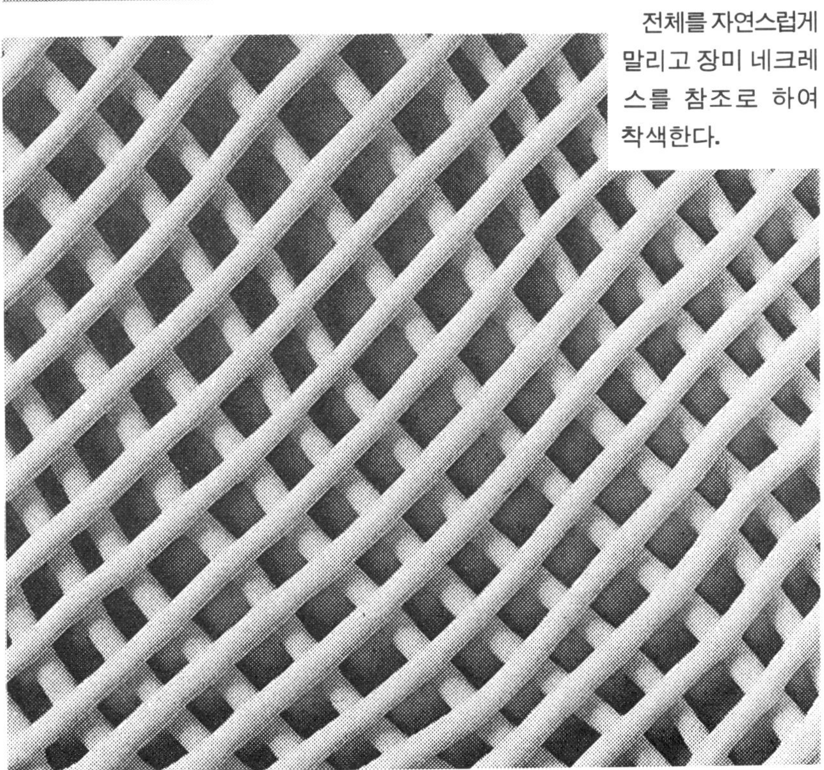

뚜껑이 있는 작은 물건 넣는 용기

• **재료**

점토 3개, 목공용 본드, 사발(직경 16㎝), 접시(직경 16㎝).

• **만드는 방법의 포인트**

주변에 있는 그릇을 틀로 하여 만들었다. 본체의 형이 되는 사발과 뚜껑 모양이 되는 접시의 직경이 같은 것을 선택한다.

가는 듯한 로우프는 짜지 말고 메시풍으로 겹쳐 붙이는 것으로 점토끼리는 잘 붙도록 위에서 누르면서 붙여야 할 것이다.

뚜껑 위의 장식 꽃은 손잡이도 되므로 단단히 붙인다.

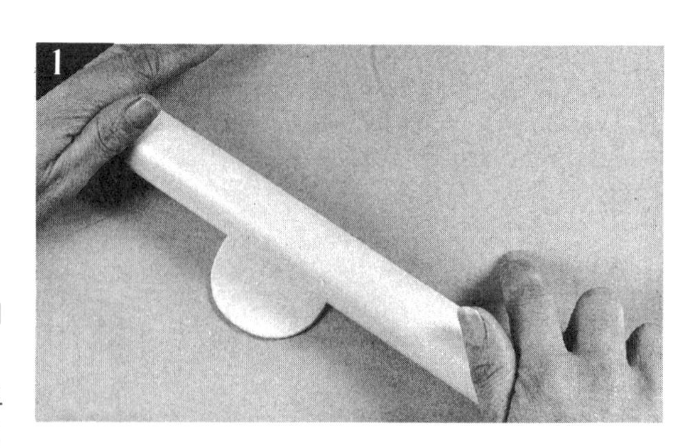

본체에서 부터 만든다.

매실 크기의 점토를 밀방이로 5밀리 두께로 민다.

랩으로 감싼 틀 (사발) 바닥에 1의 면을 얹는다.

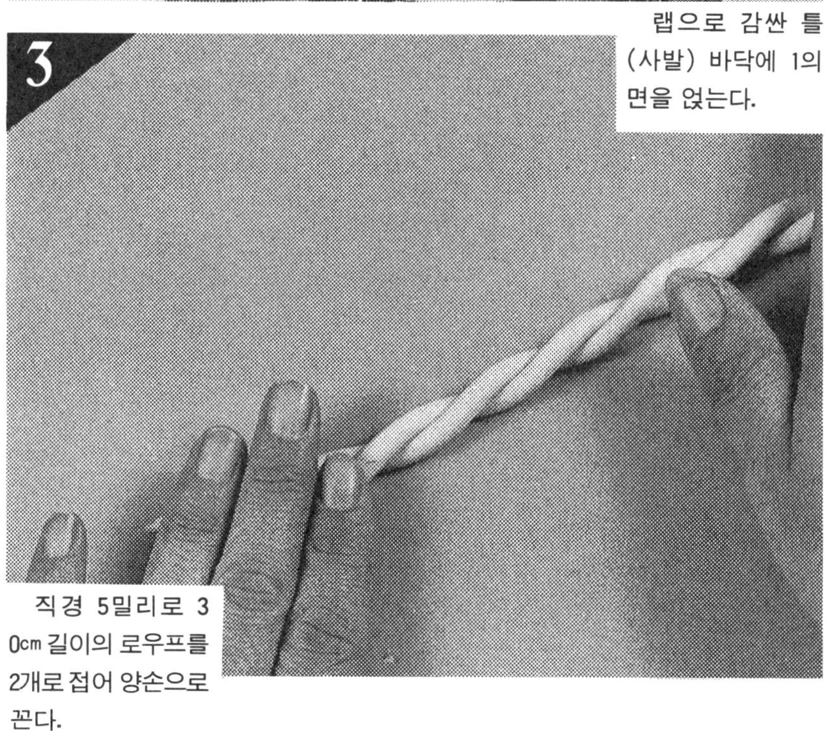

직경 5밀리로 30cm 길이의 로우프를 2개로 접어 양손으로 꼰다.

꼰 로우프 4개를 틀 주위의 천지좌우에 완만한 곡선을 그리듯이 붙인다.

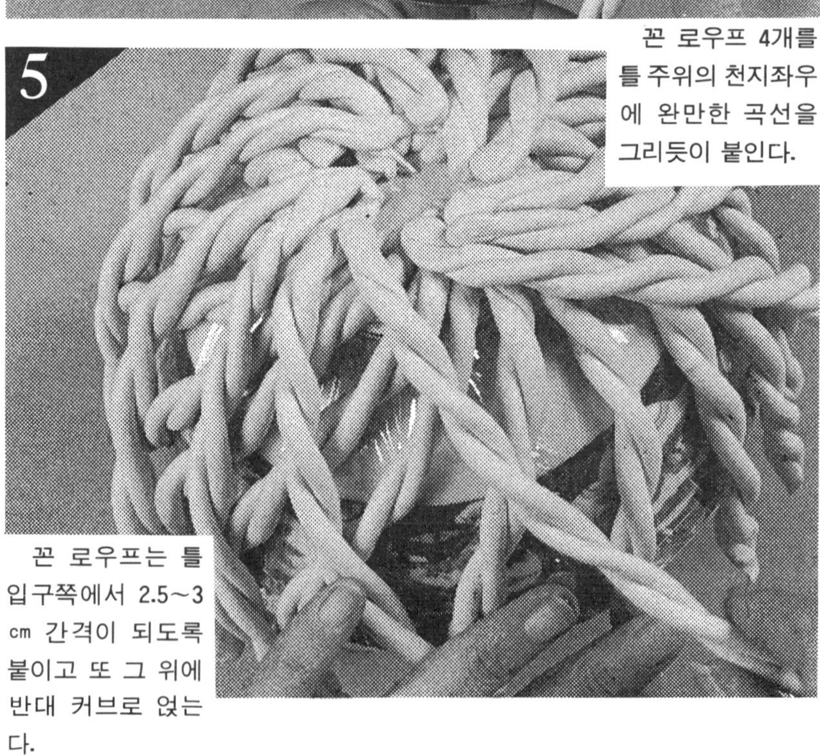

꼰 로우프는 틀 입구쪽에서 2.5~3 ㎝ 간격이 되도록 붙이고 또 그 위에 반대 커브로 얹는다.

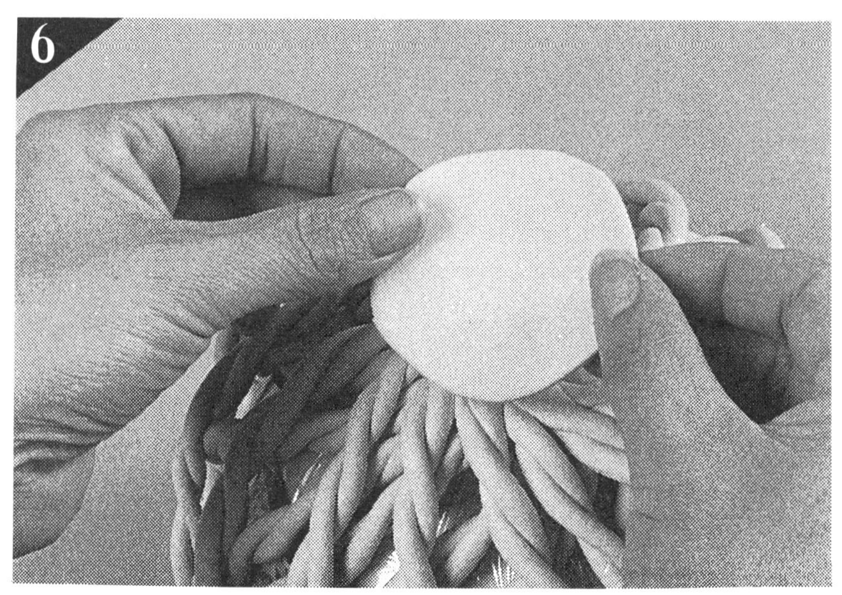

바닥 위에 1과 같은 면을 만들어 얹는다.

틀에 맞추어 입구 주위를 가위로 잘라 가지런히 한다.

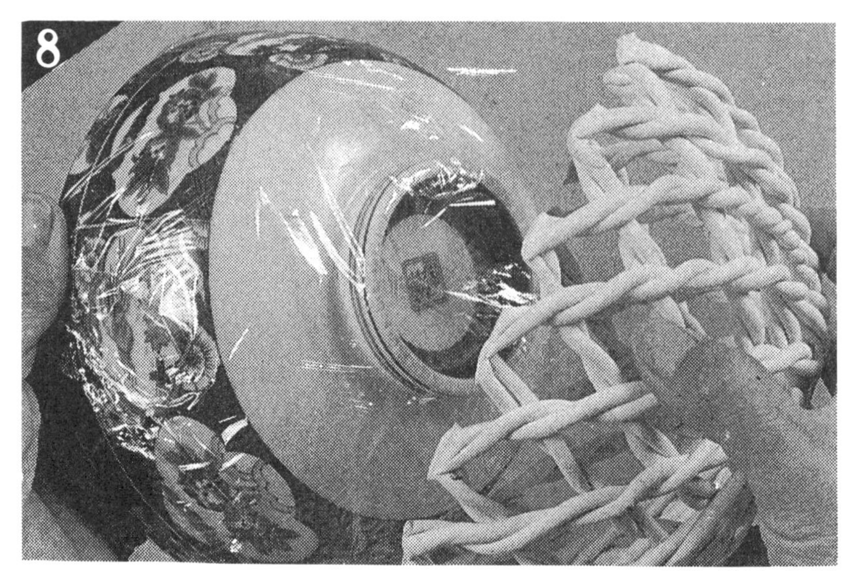

2일 정도 말려 틀에서 뗀다.

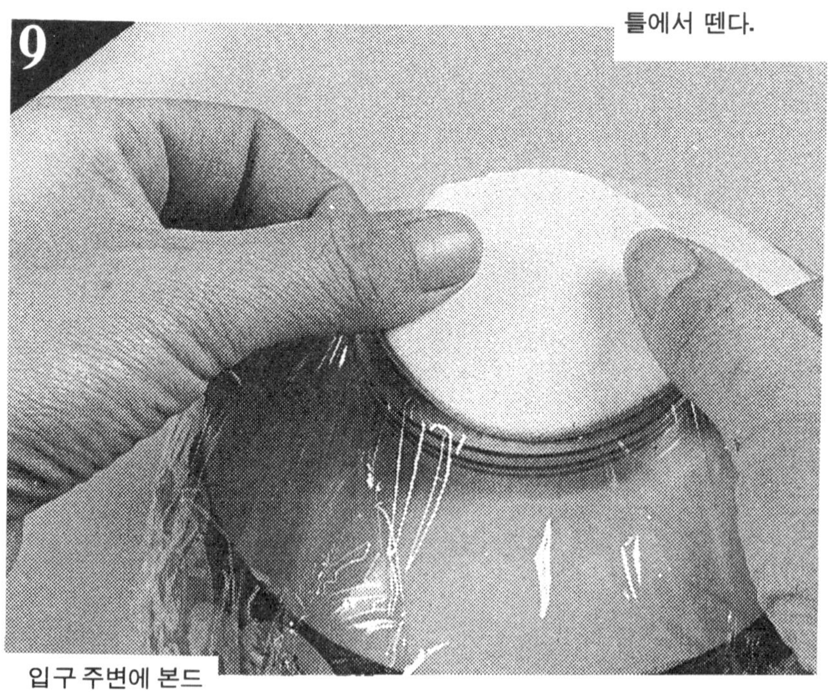

입구 주변에 본드를 칠한다.

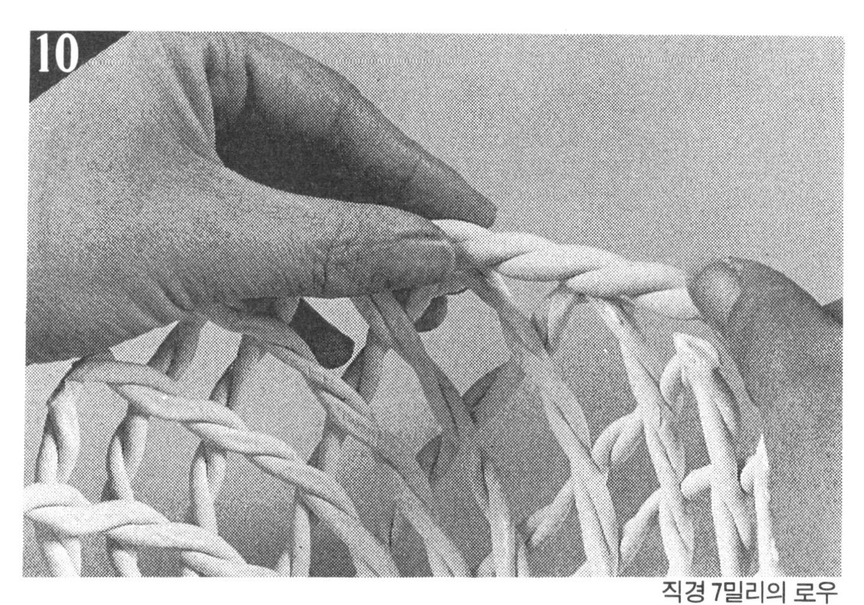

직경 7밀리의 로우프 2개를 두손으로 꼰다. 꼰 로우프를 본체 입구 주변에 붙인다.

본체의 완성이다. 틀을 정비하여 잘 건조시킨다.(2일 정도)

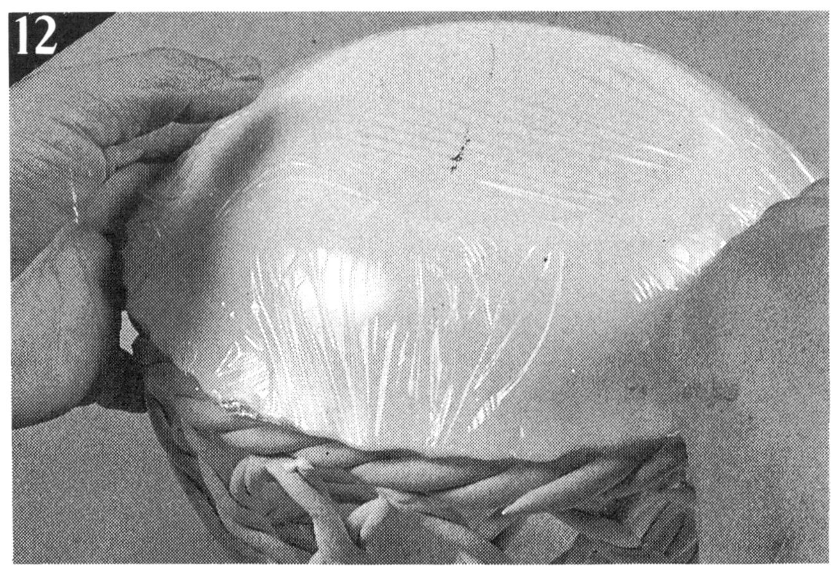

뚜껑을 만든다.
본체에 둥근 접시를 엎어 틀로 삼는다.

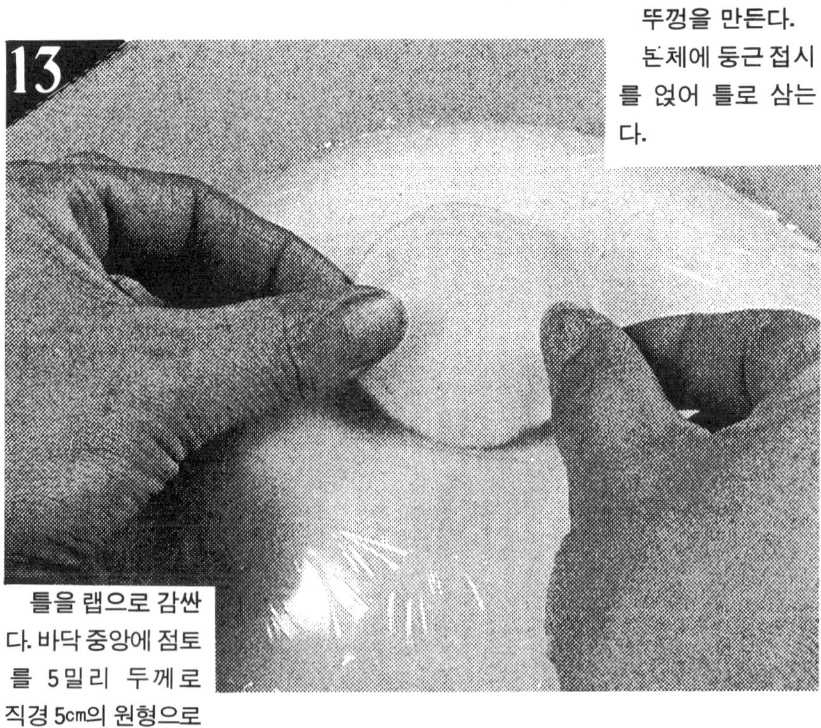

틀을 랩으로 감싼다. 바닥 중앙에 점토를 5밀리 두께로 직경 5㎝의 원형으로 만들어 얹는다.

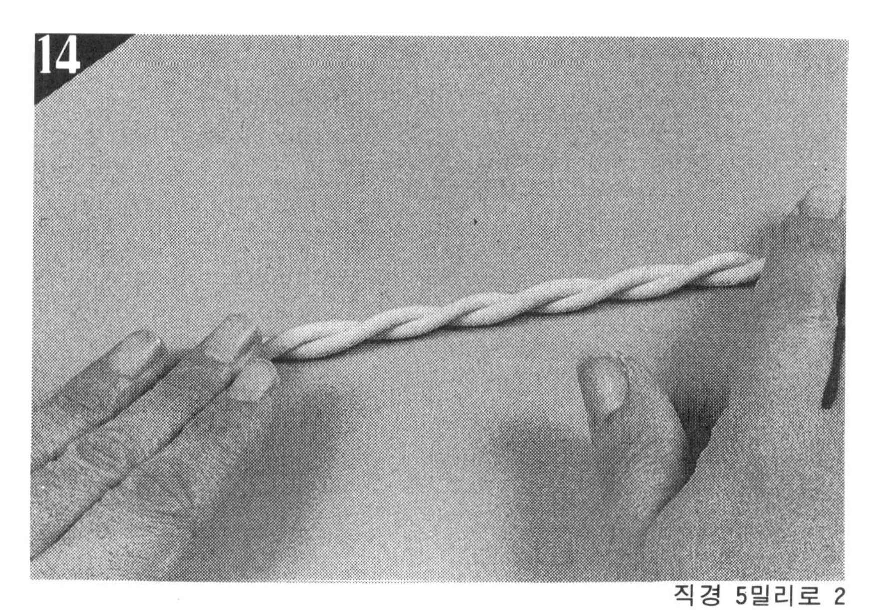

직경 5밀리로 25cm 길이의 로우프를 2로 접어 꼰다.

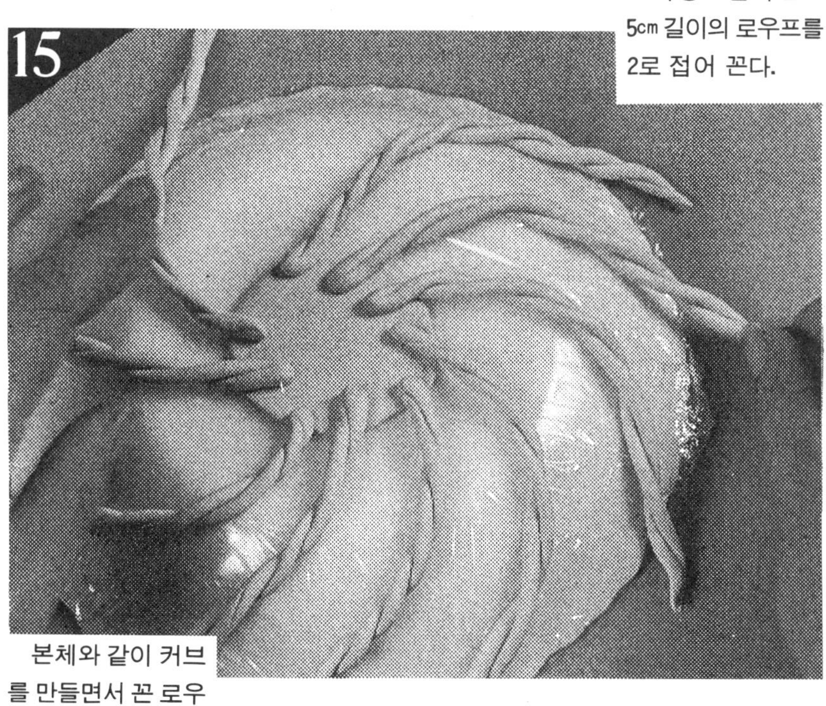

본체와 같이 커브를 만들면서 꼰 로우프를 붙인다.

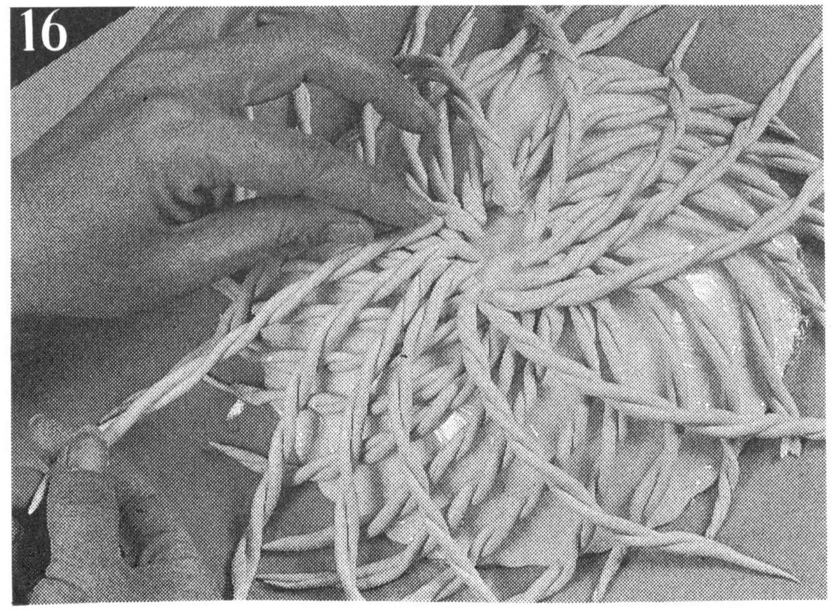

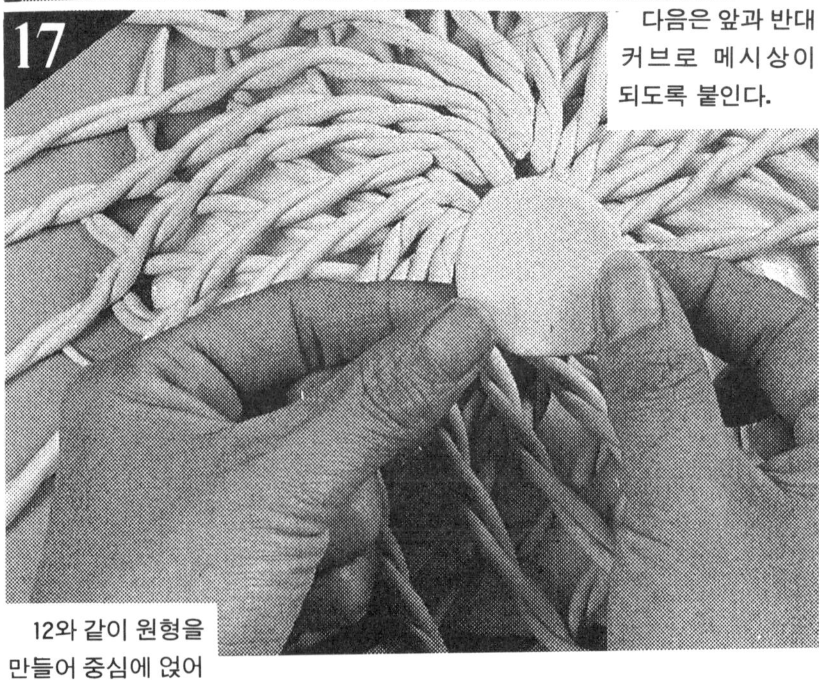

다음은 앞과 반대 커브로 메시상이 되도록 붙인다.

12와 같이 원형을 만들어 중심에 얹어 붙인다.

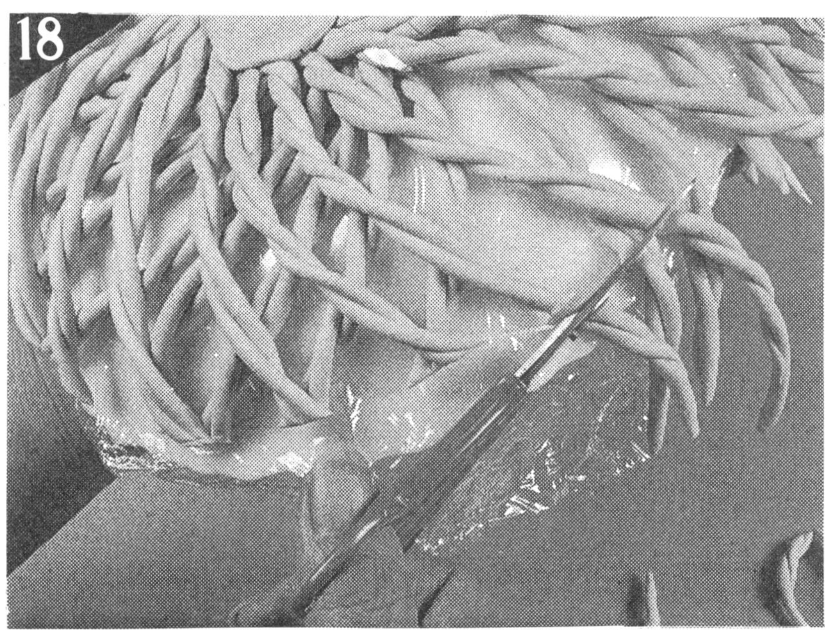

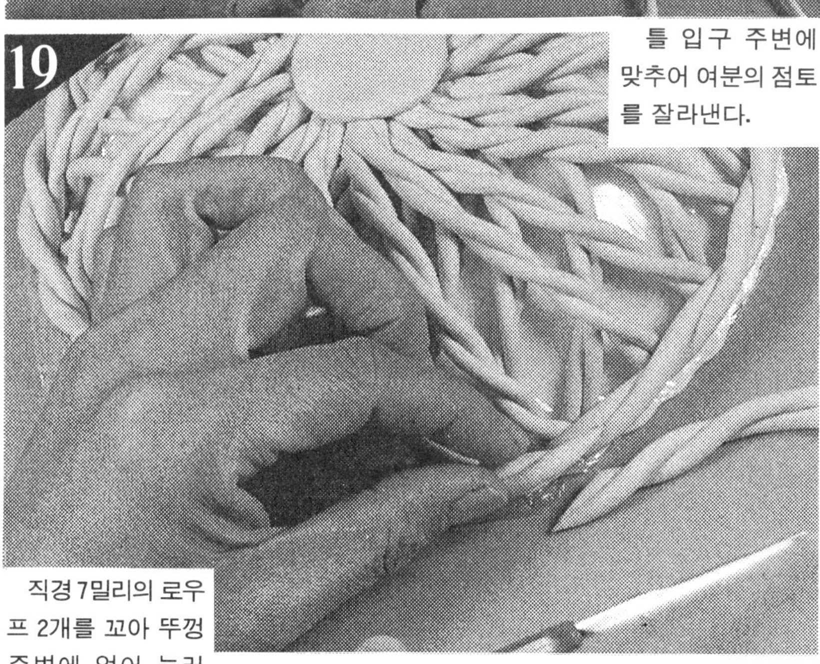

틀 입구 주변에 맞추어 여분의 점토를 잘라낸다.

직경 7밀리의 로우프 2개를 꼬아 뚜껑 주변에 얹어 눌러 붙인다.

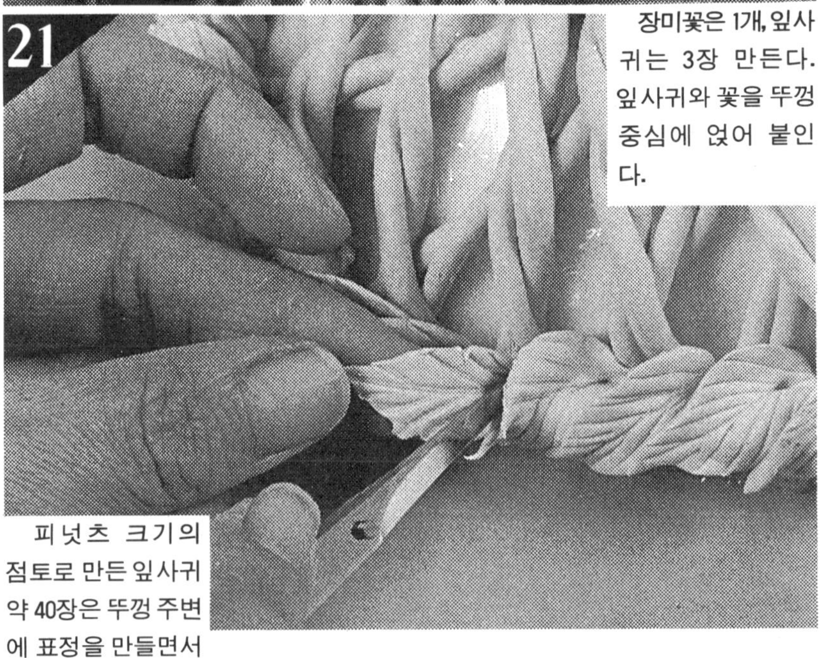

장미꽃은 1개, 잎사귀는 3장 만든다. 잎사귀와 꽃을 뚜껑 중심에 얹어 붙인다.

피넛츠 크기의 점토로 만든 잎사귀 약 40장은 뚜껑 주변에 표정을 만들면서 붙인다.

뚜껑이 만들어졌다. 꽃과 잎사귀는 뚜껑의 손잡이가 됨으로 잘 동화시켜 건조시켜 착색한다.

로우프 바스켓

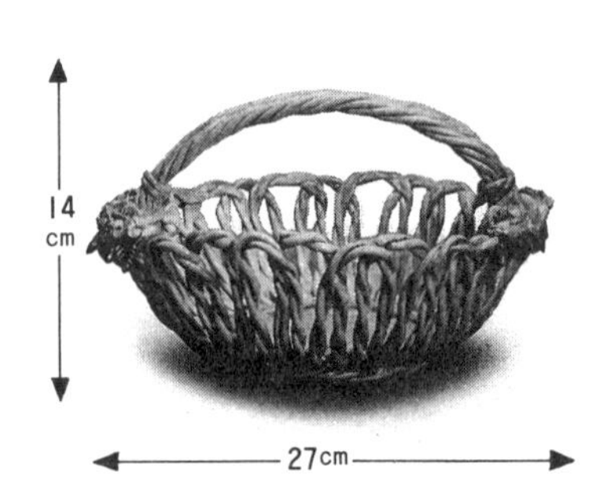

• 재료

점토 2개, 18번 와이어 2개, 큰 화분(직경 20㎝로 바닥이 넓은 것), 목공용 본드, 랩.

• 만드는 방법의 포인트

틀로 U자형 로우프를 얹어 만든 바스켓이다. 로우프는 꼬여 있어 표면이 오목볼록하고, 짜지 않아 점토끼리 꼭 맞기 어려워 완전히 건조한 다음 틀을 벗겨야 한다.

본체가 가벼움으로 장식의 꽃과 잎사귀는 너무 크지 않도록 만들고 손잡이 붙인 뿌리에 밸런스 있게 붙이자.

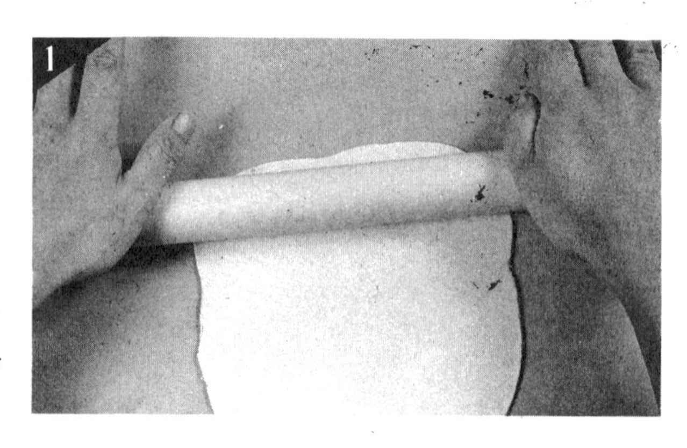

점토를 5밀리 두께로 펴 바닥면을 만든다

바닥은 직경 13 cm 정도의 원형으로 자르고 랩으로 감싼 틀(큰 화분)의 바닥 중심에 얹는다.

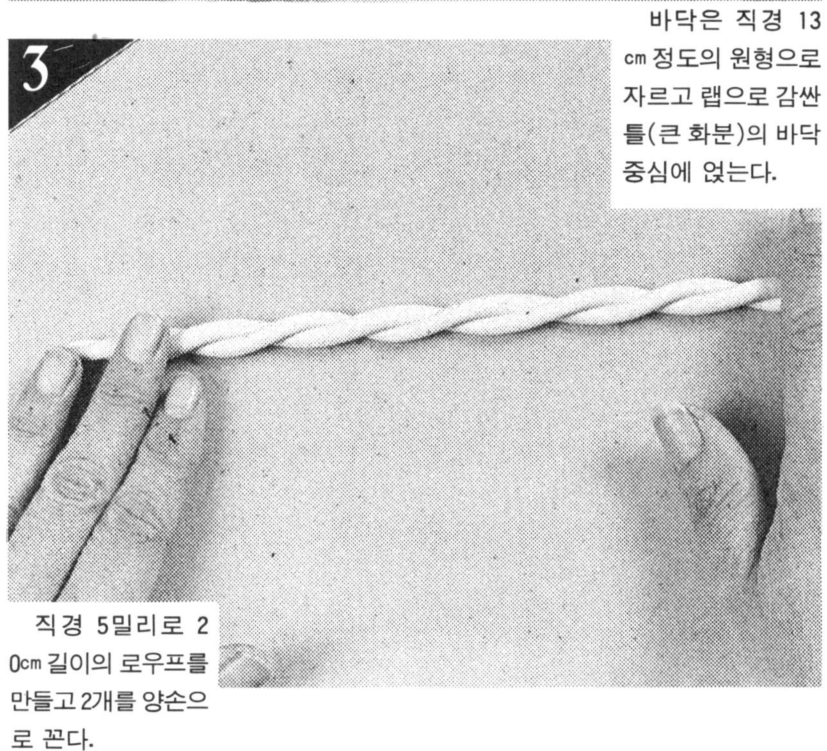

직경 5밀리로 20cm 길이의 로우프를 만들고 2개를 양손으로 꼰다.

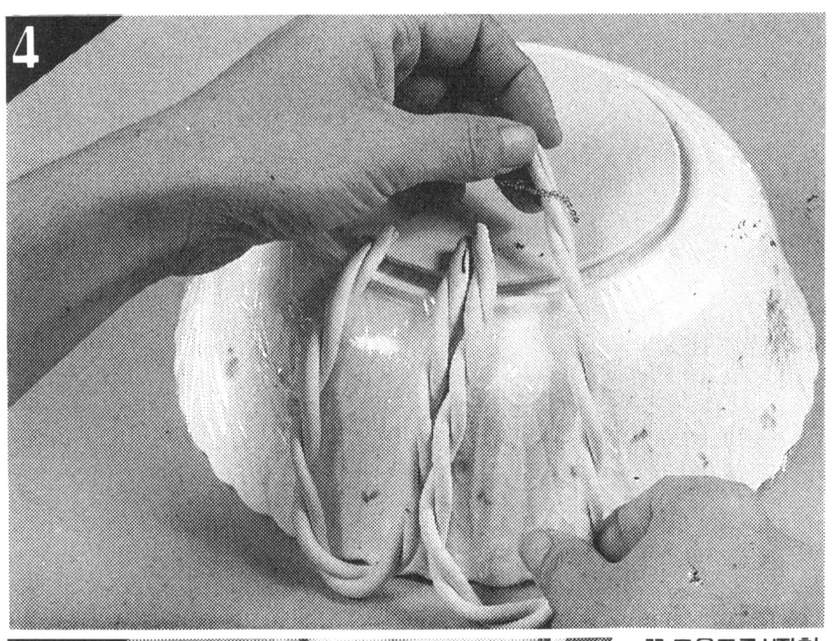

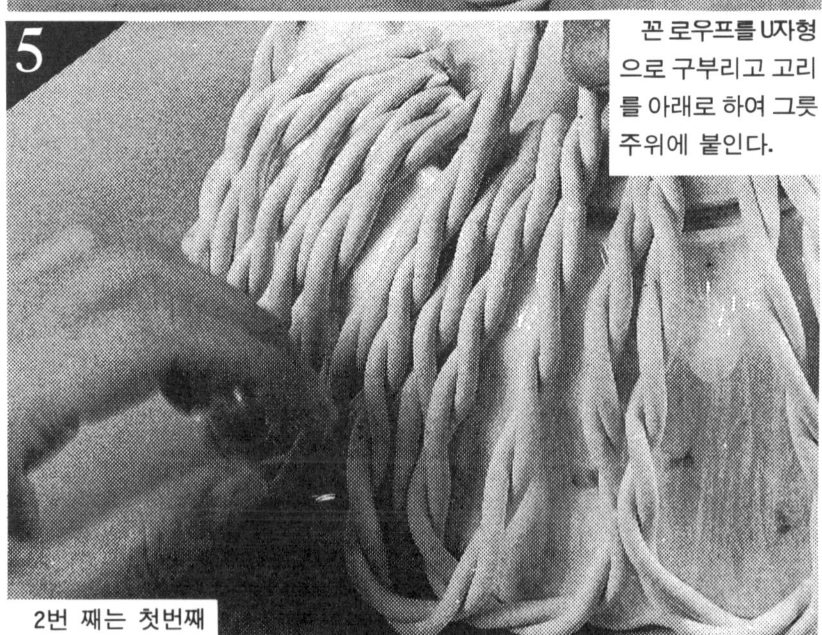

끈 로우프를 U자형으로 구부리고 고리를 아래로 하여 그릇 주위에 붙인다.

2번 째는 첫번째 사이에 들어가도록 위에 겹쳐간다.

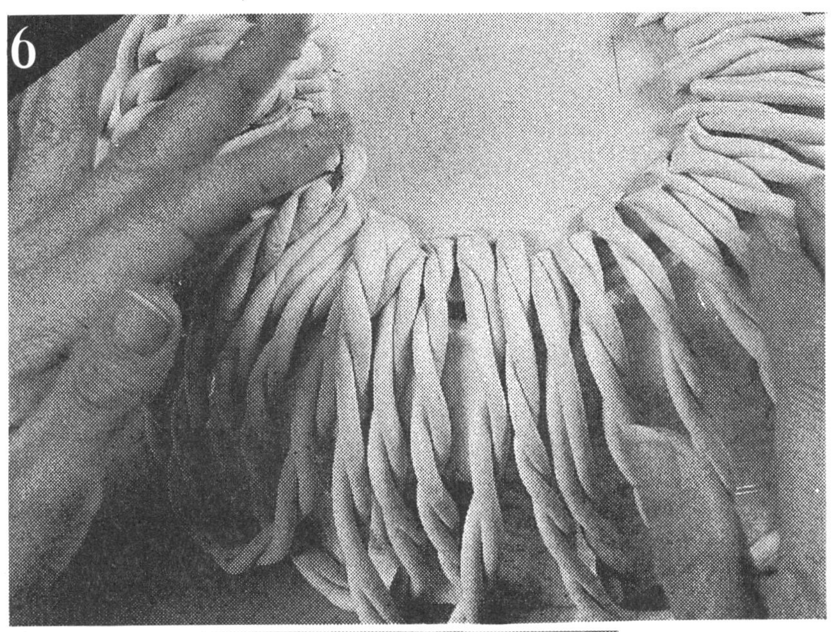

로우프는 짜지 않으므로 전체를 위에서부터 눌러 단단히 붙인다.

바닥 면을 또 한장 만들어 바닥 중심에 얹어 붙인다.

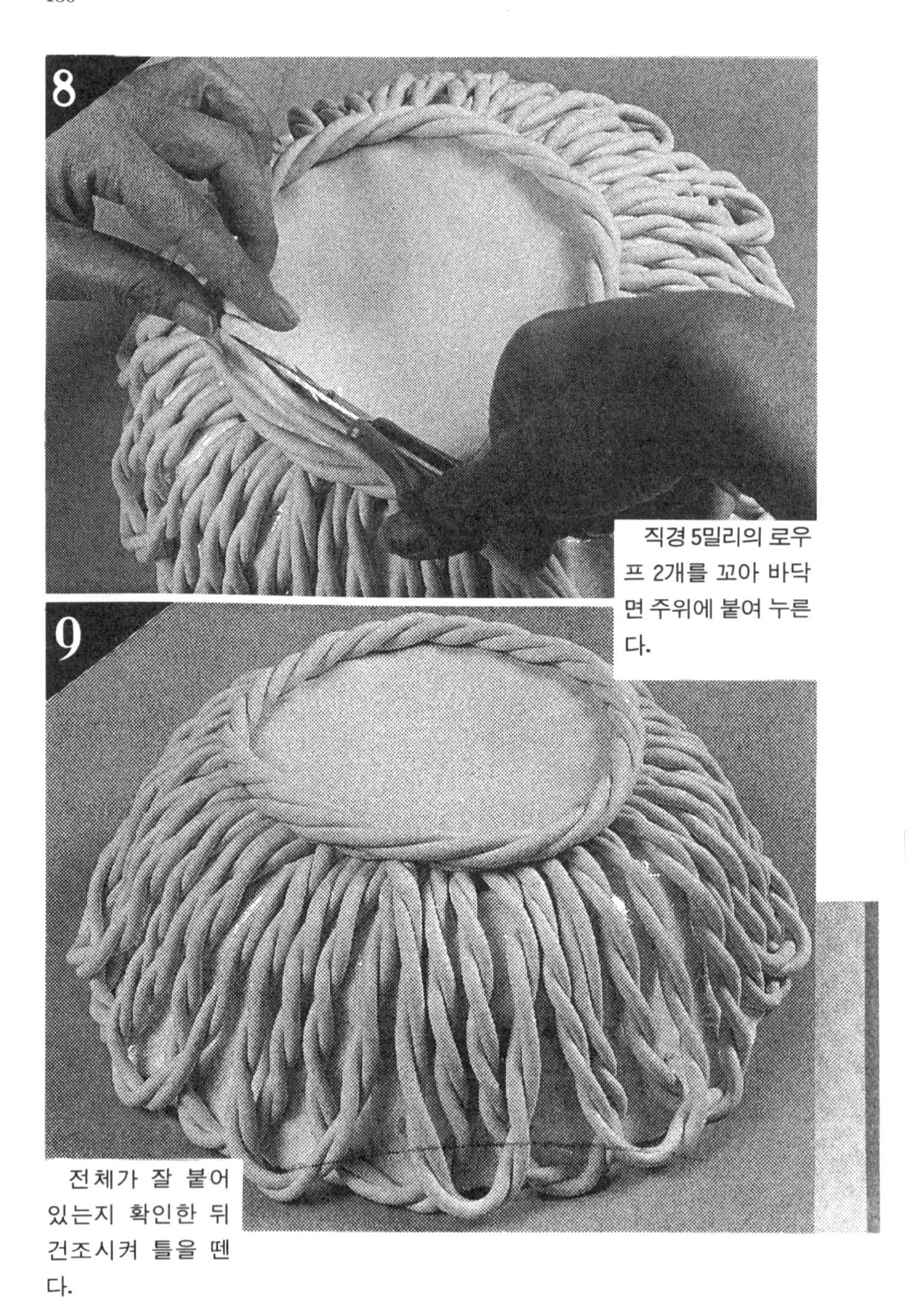

직경 5밀리의 로우프 2개를 꼬아 바닥면 주위에 붙여 누른다.

전체가 잘 붙어 있는지 확인한 뒤 건조시켜 틀을 뗀다.

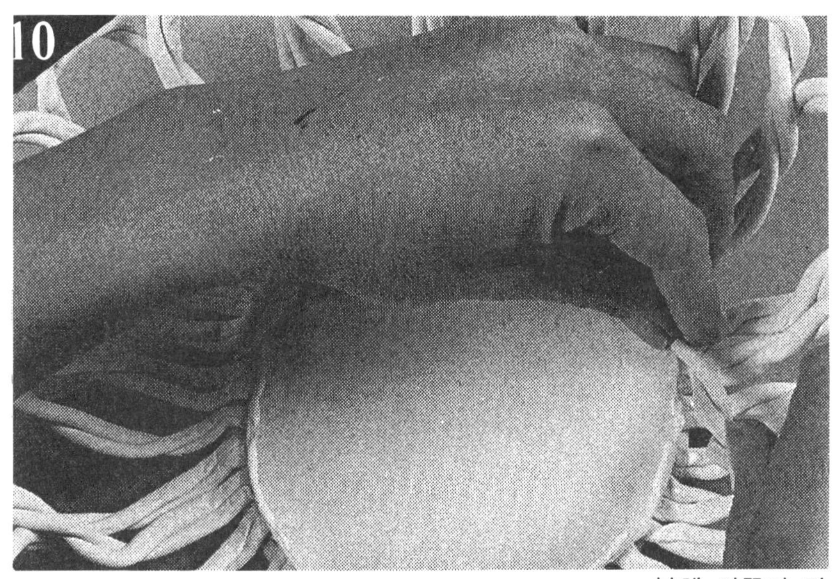

본체 안쪽의 면 주위에 가늘게 본드를 붙이고 8과 같이 꼬아 로우프를 얹어 붙인다.

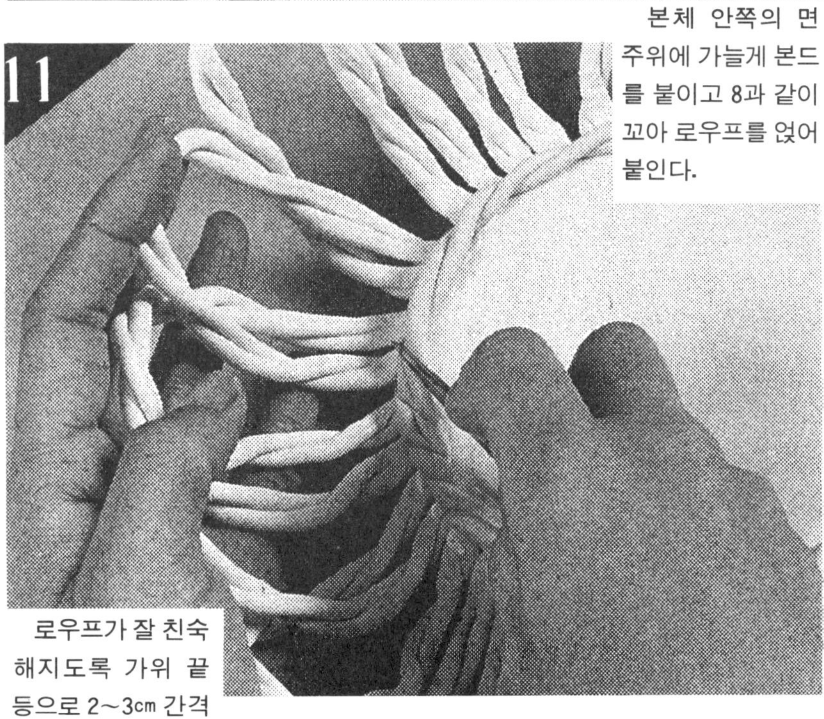

로우프가 잘 친숙해지도록 가위 끝 등으로 2~3㎝ 간격으로 눌러 간다.

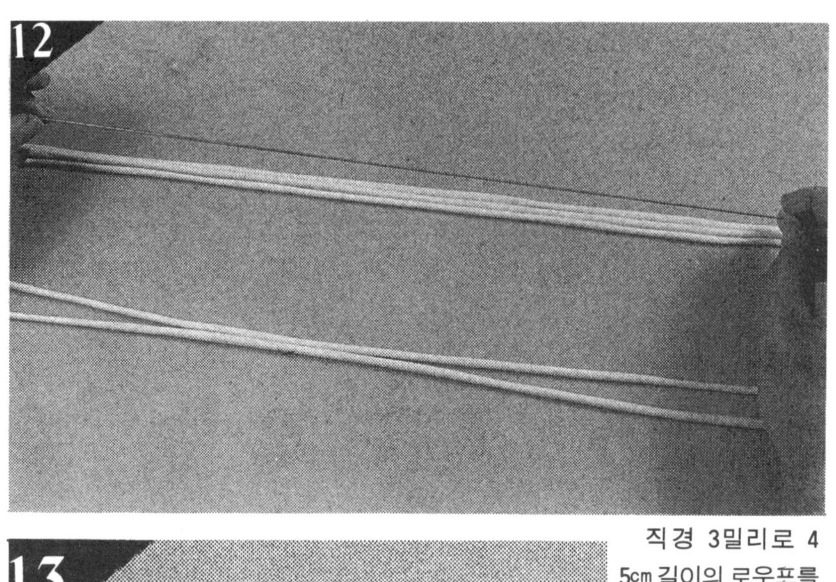

직경 3밀리로 45㎝ 길이의 로우프를 5개 만들어 그 중 3개를 나란히 놓고 중심에 와이어를 얹는다.

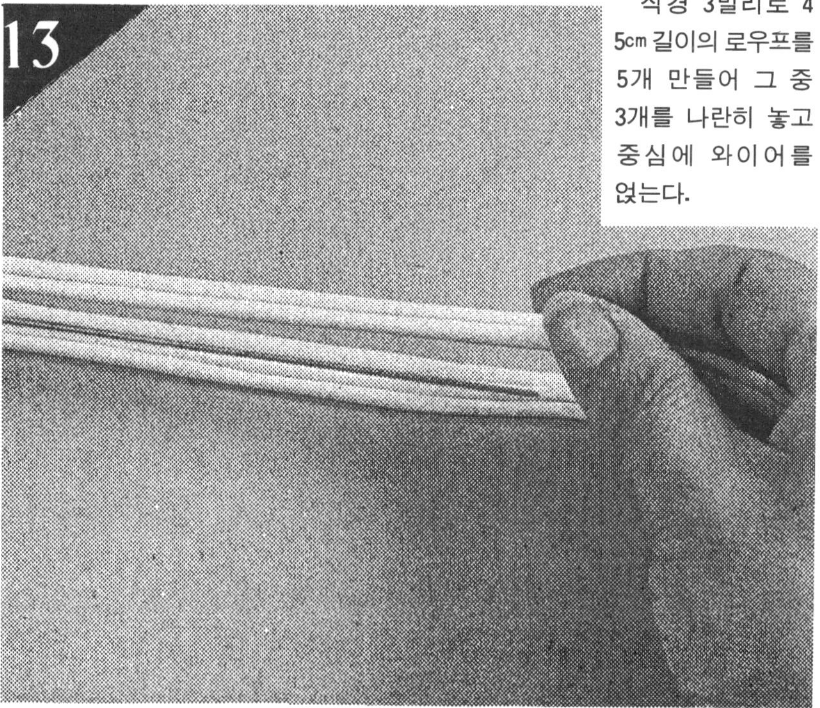

나머지 2개의 로우프를 위에 얹는다.

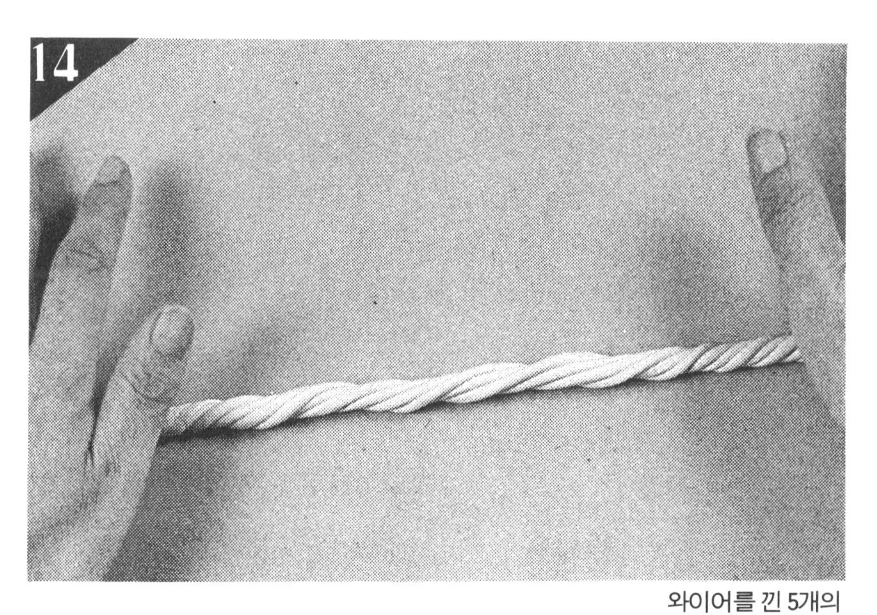

와이어를 낀 5개의 로우프를 함께 양손으로 꼰다. 같은 것을 또 한개 만든다.

2개의 꼰 로우프를 함께 손 잡이 모양이 되도록 구부린다.

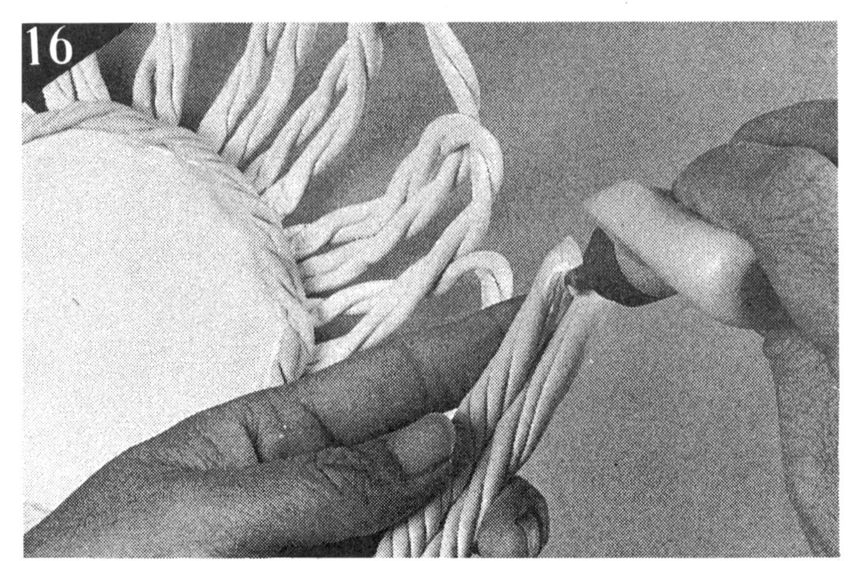

손잡이 끝에 본드를 칠한다.

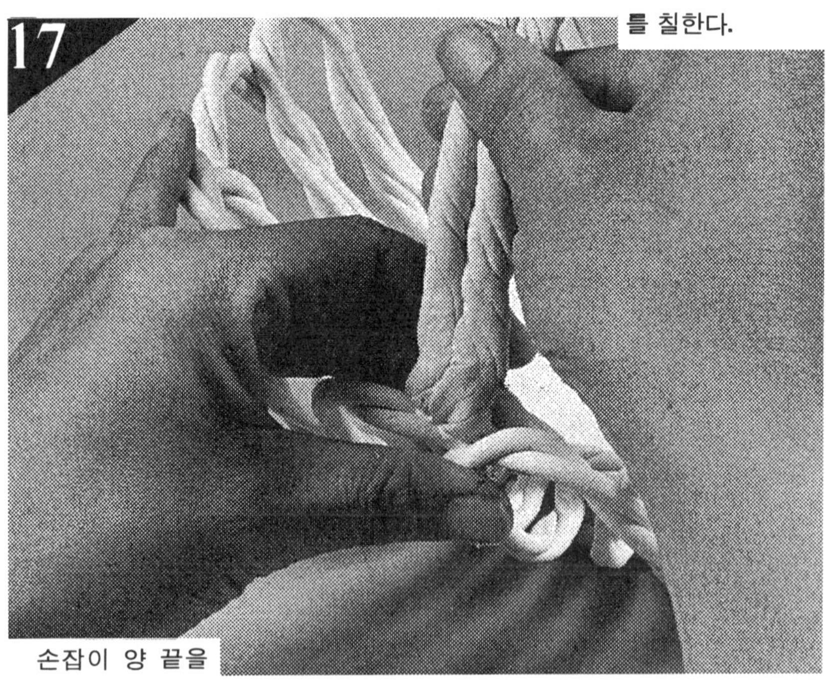

손잡이 양 끝을 본체 양쪽에 붙인다.

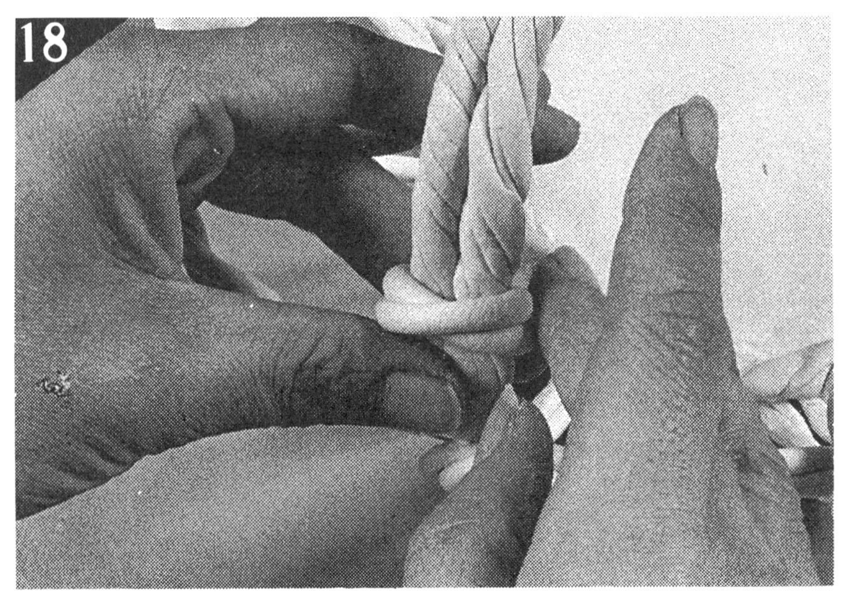

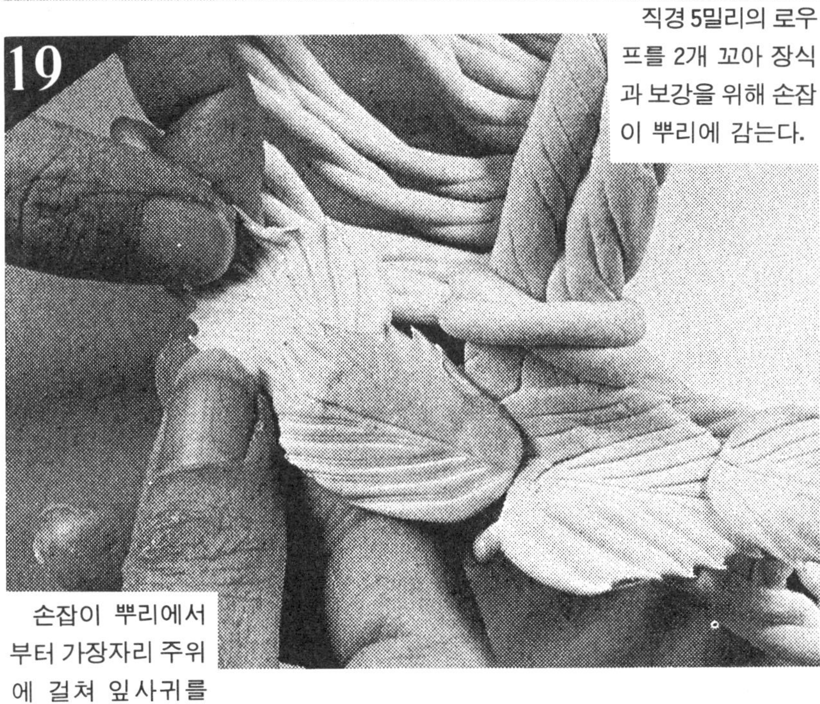

직경 5밀리의 로우프를 2개 꼬아 장식과 보강을 위해 손잡이 뿌리에 감는다.

손잡이 뿌리에서부터 가장자리 주위에 걸쳐 잎사귀를 7장 붙인다.

장미꽃은 대소 섞어 7~8개 만들고, 큰 장미는 손잡이 위치에 단다.

작은 장미나 작은 꽃 4~5개를 밸런스 있게 단다.

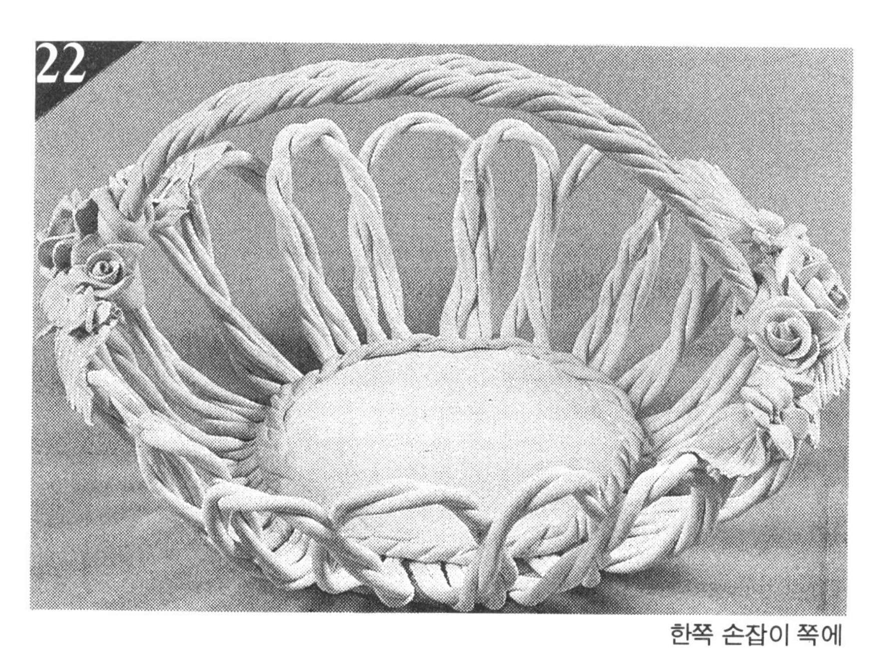

한쪽 손잡이 쪽에 도 마찬가지로 잎사귀와 꽃을 장식하고 건조시킨다. 배색에 맞게 착색한다.

티슈 박스

• 재료

점토 1½개, 목공용 본드, 티슈 박스, 두꺼운 종이(보올지), 랩.

• 만드는 방법의 포인트

티슈 박스의 틀에 가는 로우프를 메시풍으로 겹쳐 붙인 간단한 테크닉인데 짠 것이 아니므로 로우프가 많이 필요함으로 점토가 마르는 느낌이 있다. 로우프는 재빠르게 펴면서 건조하자. 그리고 완전히 건조된 다음 틀을 떼어 착색한다.

채색은 부드러운 색으로.

티슈 페이퍼 상자에 두꺼운 종이를 감아 여유를 만들고 그 위를 랩으로 감싼다(틀 만들기).

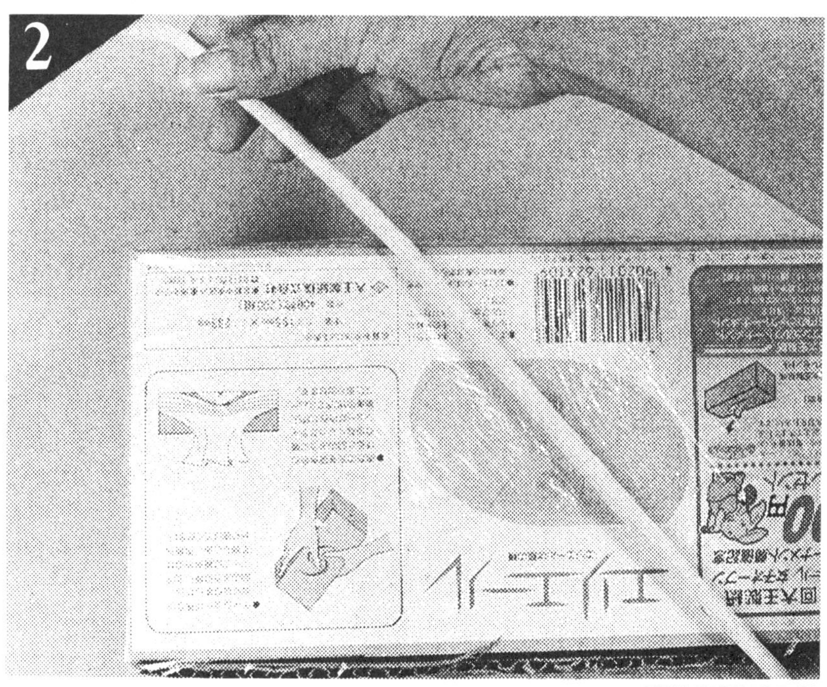

직경 5밀리의 로우프를 만들어 틀 위에 비스듬히 놓고 끝을 측면으로 늘어뜨려 종심을 만든다.

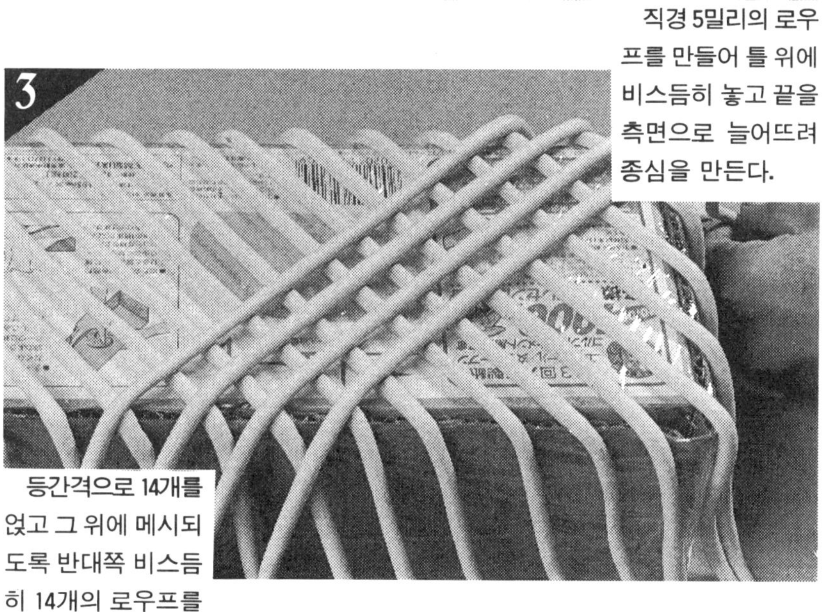

등간격으로 14개를 얹고 그 위에 메시되도록 반대쪽 비스듬히 14개의 로우프를 얹어 붙인다.

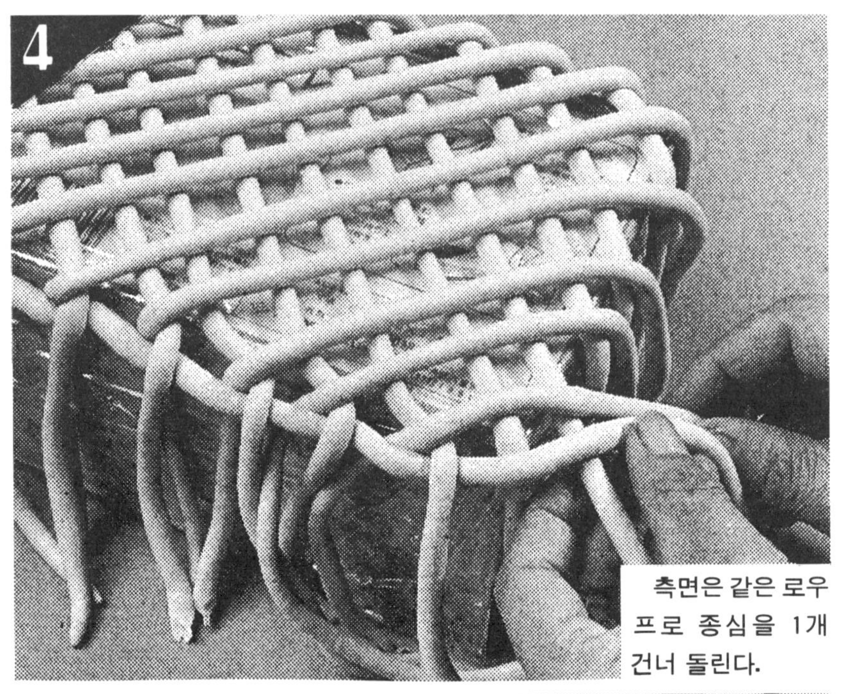

측면은 같은 로우프로 종심을 1개 건너 돌린다.

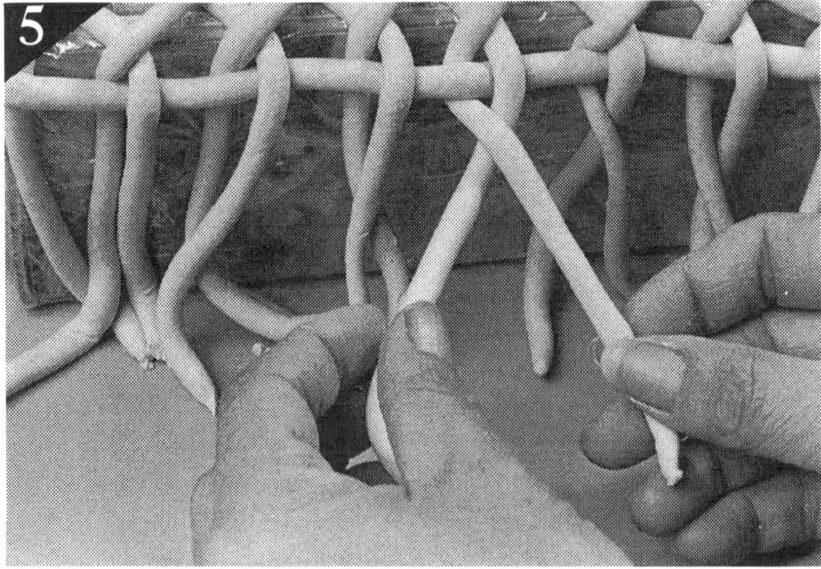

종심은 2개씩 교차시킨다.

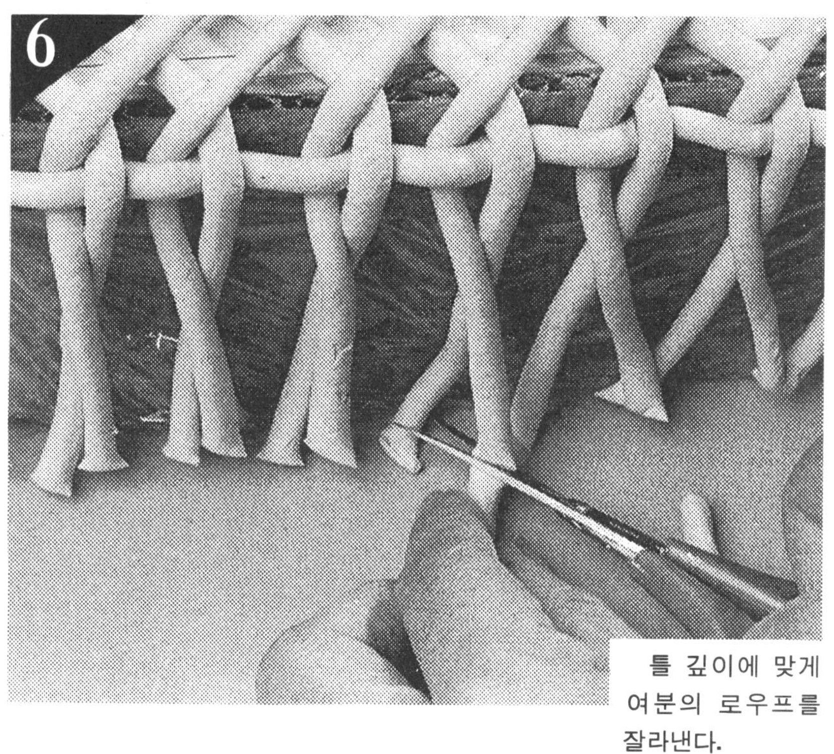

틀 깊이에 맞게 여분의 로우프를 잘라낸다.

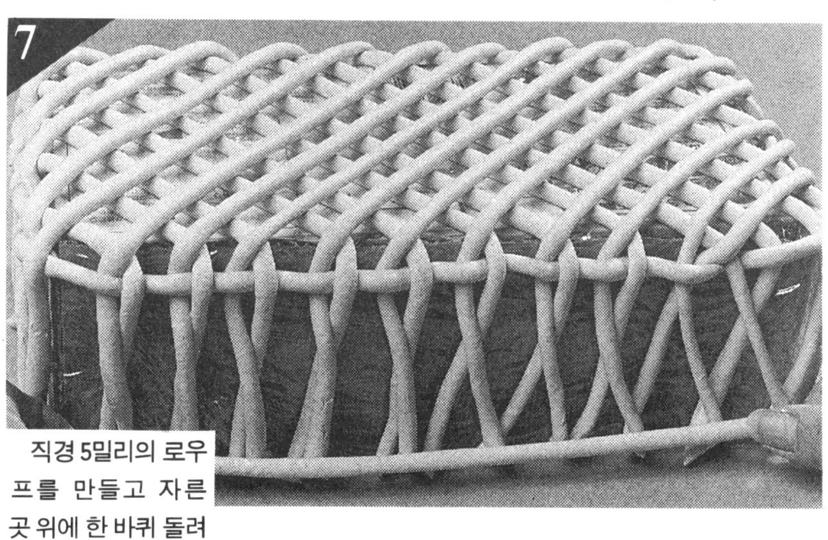

직경 5밀리의 로우프를 만들고 자른 곳 위에 한 바퀴 돌려 붙인다

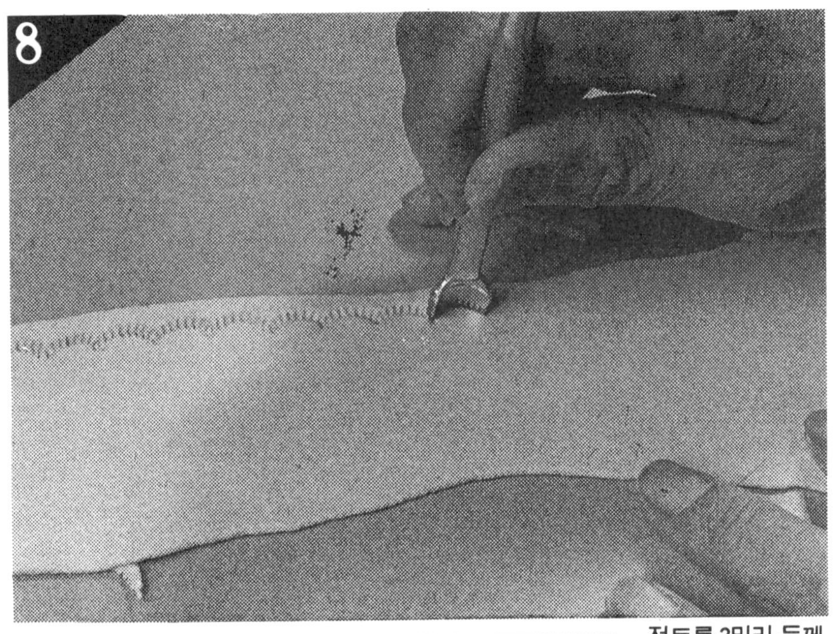

점토를 3밀리 두께로 5㎝ 폭의 테이프상으로 펴고 레이스 누름 용구로 커트한다

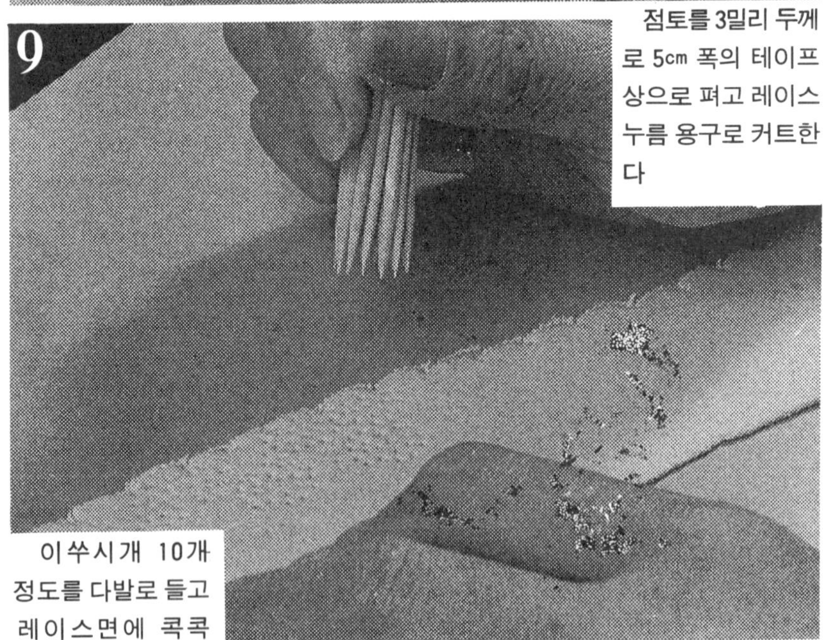

이쑤시개 10개 정도를 다발로 들고 레이스면에 콕콕 찔러 레이스에 무늬를 만든다.

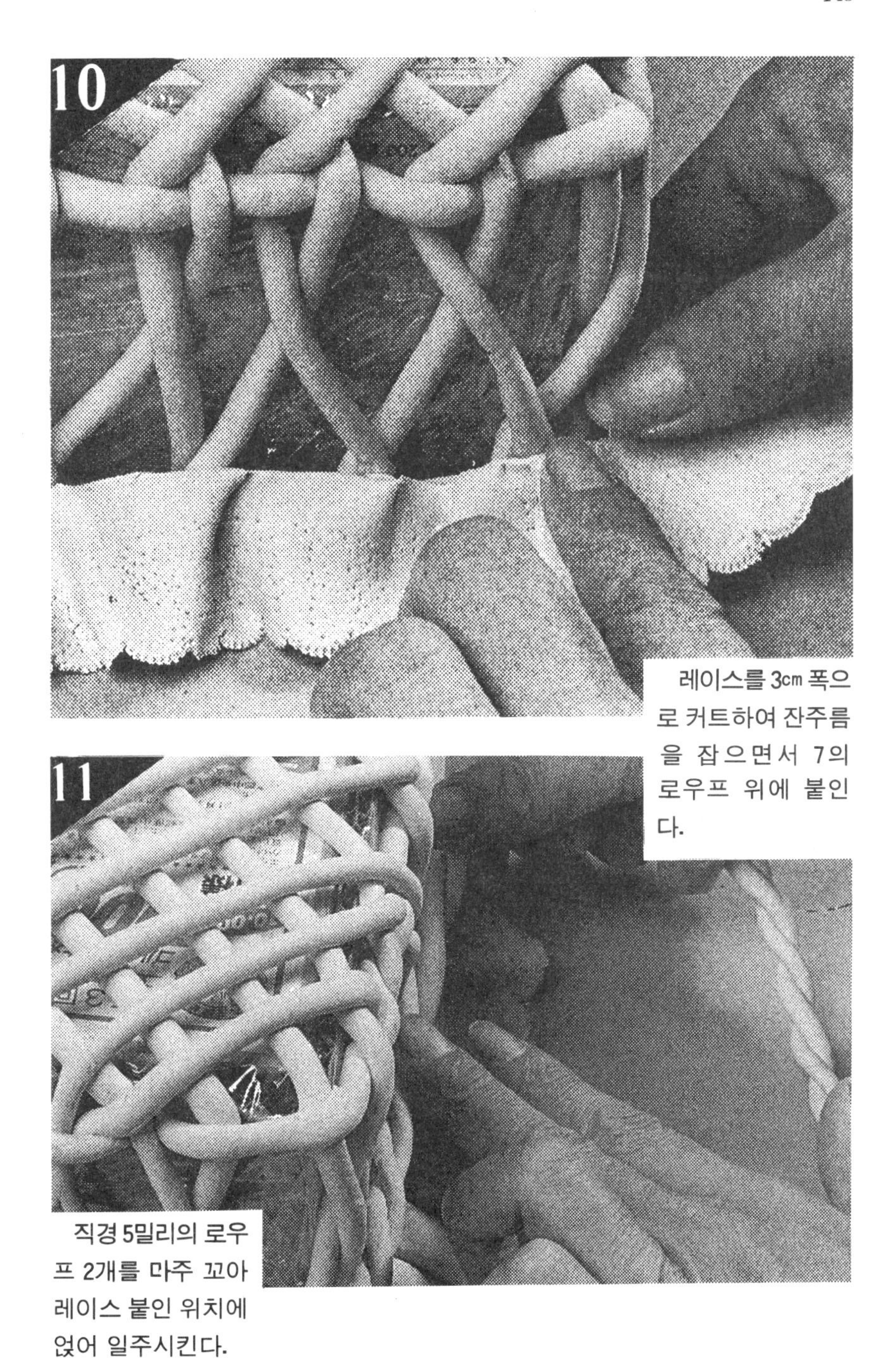

레이스를 3㎝ 폭으로 커트하여 잔주름을 잡으면서 7의 로우프 위에 붙인다.

직경 5밀리의 로우프 2개를 마주 꼬아 레이스 붙인 위치에 얹어 일주시킨다.

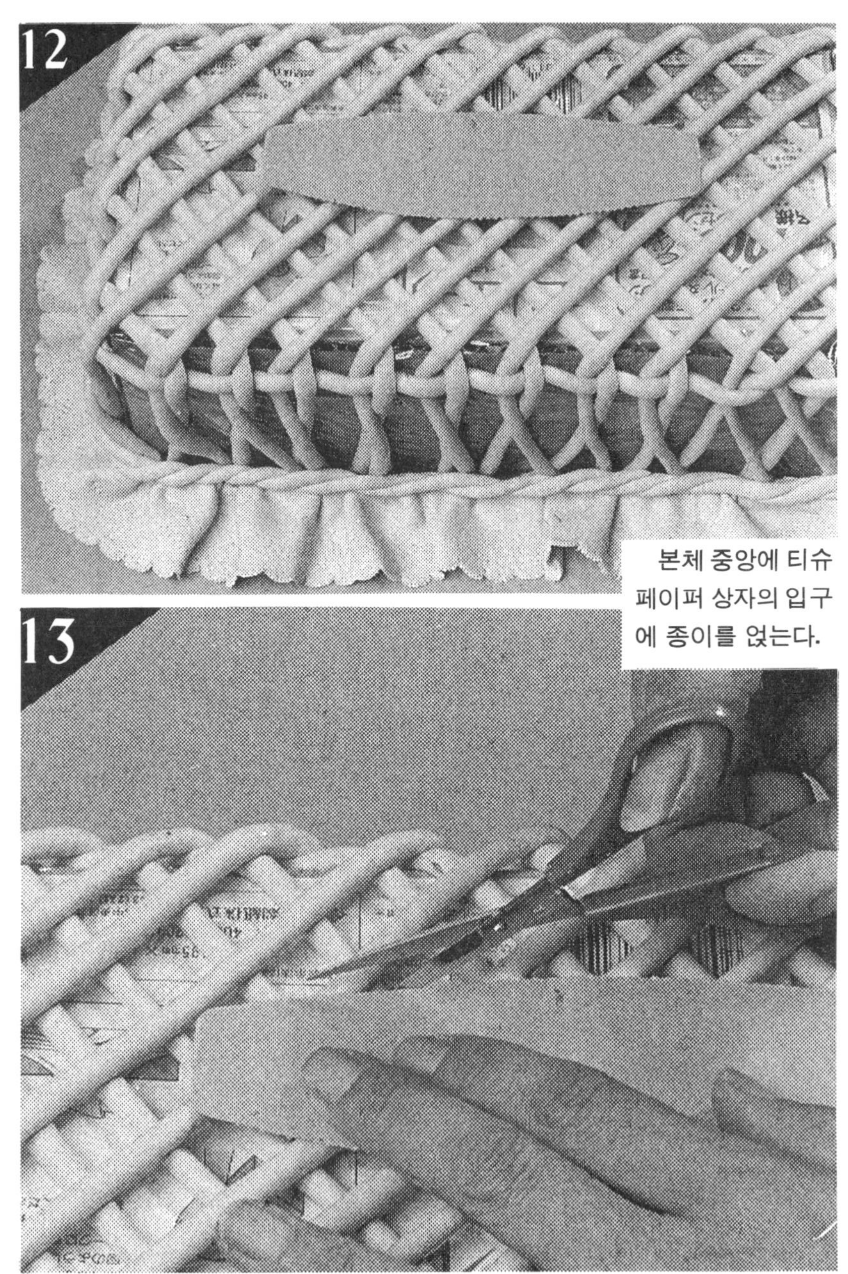

본체 중앙에 티슈 페이퍼 상자의 입구에 종이를 얹는다.

종이 대로 가위로 커트한다.

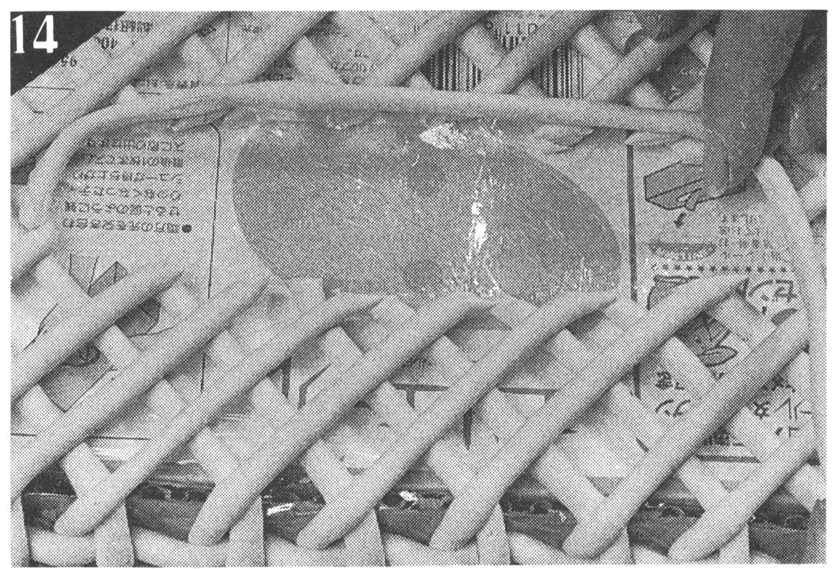

직경 5밀리의 로우프를 입구 주위에 붙인다.

직경 5밀리의 로우프 2개를 꼬아 14의 로우프를 따라 붙인다.

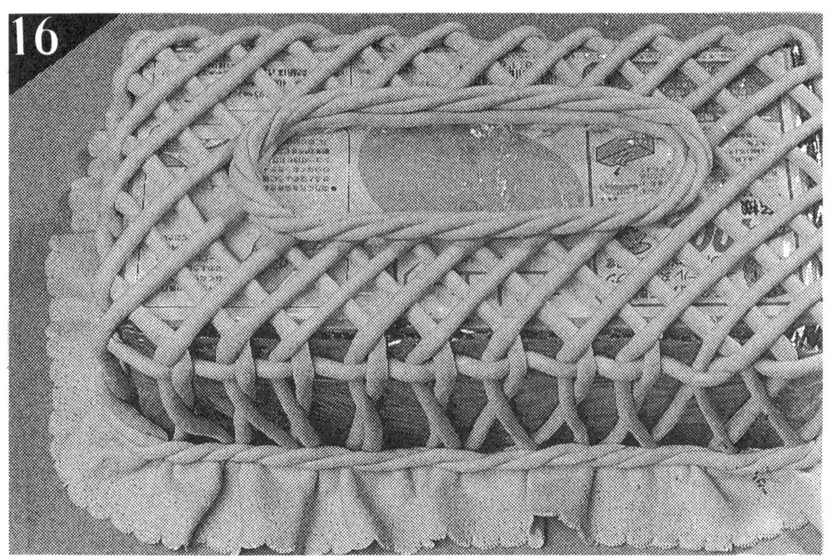

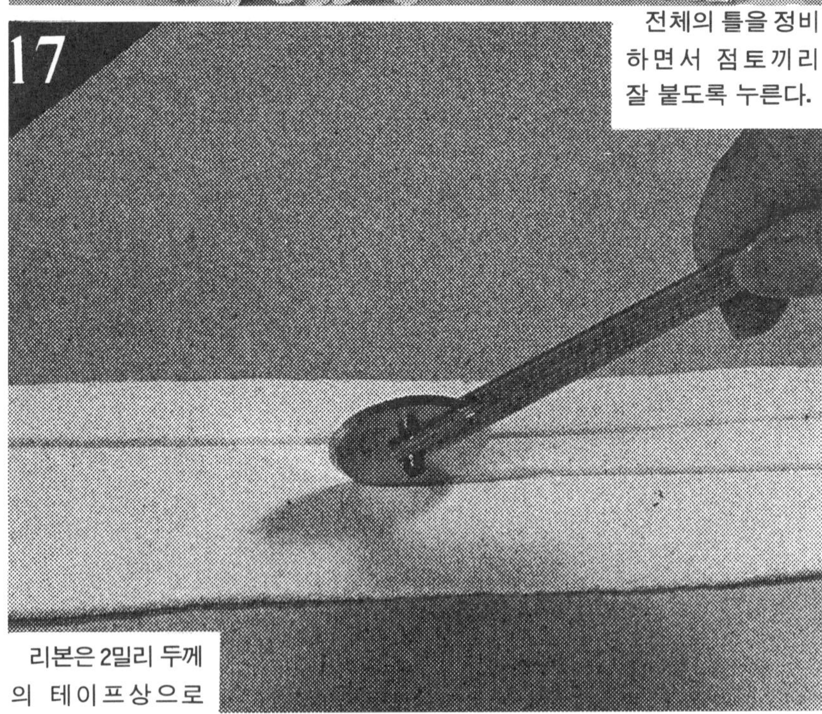

전체의 틀을 정비
하면서 점토끼리
잘 붙도록 누른다.

리본은 2밀리 두께
의 테이프상으로
누른 것을 1cm 폭으
로 자른다.

리본의 부드러운 표정을 정돈하여 자연스럽게 건조시키고 틀에서 떼어 착색한다.

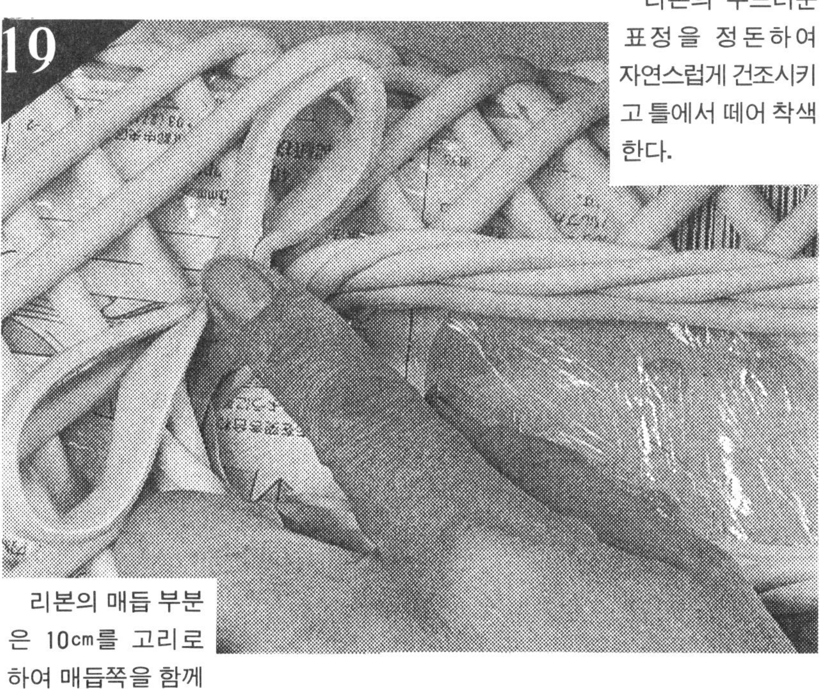

리본의 매듭 부분은 10㎝를 고리로 하여 매듭쪽을 함께 잡는다.

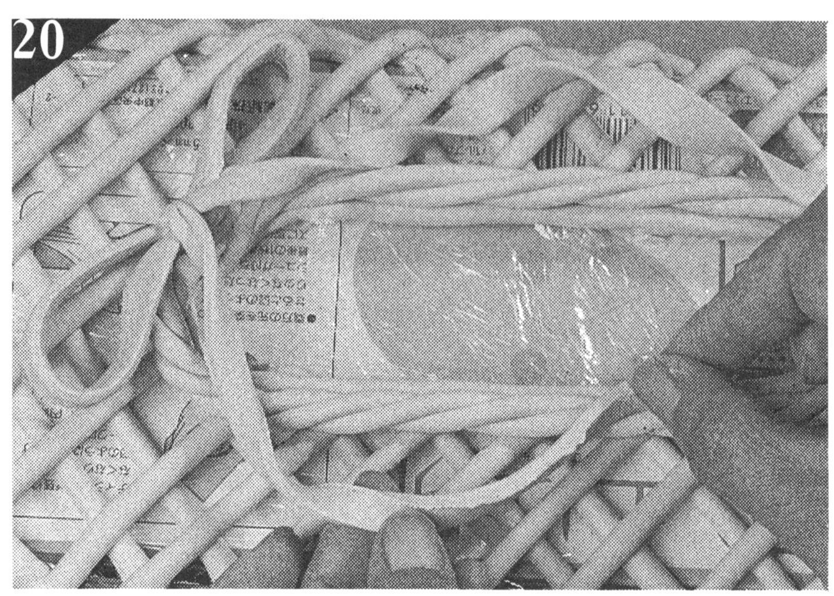

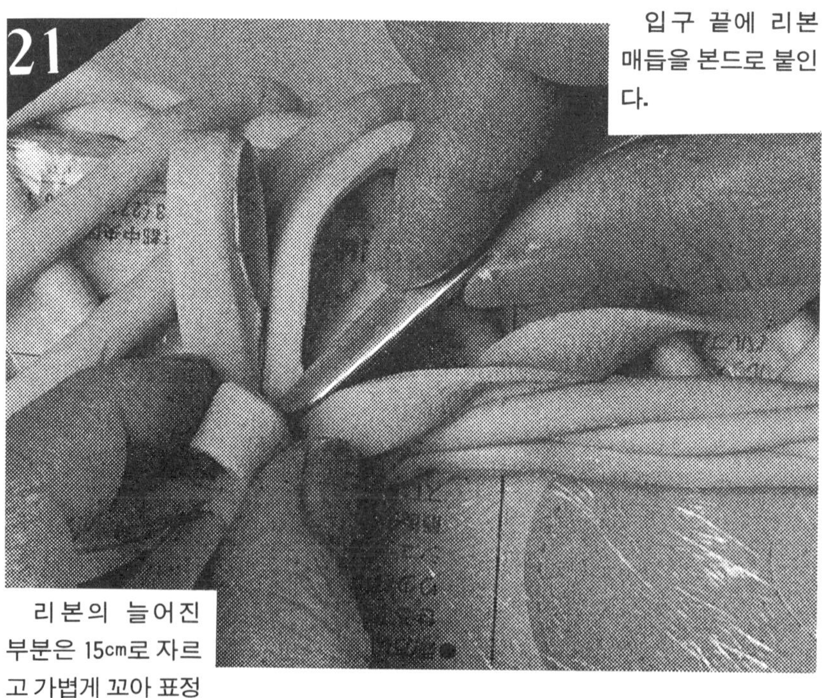

입구 끝에 리본 매듭을 본드로 붙인다.

리본의 늘어진 부분은 15㎝로 자르고 가볍게 꼬아 표정을 만든다.

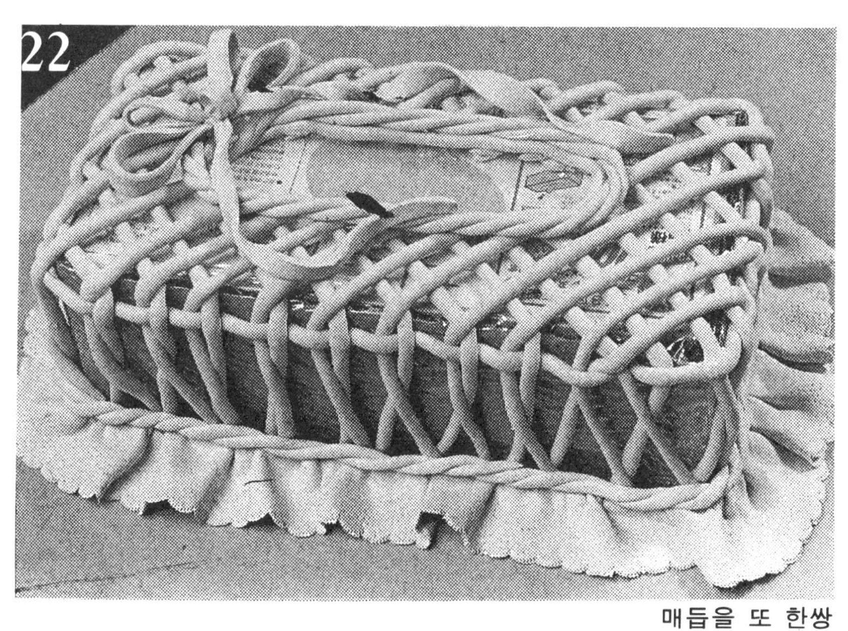

매듭을 또 한쌍 만들어 19의 매듭 위에 붙여 중앙을 매듭으로 감아 2중 매듭을 만든다.

마리오네트

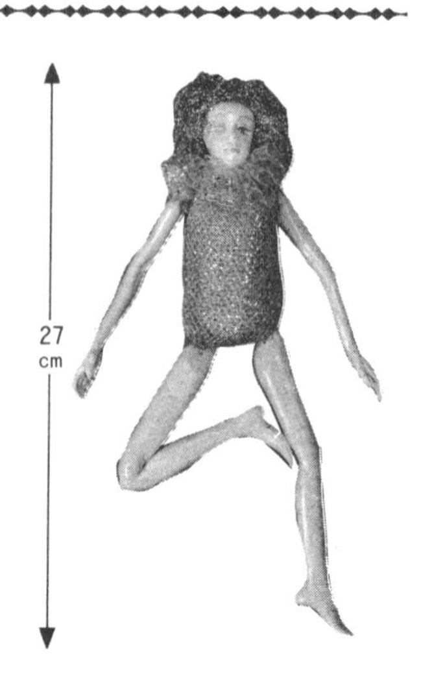

• 재료

점토 1개, 이쑤시개 1개, 은라메레이스천, 가장자리 레이스리앙(은색), 악세서리용 9핀 8개와 둥근 통 4개, 목공용 본드.

• 만드는 방법의 포인트

손발을 자유로이 움직일 수 있는 인형이다.

전체의 밸런스는 머리 1, 몸통 3, 다리 5의 비율이다. 손발을 구부려 표정을 만든다.

얼굴은 세밀한 세공이므로 세공봉, 바늘, 손톱을 사용하여 마무리한다. 여기에서는 투명한 레이스천에 동색의 머리카락으로 악세서리 인형을 만들었다.

중심 위치를 세공봉으로 오목하게 하고 눈의 위치를 정한다.

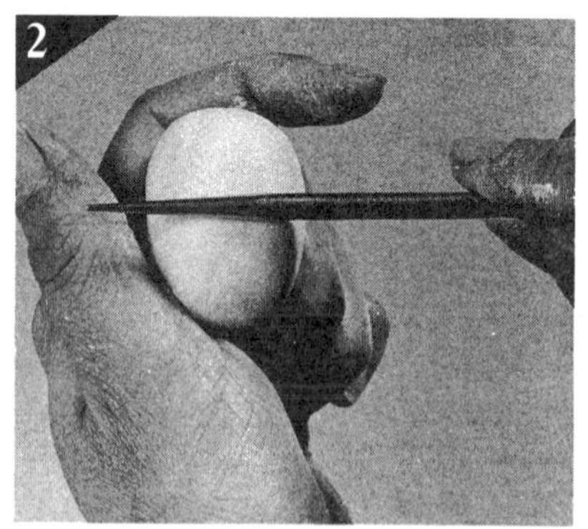

직경 3㎝의 점토를 달걀 모양으로 둥글게 하여 머리를 만든다.

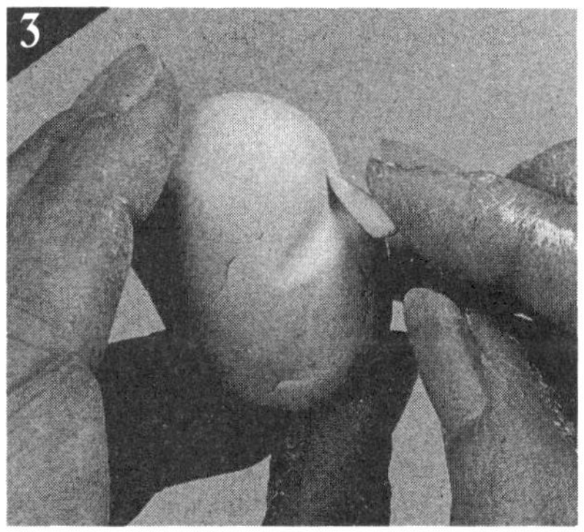

코는 작은 삼각형으로 만들어 오목한 곳에서 아래의 중앙에 얹는다.

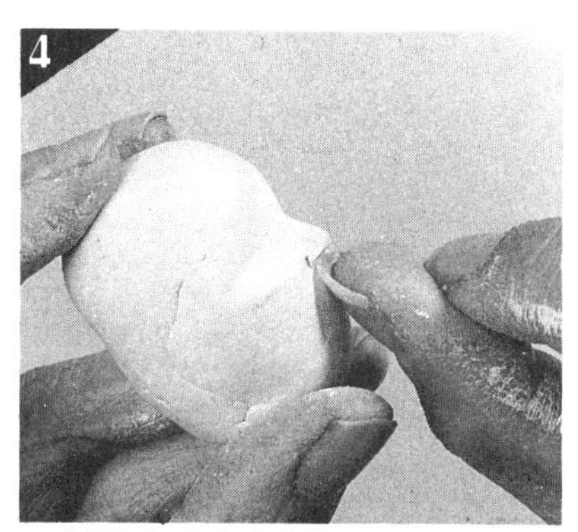

엄지 손가락의 손톱으로 코를 모양있게 동화시킨다.

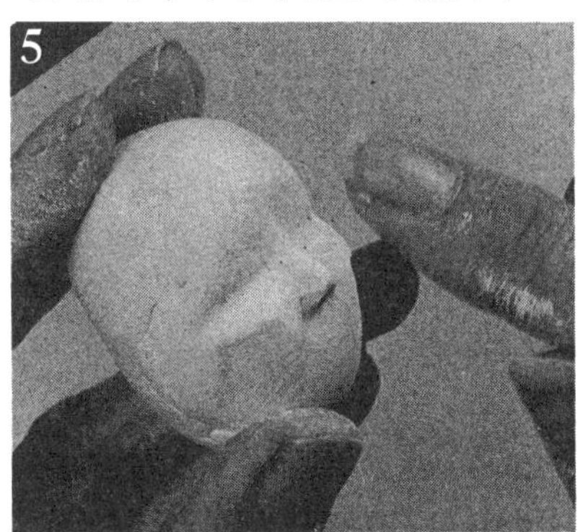

손가락 끝으로 눈썹 위치를 정하고 눈의 오목함을 부드럽게 만든다.

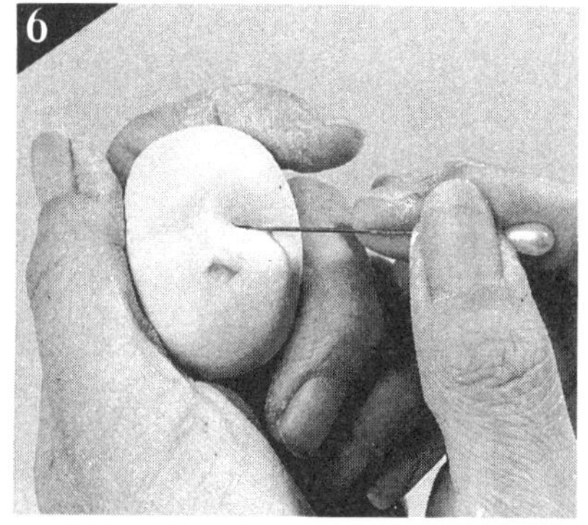

바늘 끝으로 눈 위치에 옆으로 자국낸다. 좌우 같은 위치로 한다.

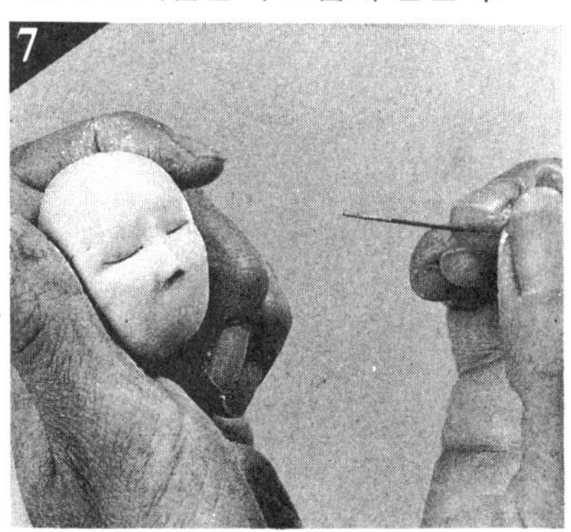

자국을 바늘 끝으로 조금 크게 벌린다.

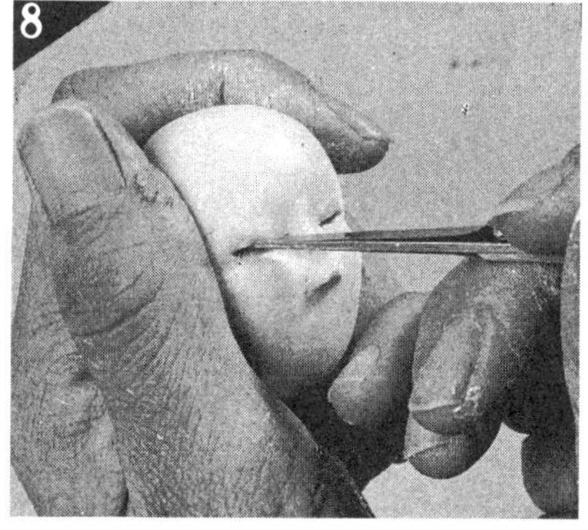

가위의 끝을 이용하여 눈을 원하는 크기로 벌린다.

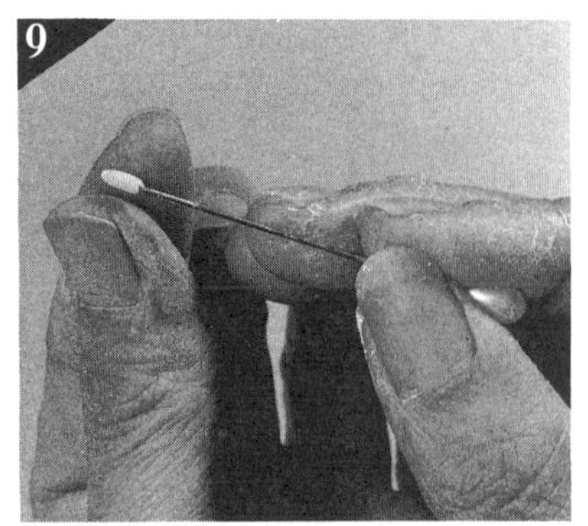

쌀 알갱이 크기의 점토로 눈동자를 만든다.

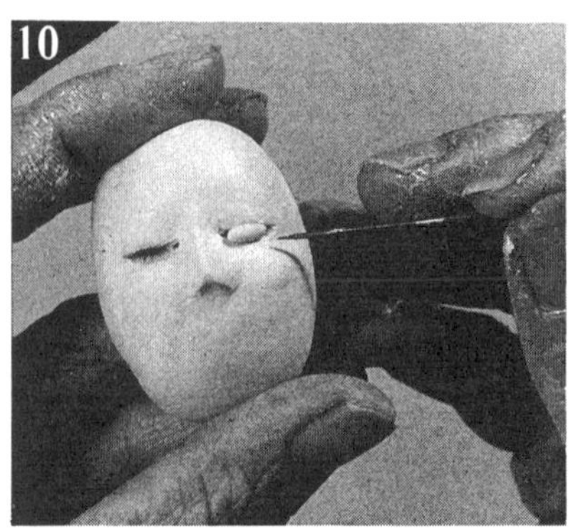

뜬 눈 속에 눈동자를 넣는다.

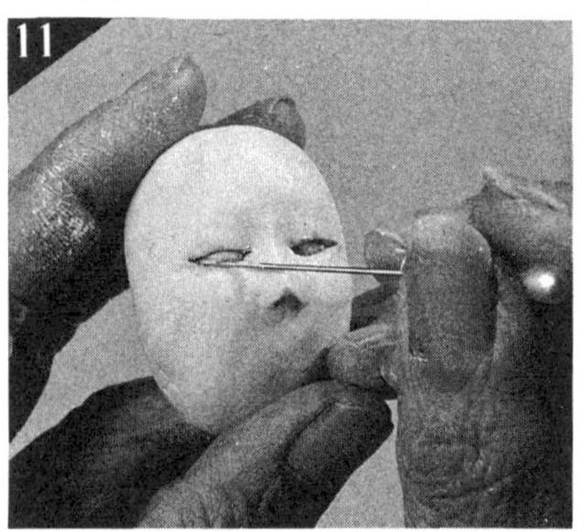

같은 크기의 눈동자를 좌우 균등한 위치에 넣어 모양을 정돈한다.

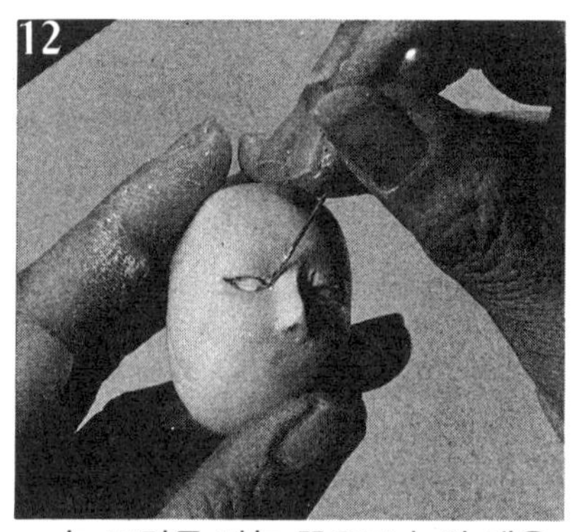

눈 꼬리를 바늘 끝으로 눌러 맥을 넣 깊이 있는 느낌을 준다.

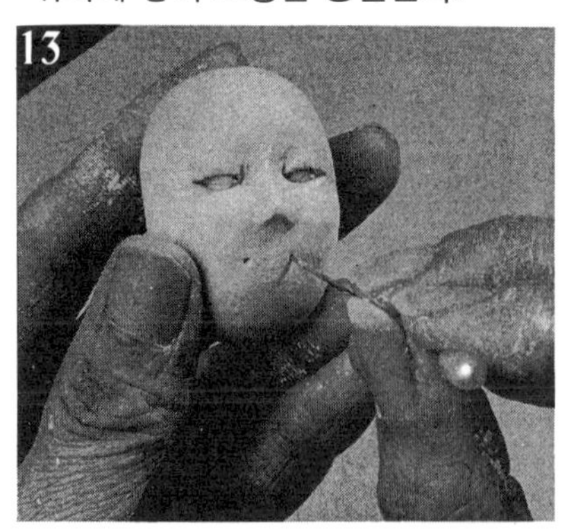

입은 입 폭 위치에 바늘 끝으로 구멍을 뚫는다.

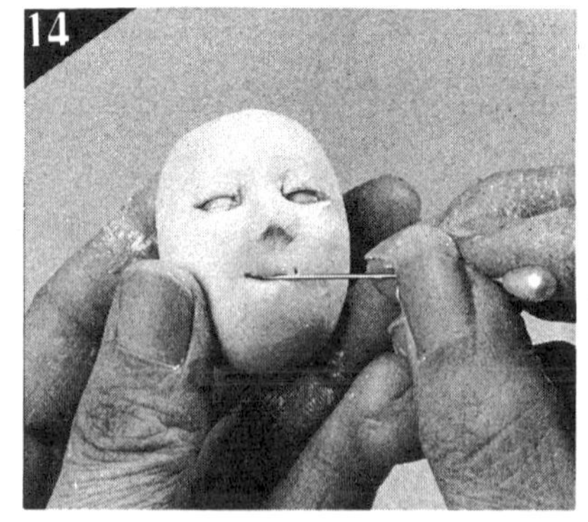

좌우의 구멍이 연결되도록 바늘 끝으로 깊이 자국을 낸다.

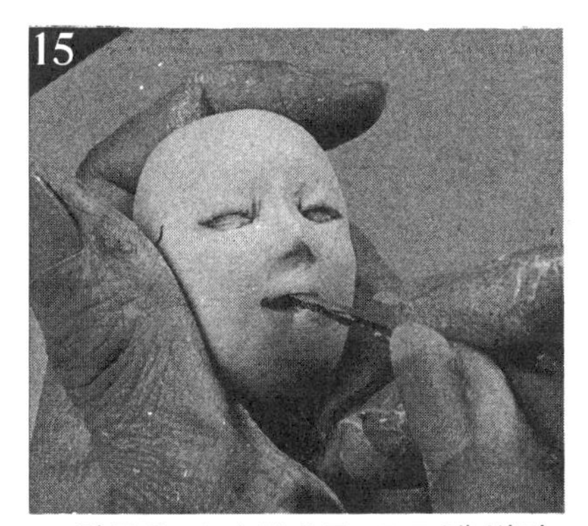

자국은 가위 끝으로 또 크게 벌린다.

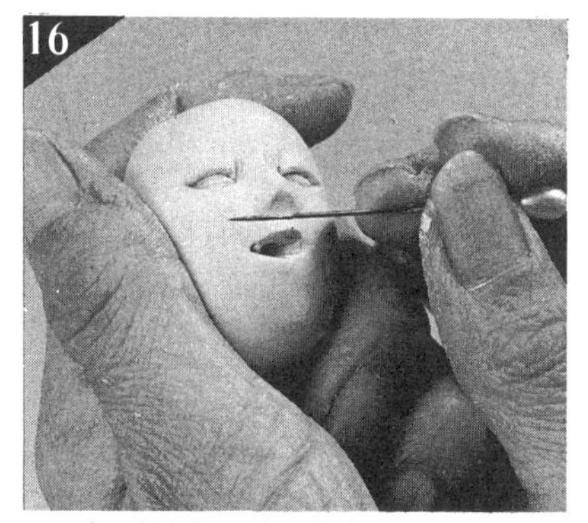

입 위쪽을 안쪽에서 조금 덧자국 내듯이 하여 윗입술을 만든다.

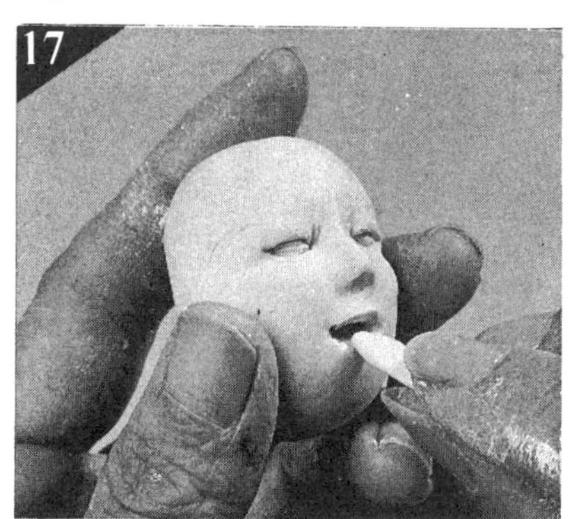

혀 모양으로 만든 점토 끝을 입안에 넣는다.

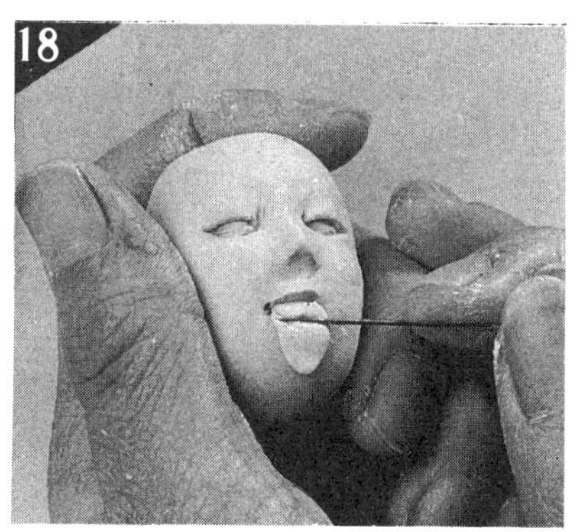

혀 모양의 것으로 아래 입술 모양을 만들고 나머지는 동화시킨다.

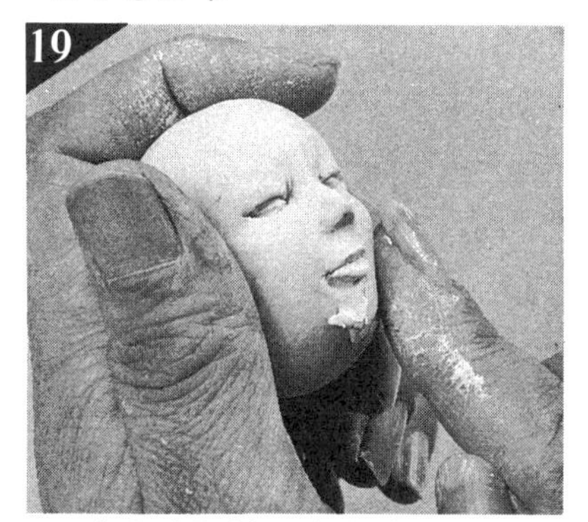

턱 윤곽을 부드럽게 한다.

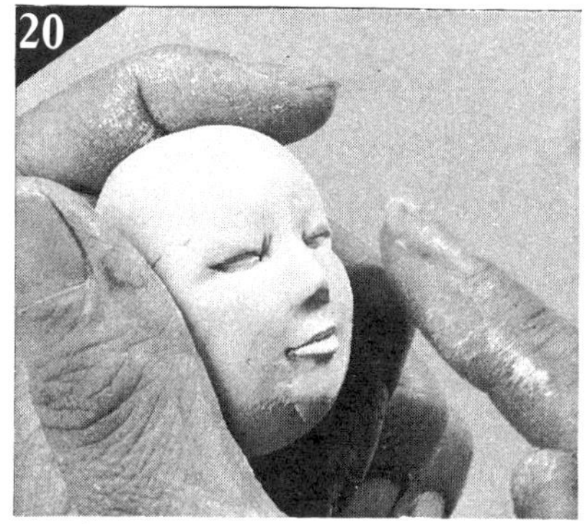

뺨은 볼록함을 갖도록 윤곽을 만든다.

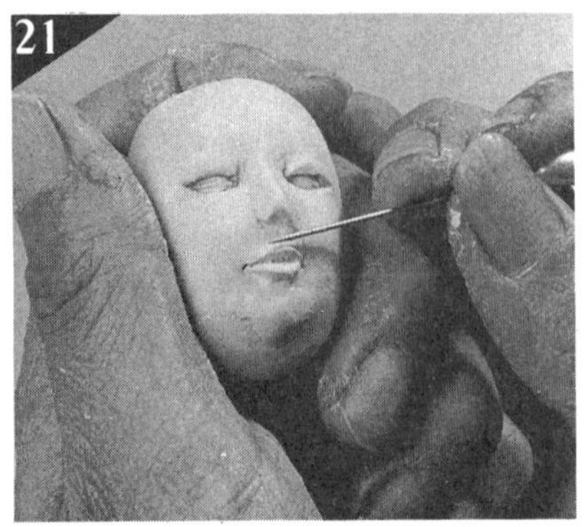

코 아래는 위 입술에 걸쳐 조금 오목하게 만든다.

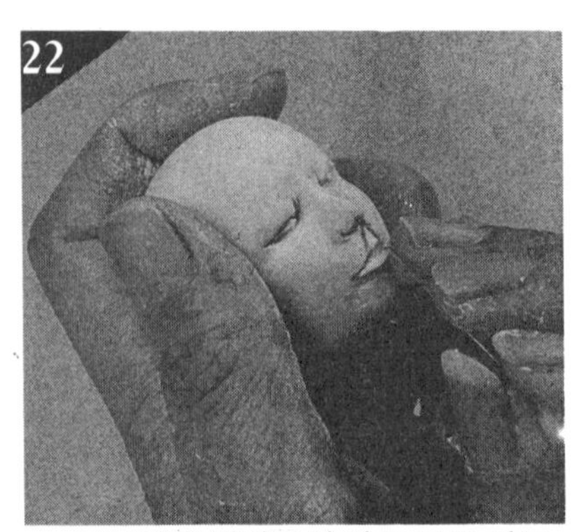

코구멍을 벌리면서 작은 코를 만든다.

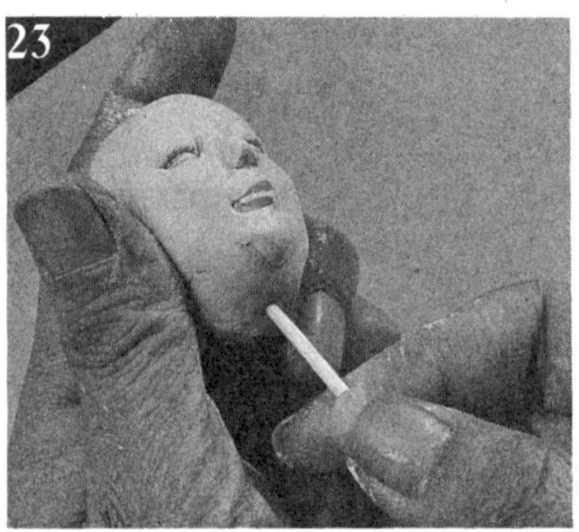

이쑤시개를 머리 아래쪽 중앙에 찌른다.

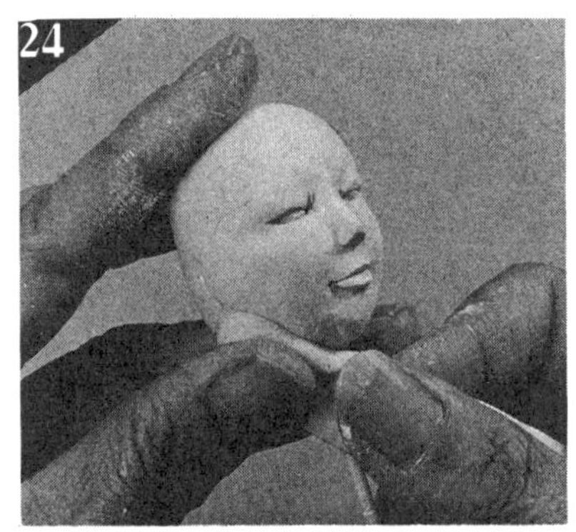

턱에서부터 이쑤시개에 걸쳐 점토를 감는다.

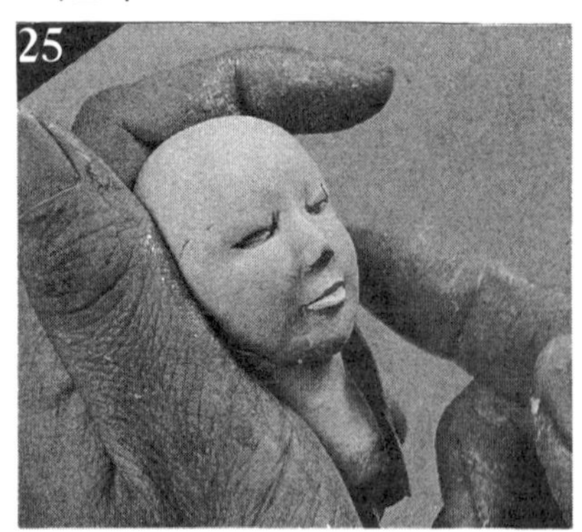

목을 귀 아래에서부터 완만하게 동화시킨다.

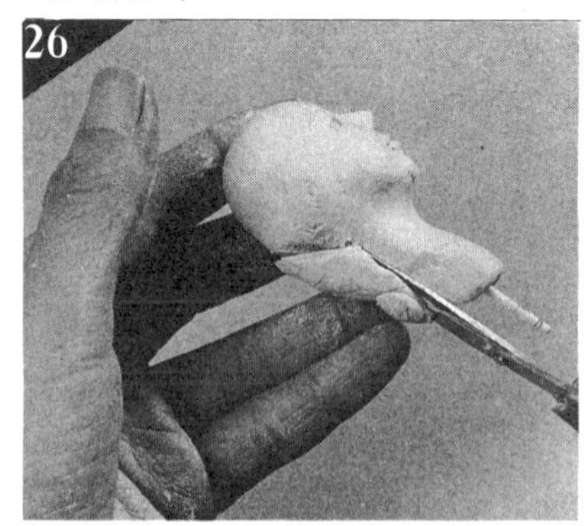

목 뒤에서부터 후두부 아래를 ㄱ자 모양으로 자르고 손끝으로 정돈한다.

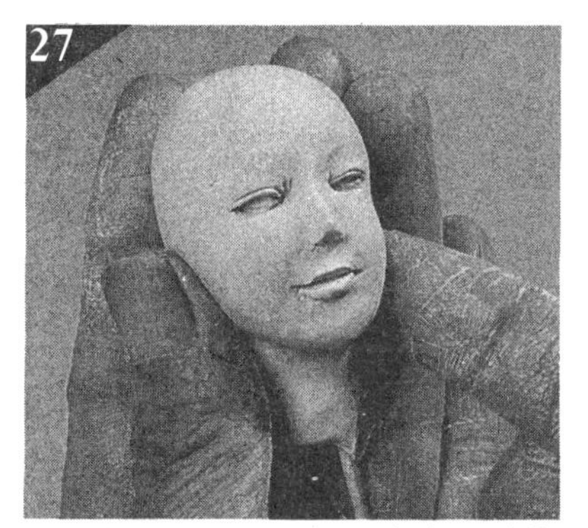

바늘 끝으로 눈, 코, 입의 표정을 만들어 전체를 완성한다.

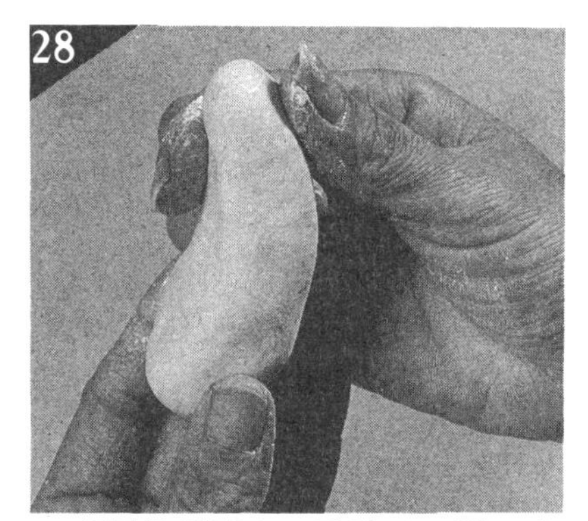

몸통은 직경 3cm, 길이 10cm 정도의 해삼 모양으로 만들어 조금 젖힌다.

몸체에 머리의 이쑤시개를 찔러넣어 연결한다.

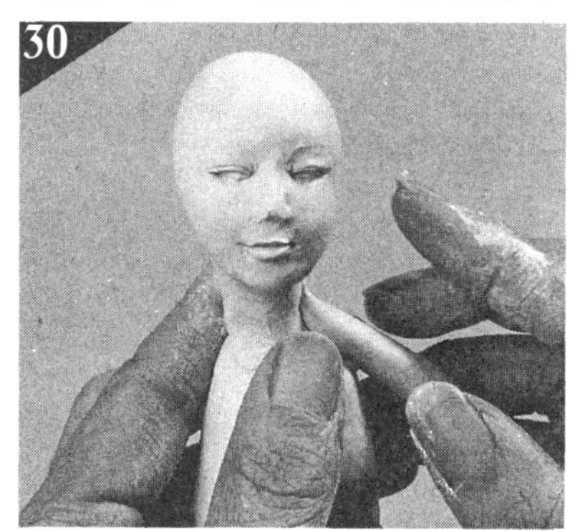

머리에서 어깨에 점토를 붙여 어깨폭을 만든다.

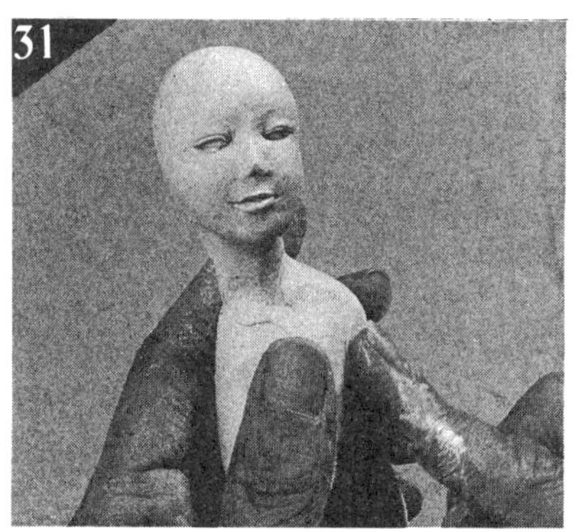

목에서 어깨의 선을 완만하게 동화시켜 만든다.

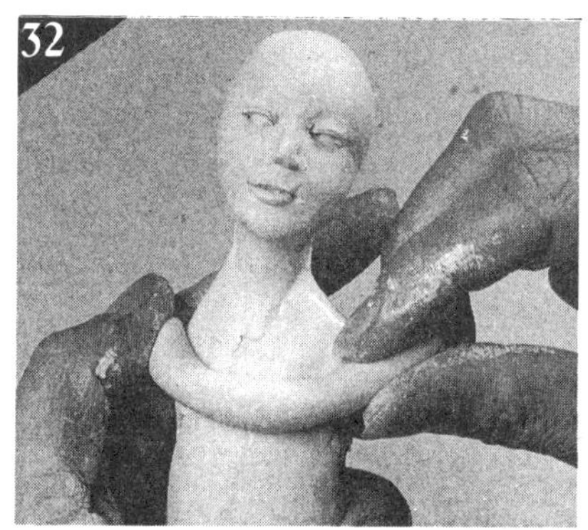

직경 1cm 정도의 로우프를 만들고 동체의 상부에 얹는다.

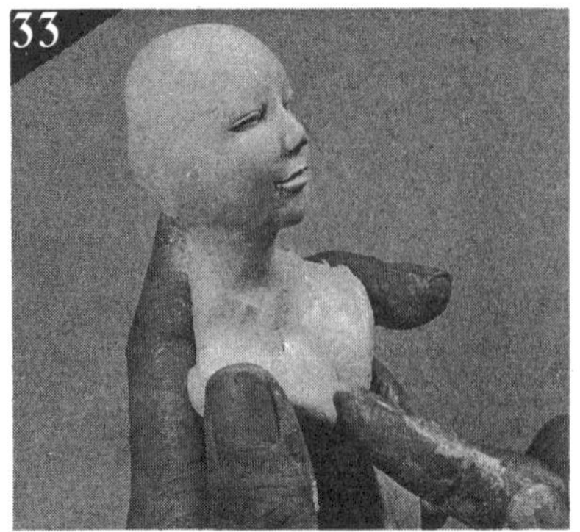

손가락 끝으로 로우프의 경계를 누르면서 가슴을 만든다.

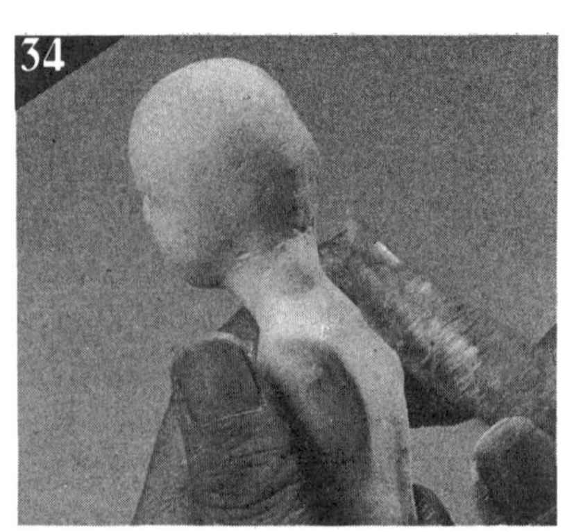

인지로 등뼈 위치를 눌러 오목하게 한다.

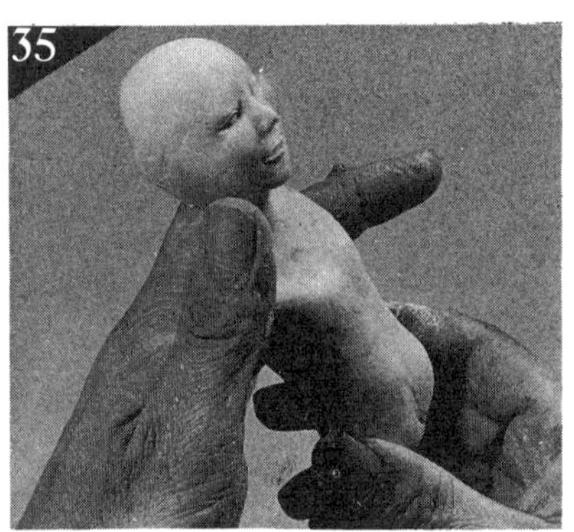

웨스트 위치를 눌러 잘록하게 만든다.

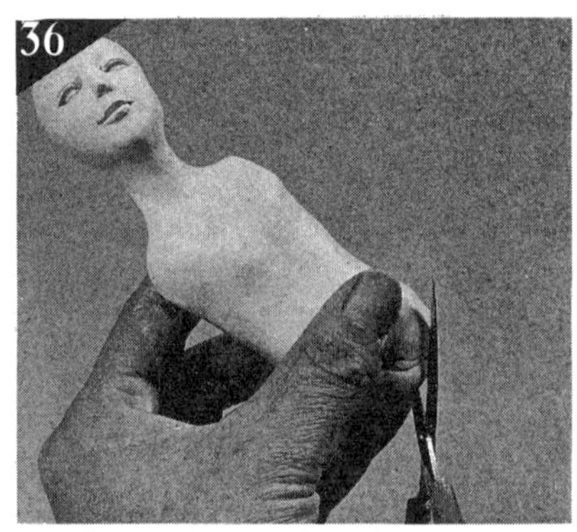

다리 위치는 가위로 비스듬히 자른다.

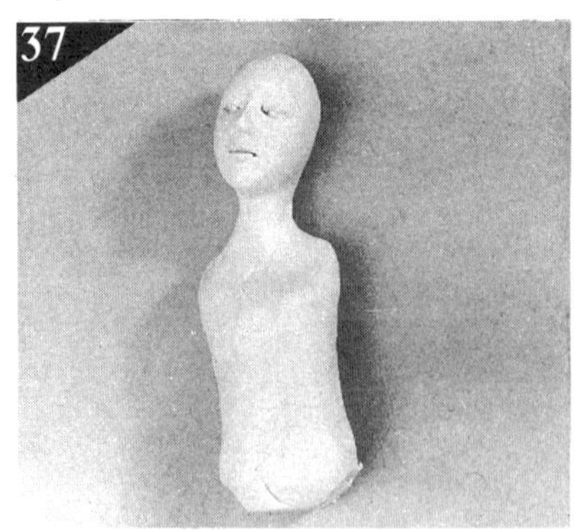

전체를 잘 정리하여 몸통을 완성한다.

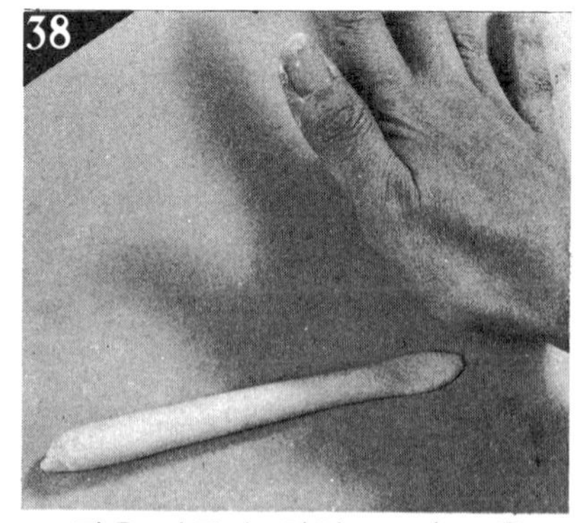

팔을 만든다. 직경 1㎝의 로우프 12㎝ 끝에 자연스럽고 가늘게 편다.

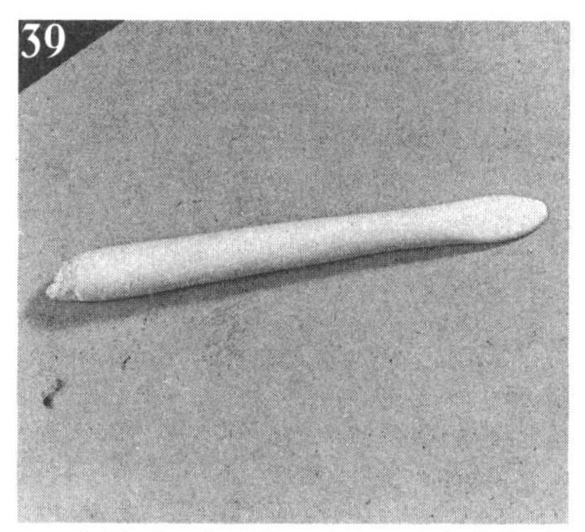

손목의 위치를 정하고 거기에서 끝을 가볍게 누른다.(손 끝 부분)

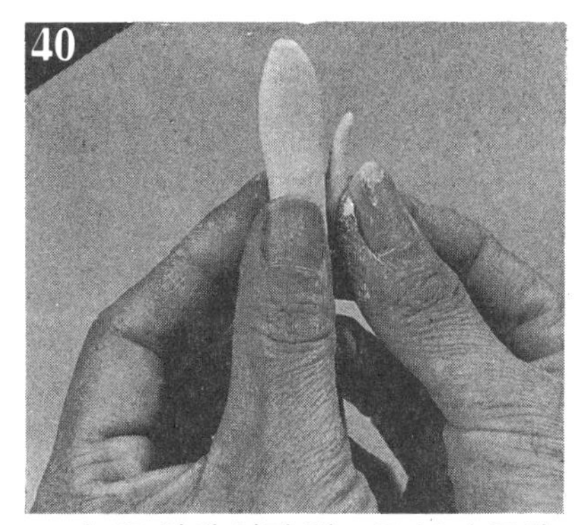

손 끝 옆에 엄지 점토를 붙여 동화시킨다.

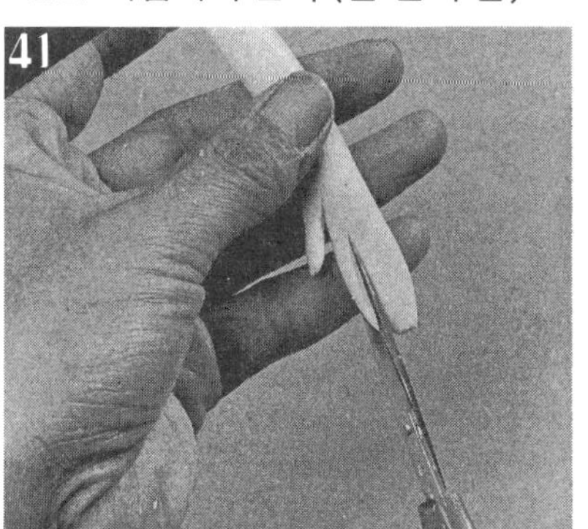

가위로 4개의 손가락을 자른다.

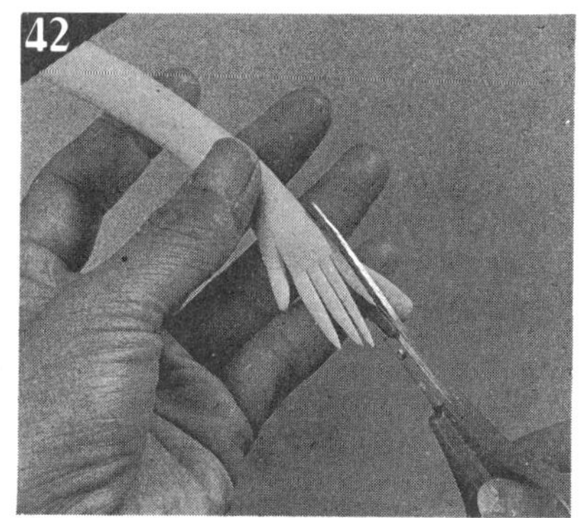

새끼 손가락은 조금 길이를 짧게, 끝이 가늘어지도록 커트한다.

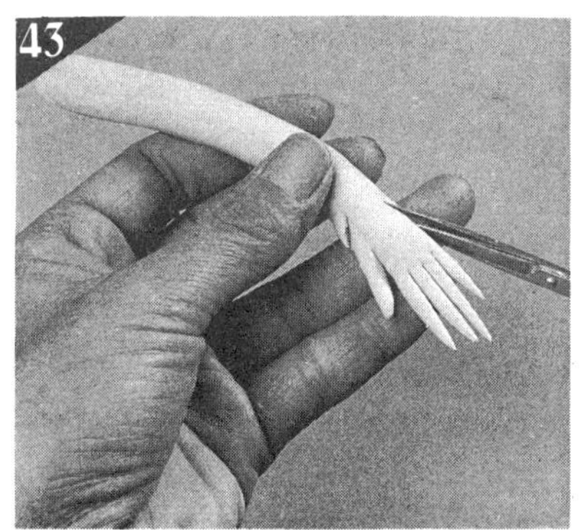

손가락 끝에서부터 손목의 잘록한 부분을 향해 가위집을 넣는다.

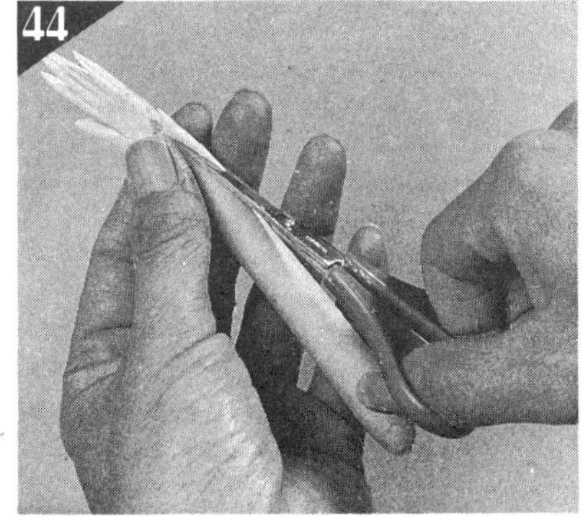

팔에서 손목을 향해 가위집을 넣어 손목의 폭을 정리한다.

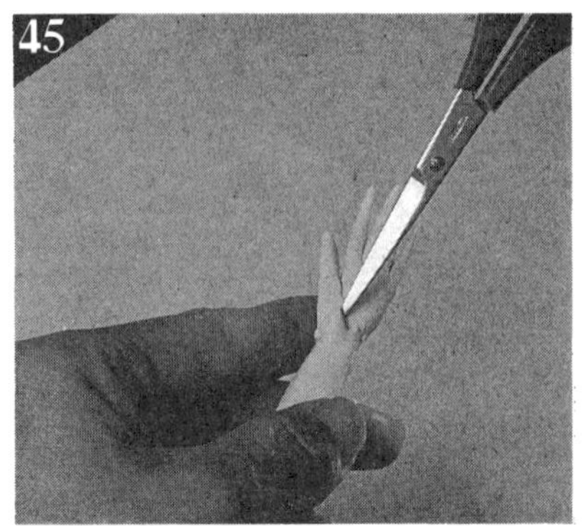

손바닥 쪽에서 손목을 향해 자르고, 손바닥의 볼록함을 만들어 낸다.

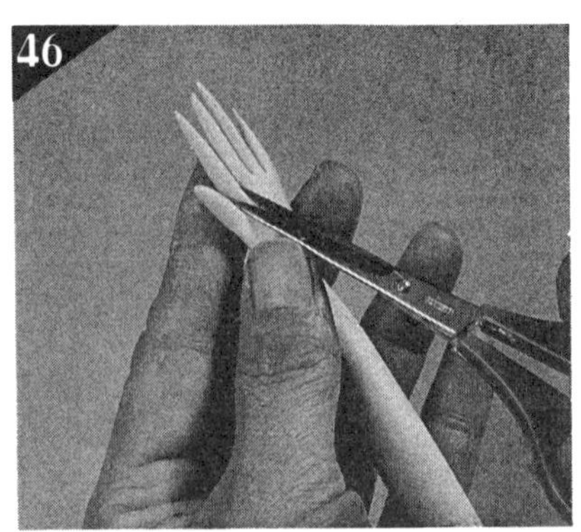

각 손가락의 뿌리도 가위로 눌러 잘록하게 만든다.

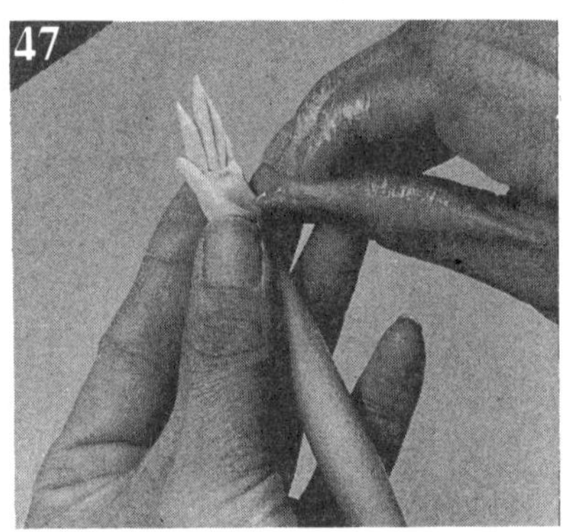

손톱 끝으로 중앙의 오목함을 만든다.

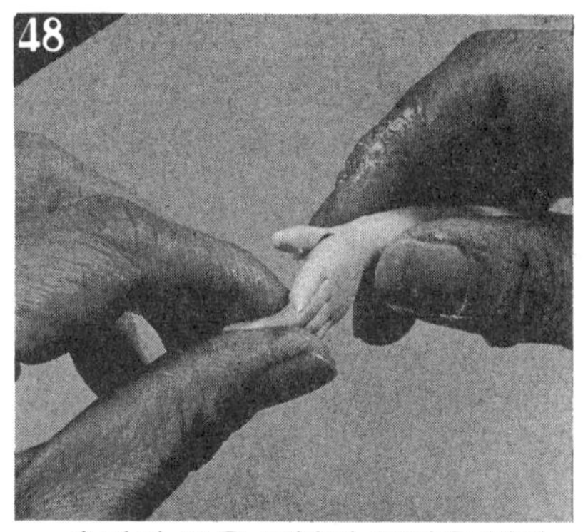

손가락 끝을 구부려 표정을 낸다.

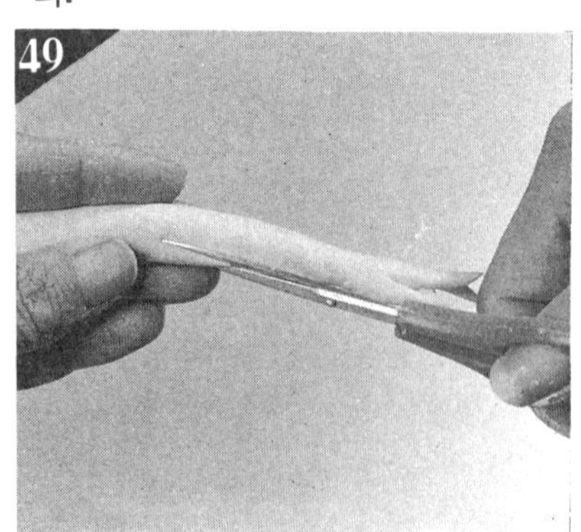

팔 관절 위치에 손목쪽에서부터 가위집을 넣는다.

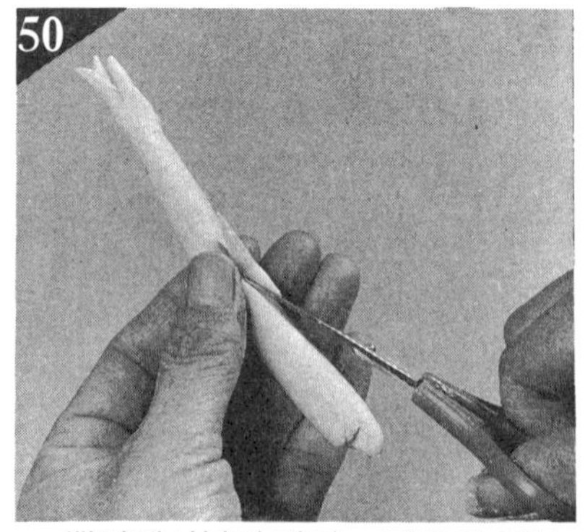

뿌리에서부터 잘라 ㄱ자형의 여분을 잘라낸다.

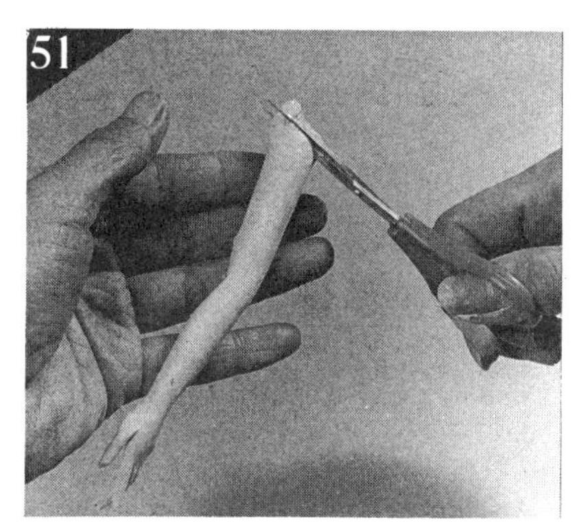

뿌리 부분을 둥근형으로 만들고 완만하게 한다.

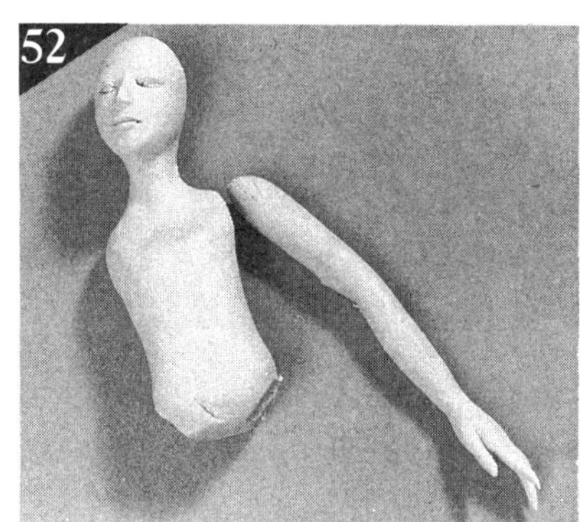

동체 붙일 위치를 맞추어 보고 동체와 손의 길이의 밸런스를 본다.

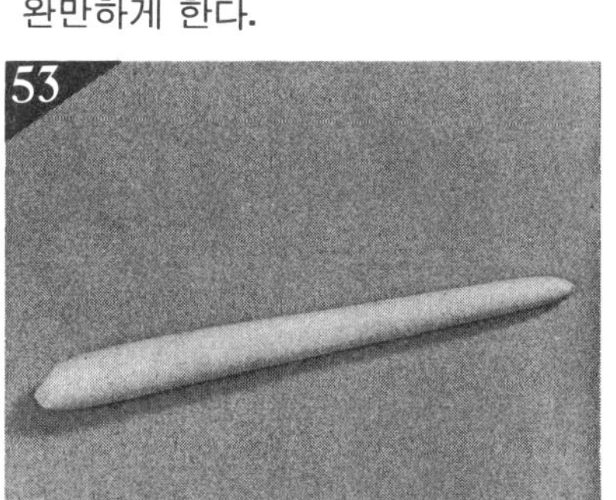

다리를 만든다. 직경 2.5㎝의 약 15㎝의 로우프를 만들어 끝을 가늘게 한다.

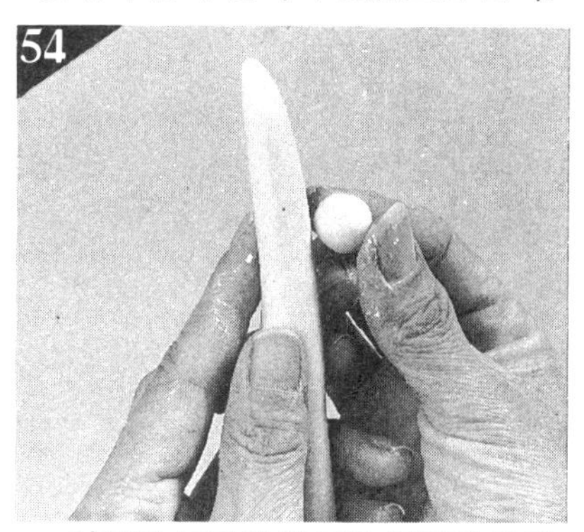

아몬드 크기의 점토를 둥글게 하여 뒤꿈치 위치에 붙인다.

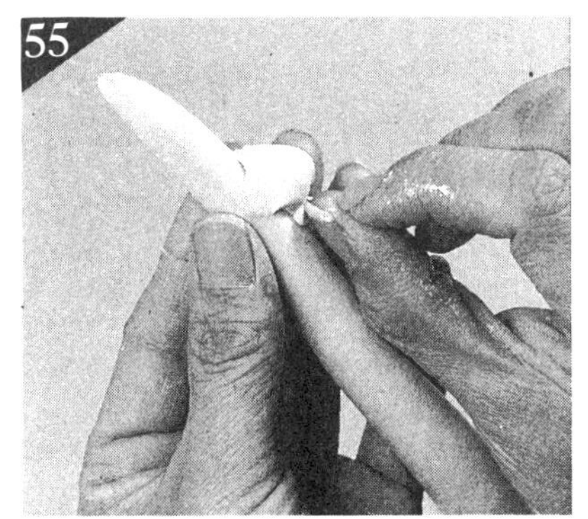

뒤꿈치분의 점토의 경계를 펴 모양을 만들어 동화시킨다.

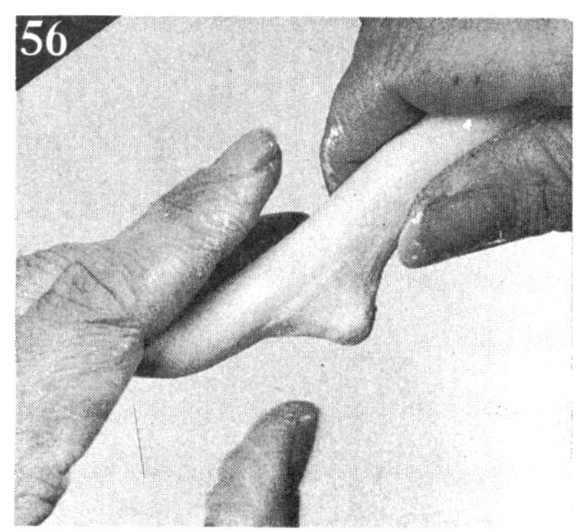

발목은 가늘고 잘록하게 모양을 만든다.

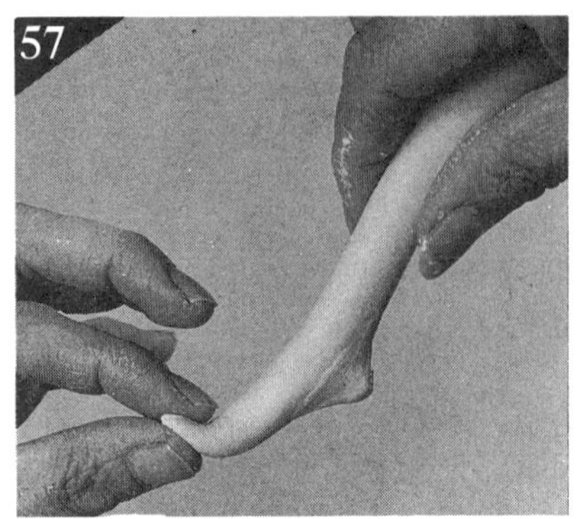

발끝은 조금 젖혀 표정을 낸다.

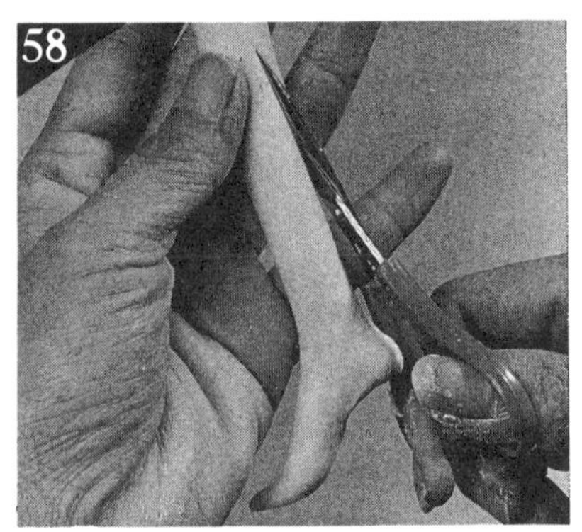

무릎 관절의 뒤 부분에 가위집을 넣는다.

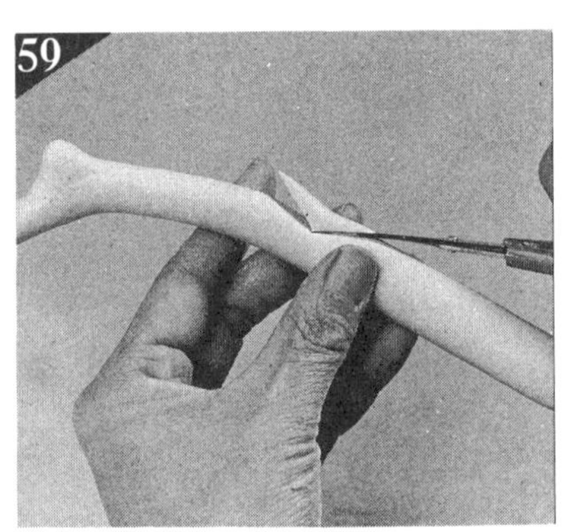

상하에서 ㄱ자형의 가위집을 넣어 여분을 잘라낸다.

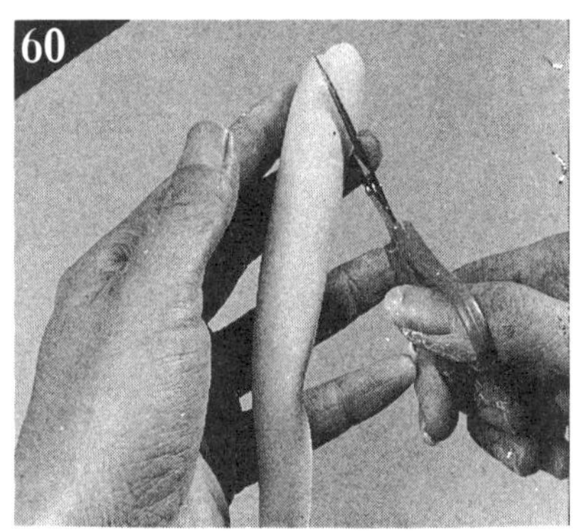

뿌리를 동체의 붙일 위치에 맞도록 비스듬히 커트한다.

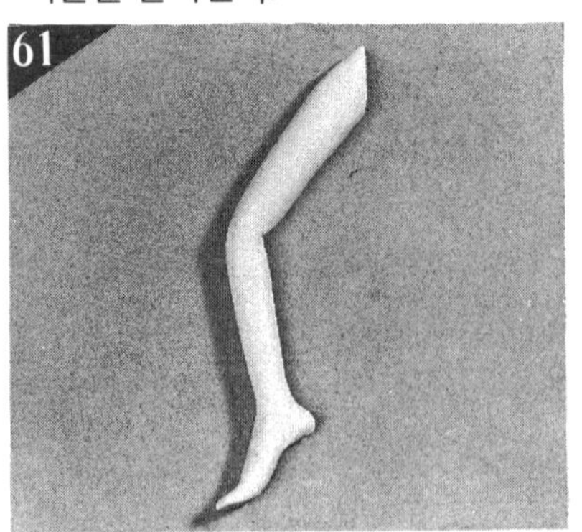

좌우의 발은 펴기도 하고 구부리기도 하여 다른 표정을 낸다.

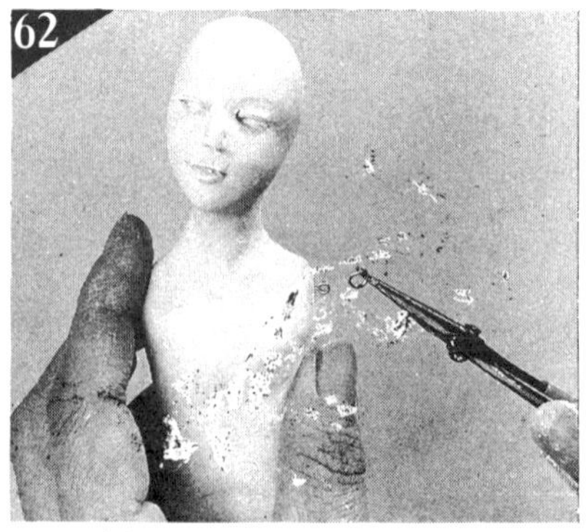

9핀을 손발 각 2개, 몸통에 4개, 각각의 위치에 붙인다.

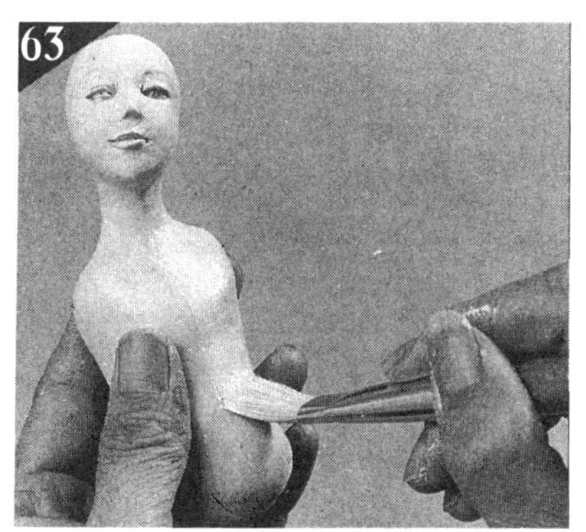

전체를 잘 건조시킨 다음 살에 착색한다.

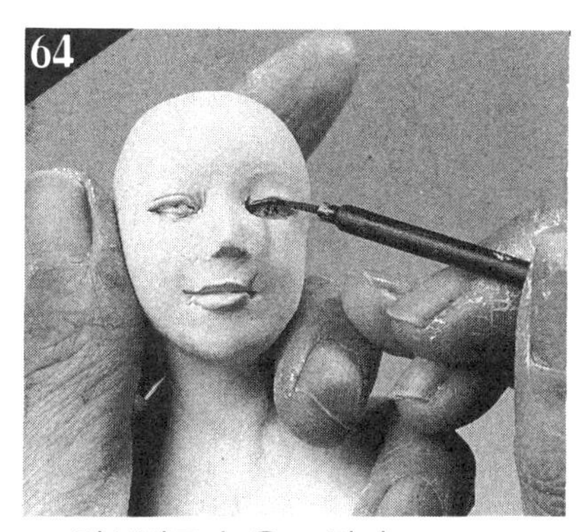

면상필로 눈을 그린다.

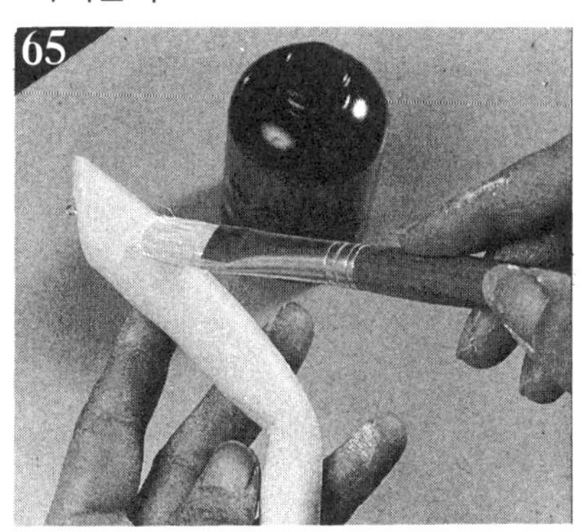

광택액을 발라 광택을 낸다.

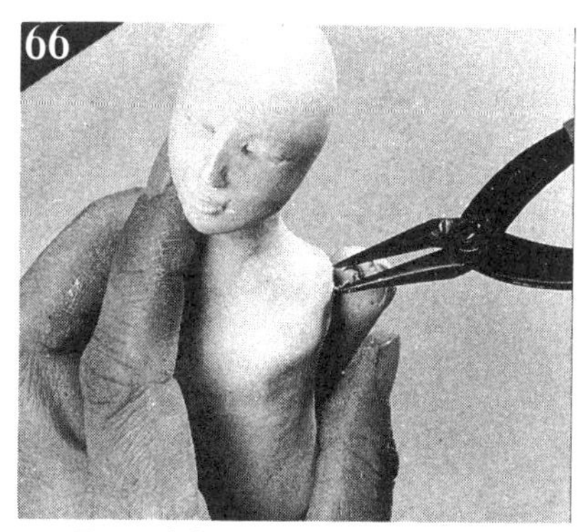

둥근 관을 동체 4개의 9핀에 붙여 손발을 붙인다.

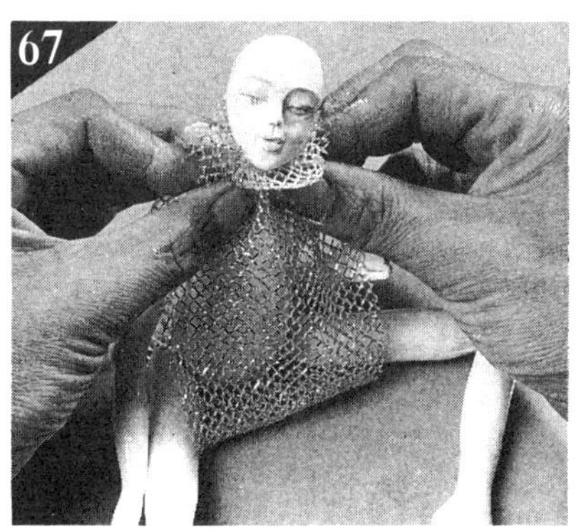

라메레이스천을 몸통 아래에서 전후로 돌려 잔주름을 고정시킨다.

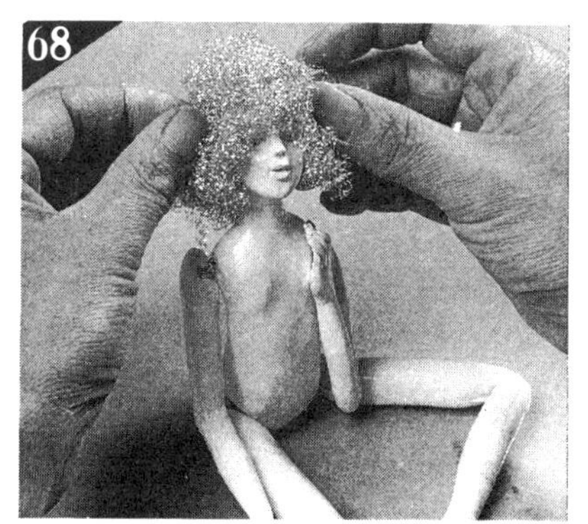

릴리앙실을 풀어 머리를 만든다. 머리에 본드로 머리카락을 붙인다.

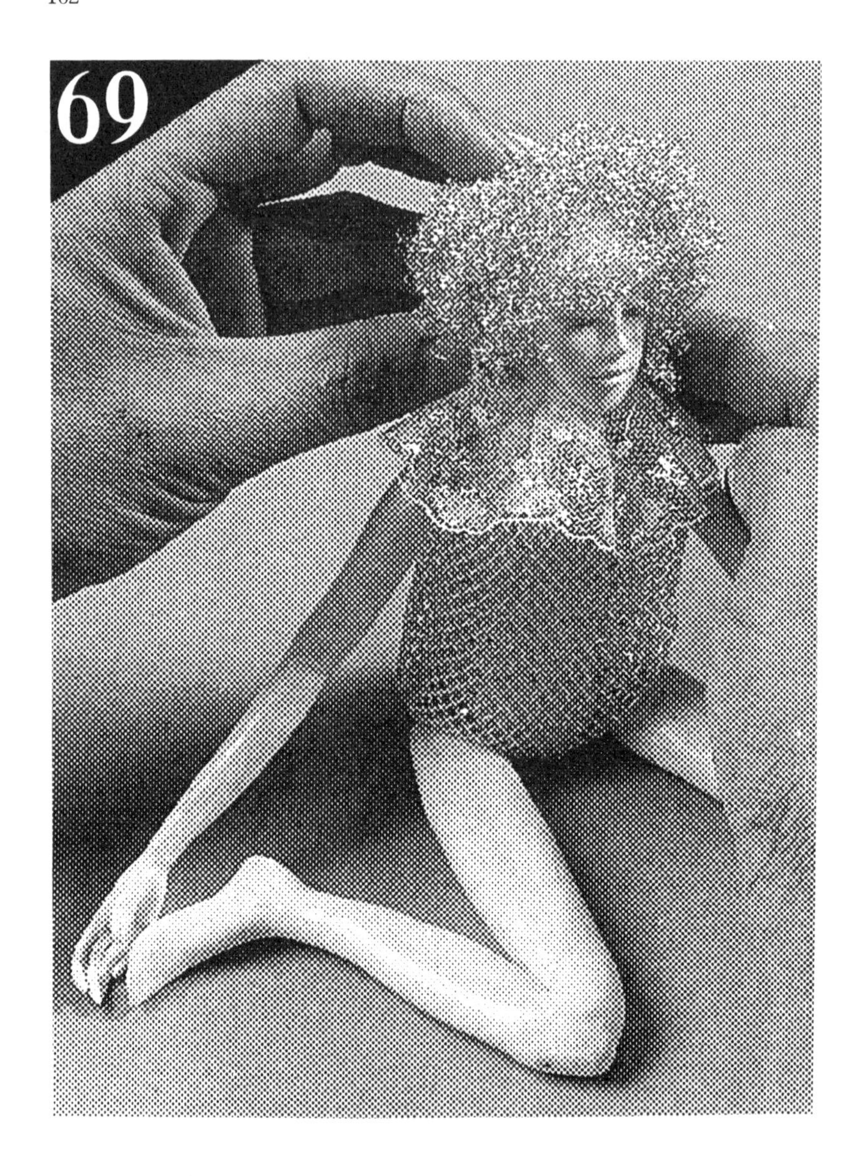

가장자리 레이스 잔주름을 잡아 목 주변에 감아 마무리한다.

크리스마스 트리 모빌

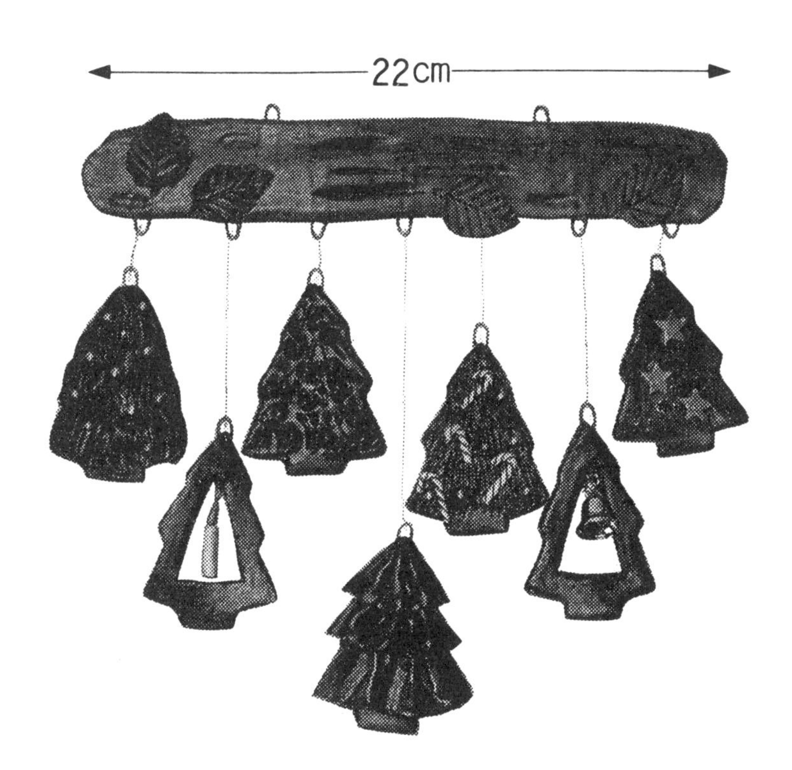

• 재료

점토 ½개, 클립 10개, 낚시줄, 방울, 스파크, 라메, 9핀.

• 만드는 방법의 포인트

매다는 나무는 두께 1㎝의 정도로 만들고, 클립을 매달 손잡이를 끼운다.

트리는 점토를 5밀리 두께로 펴 쿠키 뜨는 용구로 7장을 만들어 손잡이 클립을 낀다.

7장의 트리에 그림과 같이 장식을 한다. 손잡이에 날줄을 달아 매달 나무에 밸런스 있게 늘어뜨린다.

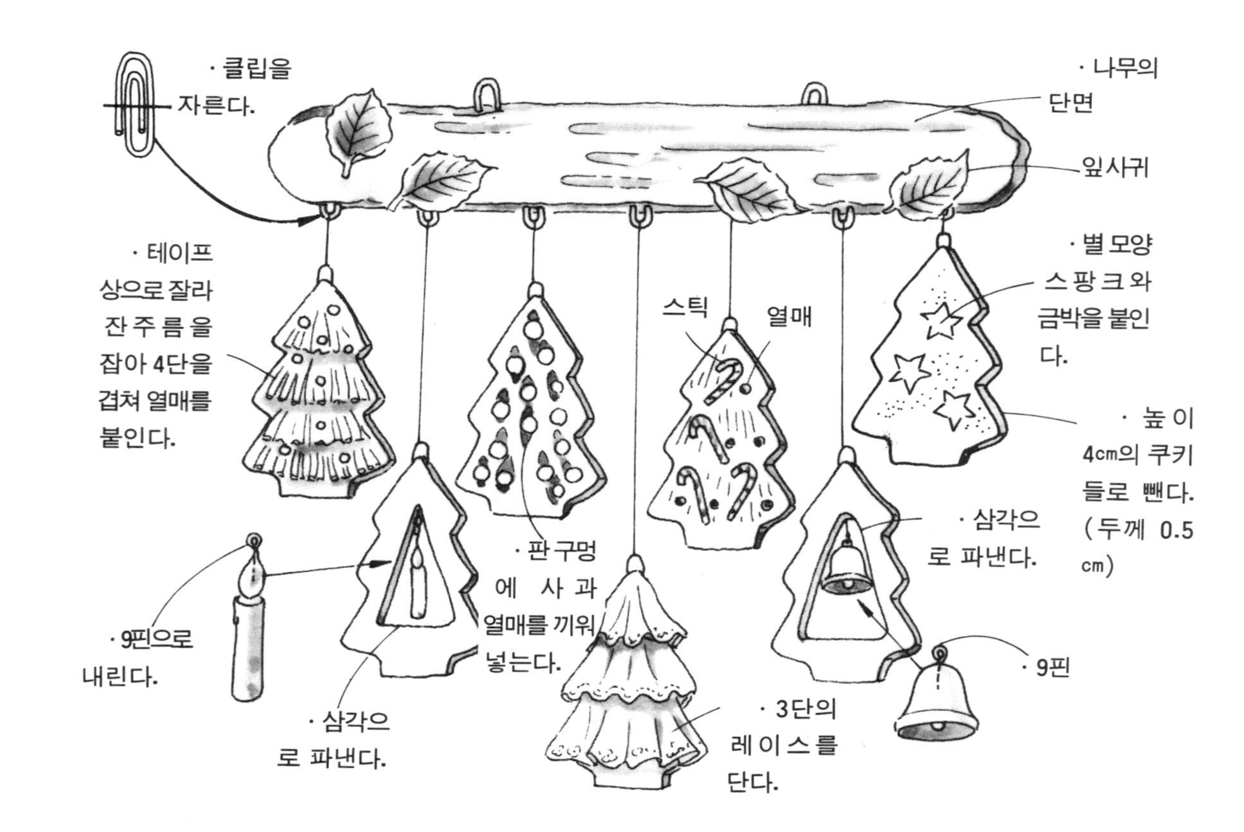
·클립을 자른다.
·나무의 단면
잎사귀
·테이프 상으로 잘라 잔주름을 잡아 4단을 겹쳐 열매를 붙인다.
스틱
열매
·별 모양 스팡크와 금박을 붙인다.
·높이 4㎝의 쿠키 들로 뺀다. (두께 0.5㎝)
·판 구멍에 사과 열매를 끼워 넣는다.
·삼각으로 파낸다.
·9핀으로 내린다.
·9핀
·삼각으로 파낸다.
·3단의 레이스를 단다.

미니 프레젠트(선물)

• 재료

점토 다소.

• 만드는 방법의 포인트

나머지 점토를 이용하여 즐기는 작품이다.

모양, 크기도 자유이다.

포장의 색, 무늬, 리본 장식을 디자인한다.

크리스마스 프레젠트로는 화려하게 색깔도 금색 은색을 사용하고 리본도 크게 만들자.

크리스마스 장식, 금 잎사귀

• **재료**

점토 다소, 22번 와이어.

• **만드는 방법의 포인트**

잎사귀는 두께 5밀리 정도로 점토를 펴 잎사귀 모양으로 커트하여 잎맥을 넣는다. 열매는 비이즈 정도 크기의 것으로 약 15알을 모아 본드로 붙인다. 줄기는 와이어를 넣어 약 12㎝ 길이로 만든다. 리본은 표정을 만들어 장식한다.

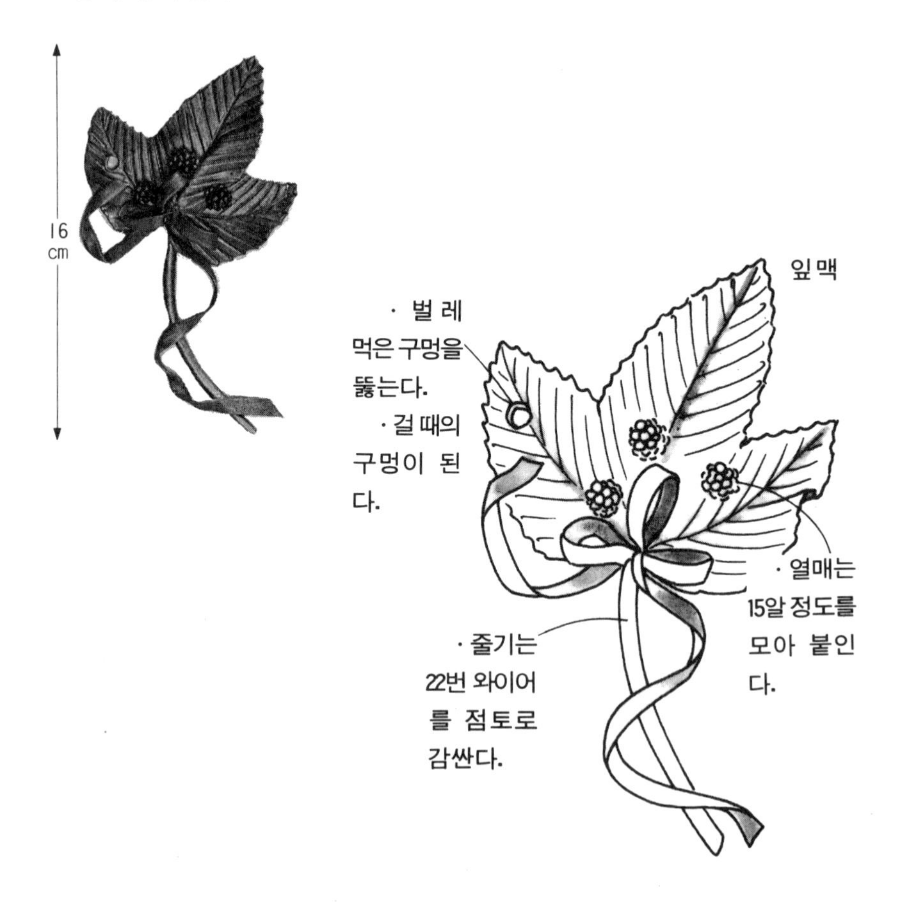

크리스마스 트리 벽걸이

• 재료

점토 다소, 18번 와이어.

• 만드는 방법의 포인트

점토를 두께 5밀리 정도로 펴 폭 13㎝ 정도의 트리로 커트한다. 18번 와이어를 구부려 트리 위에 꽂아 손잡이로 한다.

식목 받침은 4㎝×15㎝의 장방형으로 커트하여 벽돌식으로 맥을 그린다. 장방형을 고리로 하여 바닥은 붙이고 입구쪽은 폭을 낸다. 식목 받침에 트리를 넣는다. 레이스는 3㎝ 폭으로 만들고 잔주름을 잡으면서 하단에서부터 붙인다. 레이스 위에 장식과 리본을 붙인다.

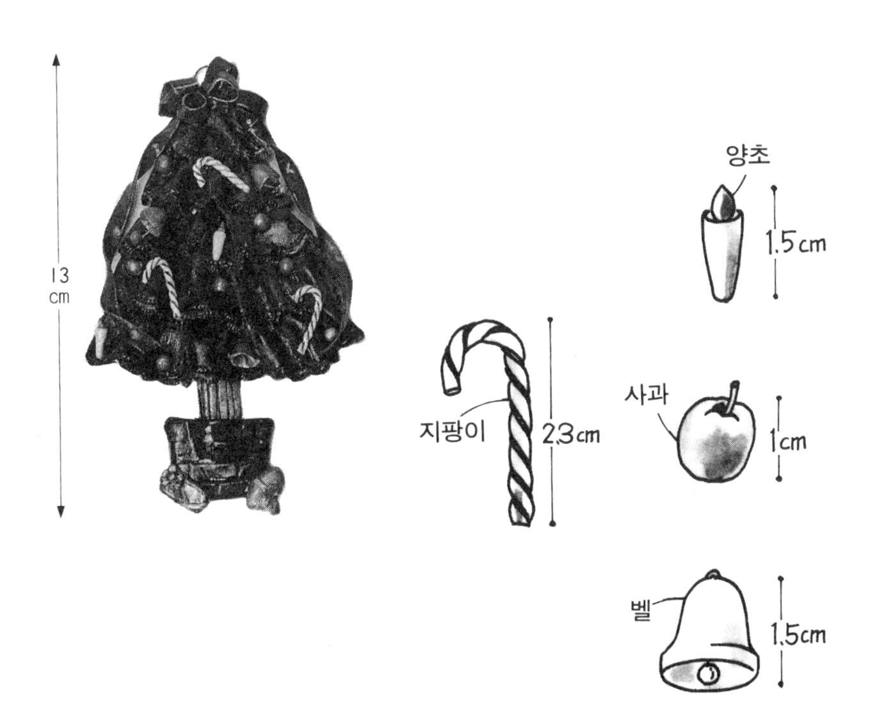

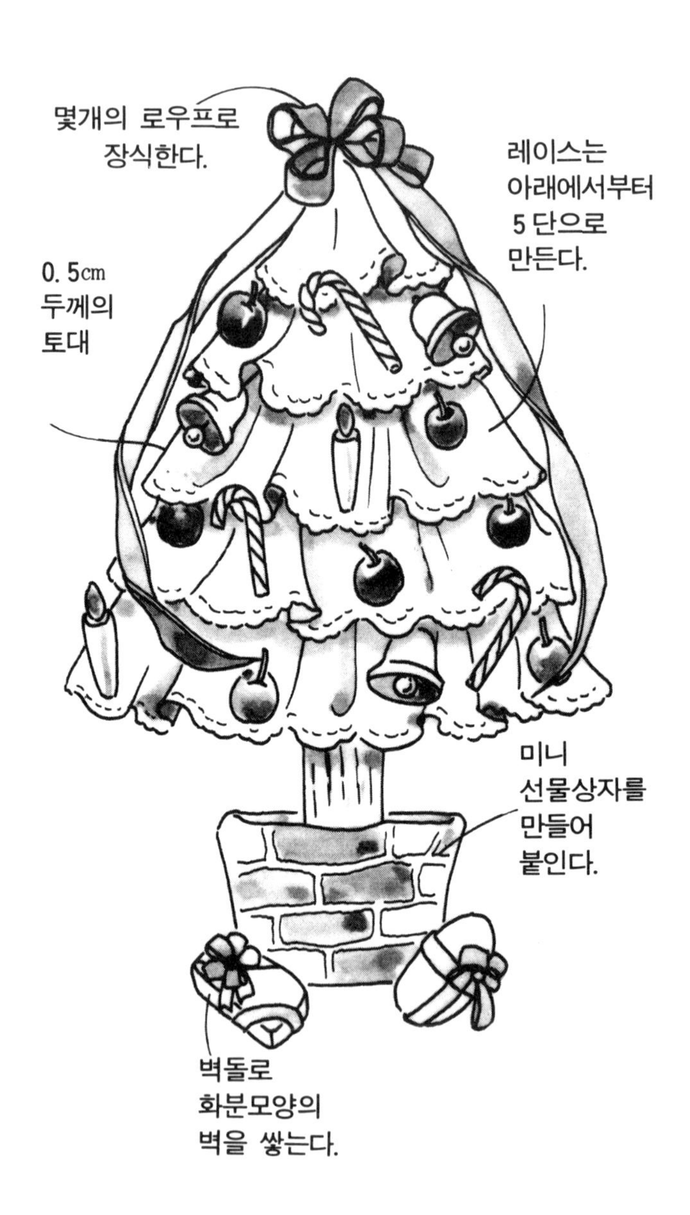
몇개의 로우프로
장식한다.
레이스는
아래에서부터
5 단으로
만든다.
0. 5cm
두께의
토대
미니
선물상자를
만들어
붙인다.
벽돌로
화분모양의
벽을 쌓는다.

캔들 스탠드 2종

• A 재료.

점토 다소.

• 만드는 방법의 포인트

두께 5밀리로 점토를 펴고 토대는 직경 7㎝로 커트한다. 중앙에 캔들 세움을 붙인다. 레이스는 4㎝ 폭으로 약 50㎝ 길이로 만들어 잔주름을 잡으면서 캔들 세움 주위에 붙이고 누름틀로 누른다. 주위에 꽃과 잎사귀를 장식한다.

• B 재료

점토 다소, 22번 와이어.

• 만드는 방법의 포인트

토대는 A와 같은 요령으로 직경 4㎝로 커트한다. 주위에 2개를 잡아 꼰 로우프를 붙인다. 캔들 세움을 붙인다. 달리 호랑가시나무 잎사귀 2장에 열매를 붙인 것 3쌍을 만들어 토대에 장식한다.

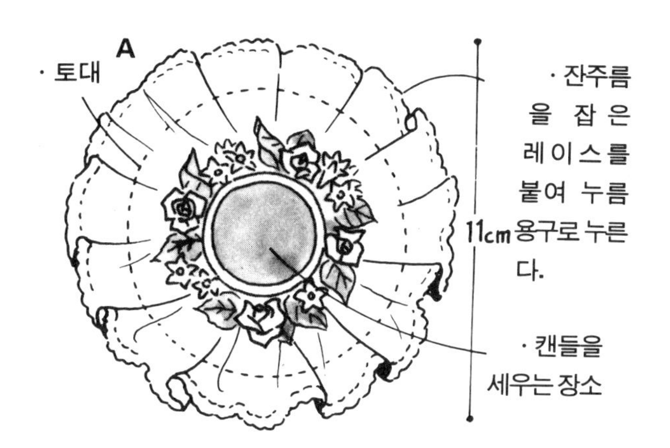

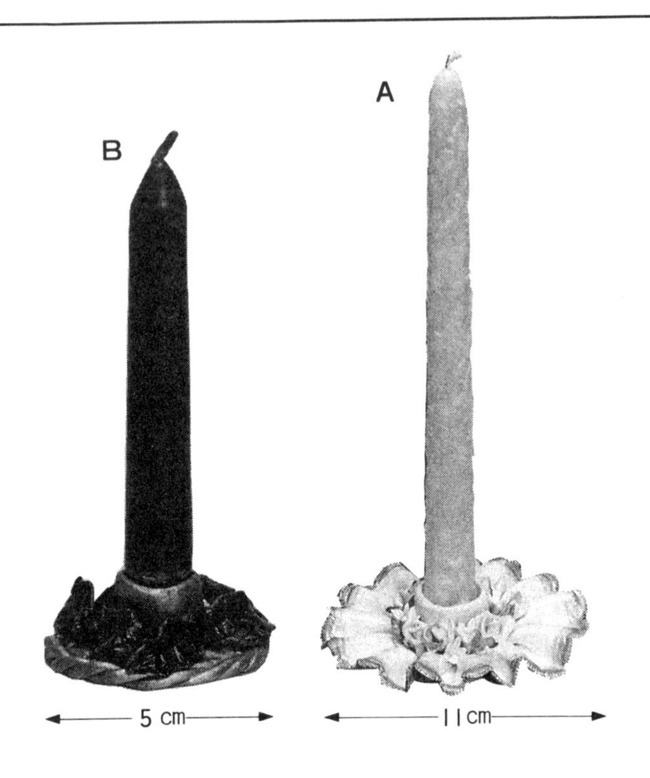
B
A
5 cm
11 cm

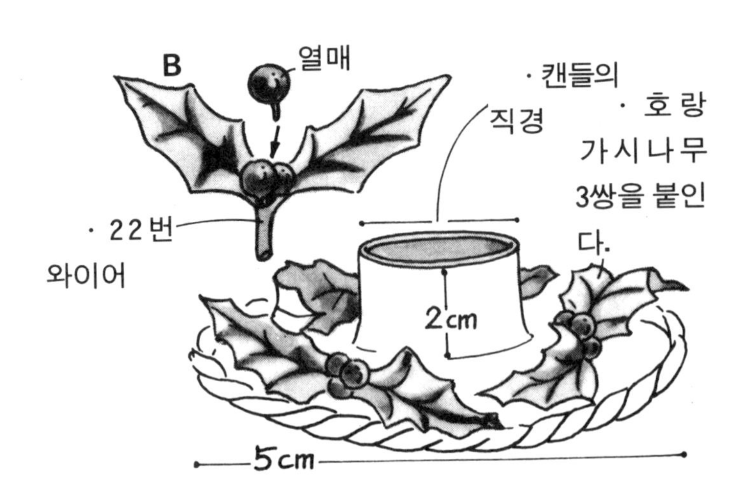
B
열매
· 캔들의
직경
· 호랑
가시나무
3쌍을 붙인
다.
· 22번
와이어
2cm
5cm

미니 리이스 2종

• 재료

A. B 모두 점토 ½개, 18번 와이어.

• 만드는 방법의 포인트

A. B는 장식이 다를 뿐 같다.

리이스 몸체는 점토의 로우프 고리로 해서 만들고 와이어를 구부린 손잡이를 넣는다.

장식은 A에 장미의 잎사귀와 잎, B 노송가시나무와 리본을 붙인다.

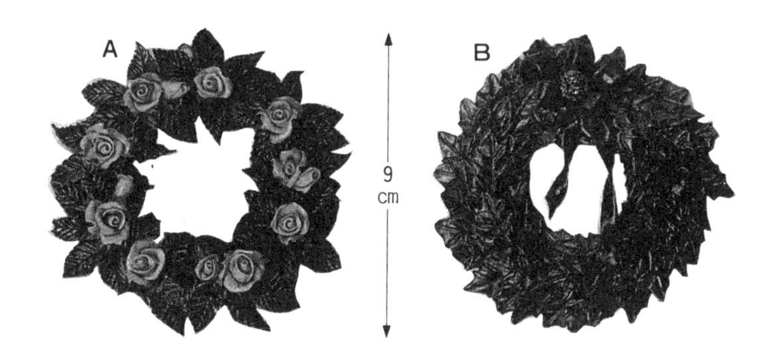

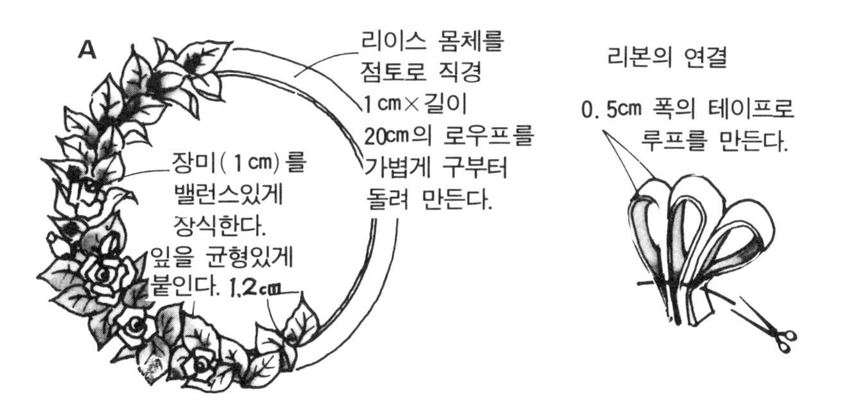

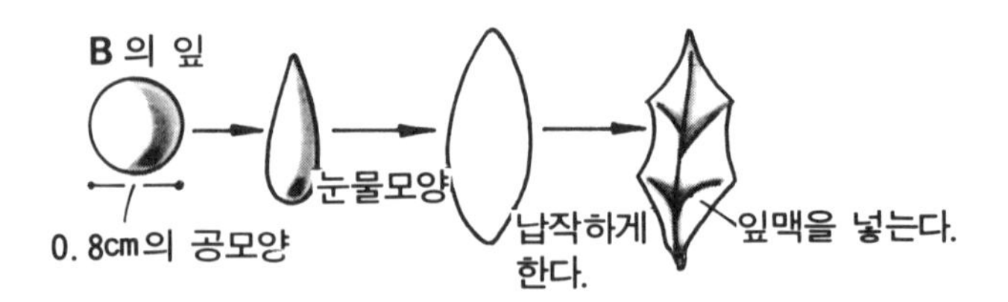

미니 튜울립

• 재료

점토 1개, 22번 와이어.

• 만드는 방법의 포인트

①틀은 작은 보올을 사용한다. ②바닥은 점토를 펴 원형의 것을 얹고 종심을 3밀리 직경의 로우즈를 9개(기수) 붙인다. ③편심을 종심과 같이 로우프를 만들어 짠다. ④깊이 약 4㎝까지 짜고 여분의 로우프를 잘라낸다. ⑤바닥에 또 한장 바닥에 얹어 붙인다. ⑥바닥 주위에 2개의 로우프를 꼬아 얹는다. ⑦대강 건조된 때 틀에서 떼어 약간 원으로 만든다. ⑧가장자리에 바닥 주위와 같은 로우프를 붙이고 와이어가 든 손잡이를 붙인다. ⑨그림과 같이 튜울립을 만들어 바스켓에 넣는다.

· 바스켓
에 점토를
조금 넣어
꽃을 꽂는
다.

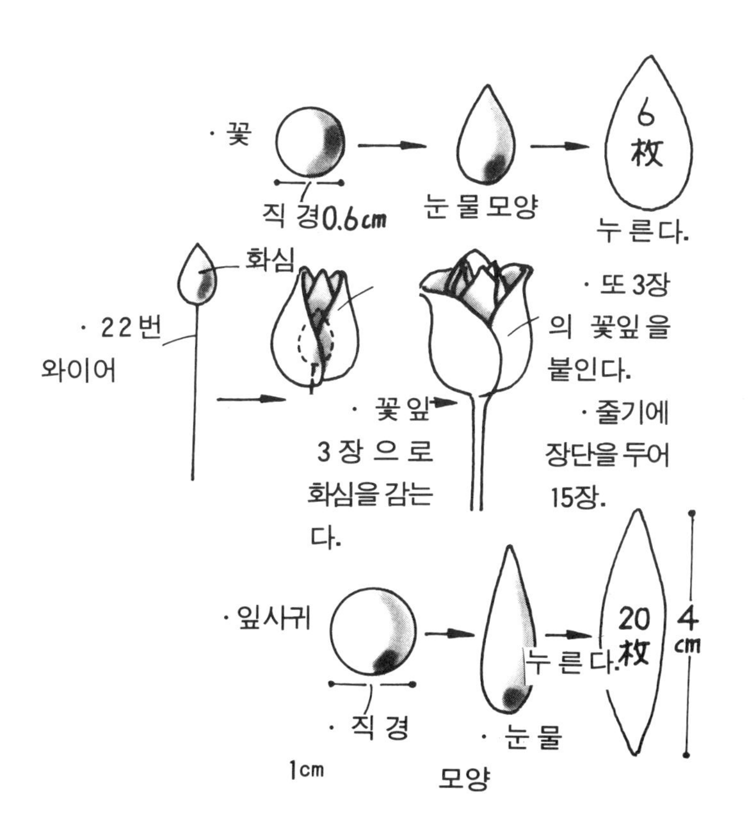
· 꽃
직 경0.6cm
눈 물 모양
6
枚
누 른다.
화심
· 22번
와이어
· 꽃잎
3 장 으 로
화심을 감는
다.
· 또 3장
의 꽃잎을
붙인다.
· 줄기에
장단을두어
15장.
· 잎사귀
· 직 경
1cm
· 눈 물
모양
누 른 다.
20
枚
4
cm

미니 마아가렛

• 재료

점토 1개, 22번 와이어.

• 만드는 방법의 포인트

바스켓은 원의 틀을 사용한다. 종심은 직경 5밀리, 편심은 직경 2밀리 정도의 가는 로우프를 상단의 미니 튜울립 바스켓 요령으로 짠다.

마아가렛, 작은 꽃은 각 20개, 잎사귀는 40장을 만들고 바스켓에 담는다.

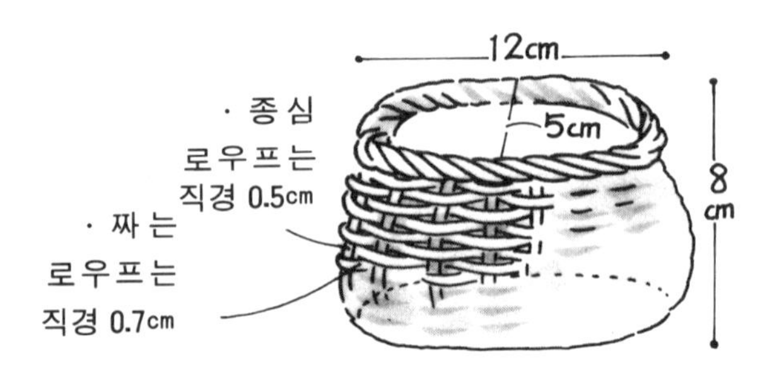

스 톡

• 재료

점토 10개, 22번 · 18번 와이어, 발포스트로폴.

• 만드는 방법의 포인트

1개의 스톡은 아래 그림을 참조하여 봉오리부터 18번 와이어를 붙여 점토를 감으면서 봉오리 15개, 중간 개화 10개, 만개 15개를 삼각형이 되도록 붙인다. 꽃은 12개, 잎사귀는 대소 30장 준비한다.

바스켓은 직경 18㎝의 빈통을 틀로 하여 종심 2개와 로우즈 11개, 편심을 평로우프로 빙글빙글 짠다. 가장자리는 3개로 꼰 로우프를 붙여 판판하게 만든다.

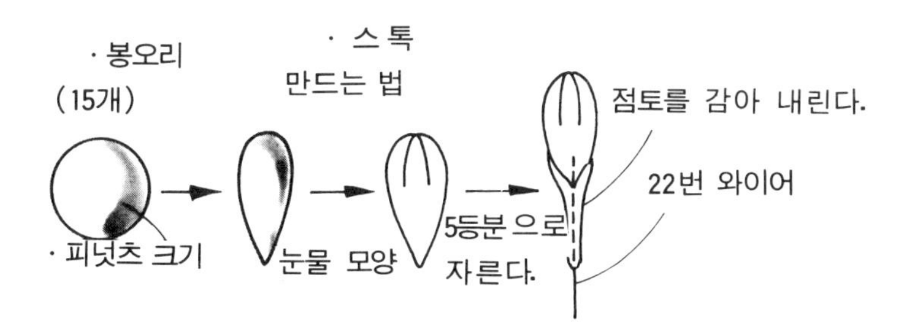

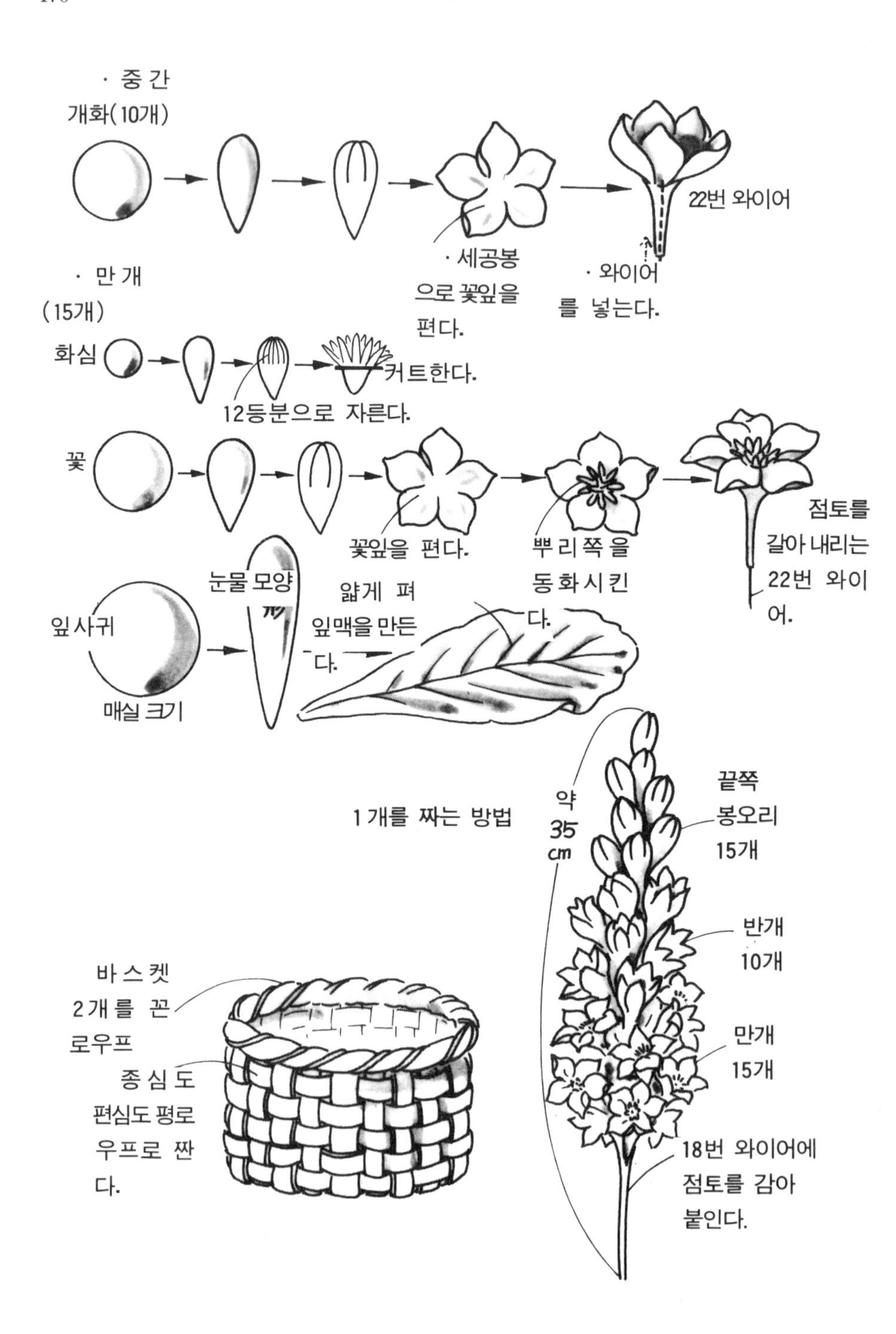
· 중 간
개화(10개)
22번 와이어
· 세공봉
으로 꽃잎을
편다.
· 와이어
를 넣는다.
· 만 개
(15개)
화심
커트한다.
12등분으로 자른다.
꽃
꽃잎을 편다.
뿌 리 쪽 을
동 화 시 킨
다.
점토를
갈아 내리는
22번 와이
어.
눈물 모양
잎사귀
얇게 펴
잎맥을 만든
다.
매실 크기
1개를 짜는 방법
약
35
cm
끝쪽
봉오리
15개
반개
10개
만개
15개
바 스 켓
2개를 꼰
로우프
종 심 도
편심도 평로
우프로 짠
다.
18번 와이어에
점토를 감아
붙인다.

38
cm

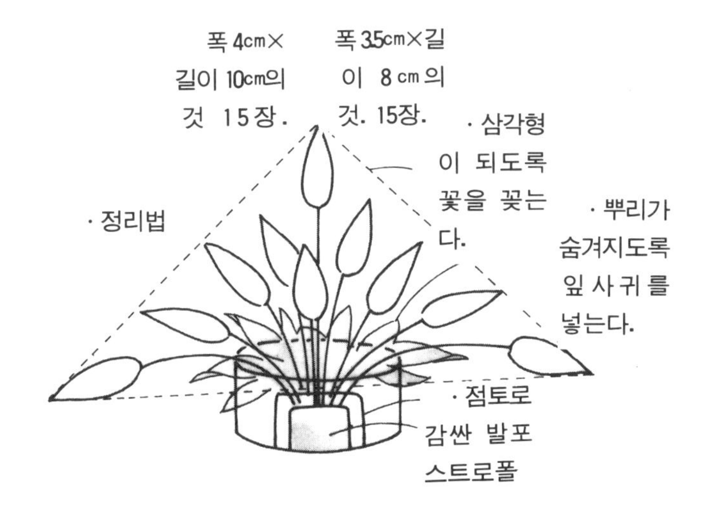
폭 4cm×
길이 10cm의
것 15장.
폭 3.5cm×길
이 8cm의
것. 15장.
· 삼각형
이 되도록
꽃을 꽂는
다.
· 정리법
· 뿌리가
숨겨지도록
잎사귀를
넣는다.
· 점토로
감싼 발포
스트로폴

후루츠 릴리이프

• 재료

점토 2개, 22번 와이어, 30㎝ 각의 판넬.

• 만드는 방법의 포인트

판넬에 꽃 릴리이프의 요령으로 점토를 붙인다.

바스켓은 장미 벽걸이를 참조로 네트상으로 만들고 티슈 페이퍼를 둥글게 한 것으로 볼록함을 만든다.

바스켓의 손잡이를 붙인다. 다음에 후루츠 꽃(마아가렛 참조)을 만들어 붙인다.

판넬 주위에 꼰 가는 로우프를 붙인다.

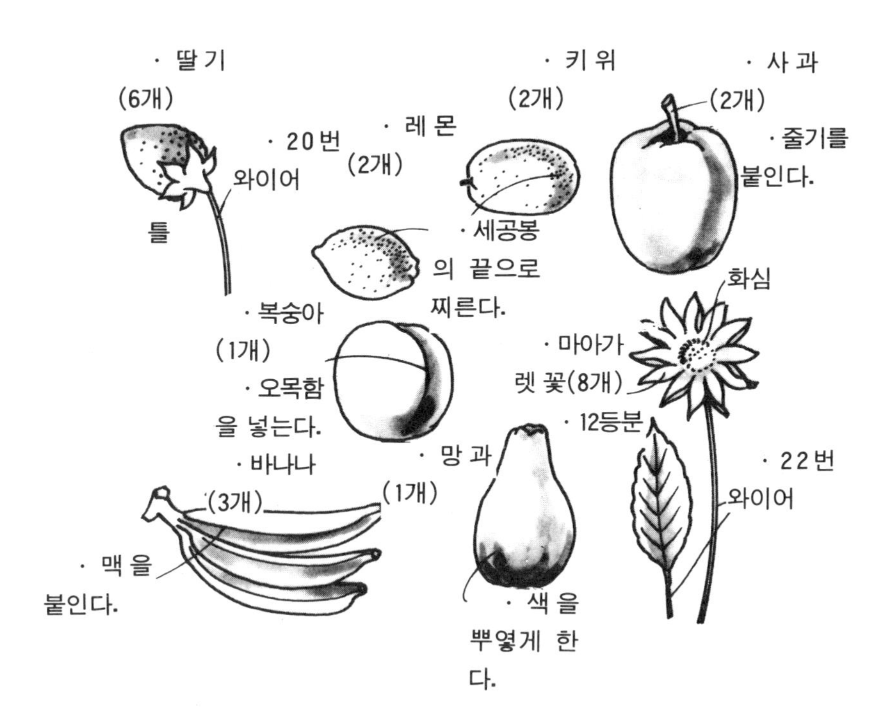
· 딸 기
(6개)
틀
· 20번
와이어
· 레 몬
(2개)
· 키 위
(2개)
· 사 과
(2개)
· 줄기를
붙인다.
· 세공봉
의 끝으로
찌른다.
· 복숭아
(1개)
· 오목함
을 넣는다.
화심
· 마아가
렛 꽃(8개)
· 12등분
· 바나나
(3개)
· 망 과
(1개)
· 22번
와이어
· 맥 을
붙인다.
· 색 을
뿌옇게 한
다.

· 후루츠
정리
· 가 는
로 우 프 로
가장자리를
정리.
· 바스켓
에 후루츠와
꽃을 고정시
킨다.

꽃 릴리이프

• 재료

점토 3개, 22번 와이어, 판넬(35㎝×25㎝).

• 만드는 방법의 포인트

①장미 6개, 스톡은 대소 6개, 스톡 잎사귀 15장, 리본 매듭 4개, 늘어지는 부분 2개를 와이어를 붙여 만든다.(장미는 장미 네크리스, 스톡은 스톡, 리본은 리이스를 참조)

② 판넬에 점토를 붙인다. ③ 직경 5㎝의 점토를 판넬 중심에서 약간 내려 붙인다. ④ 토대에 장미를 간격을 두고 밸런스 있게 붙인다. ⑥스톡으로 삼각형이 되도록 입체감을 내고 잎사귀와 리본을 단다.

채색은 장미를 액센트로 하고, 주위의 꽃은 부드럽게 한다. 판넬의 가장자리는 검은색을 칠한다.

35 cm

25cm

삐에로

• 재료

점토는 1개 분으로 ¼개, 옷은 라메천을 91㎝ 폭 30㎝, 출레이스를 20㎝폭으로 40㎝, 합직 레이스를 3㎝ 폭으로 20㎝, 직경 1㎝의 봉봉.

• 만드는 방법의 포인트

머리, 손발은 마리오네트를 참조하여 만든다. 머리는 몸체를 이어 만드는데 몸의 선은 대강 마무리한다.

손발은 옷에 들어가는 5㎝ 분량을 길게 만든다.

얼굴을 그리고 발의 신발 부분을 칠해 광택을 낸다.

옷을 만들어 소매에 손을 넣어 본드로 붙인다. 소매에도 마찬가지로 손을 붙인다. 몸에 옷을 입히고 목 주위를 줄인다. 레이스는 잔주름을 잡아 2단 붙인다. 모자는 탑에 봉봉을 넣어 붙여 머리에 본드로 붙인다.

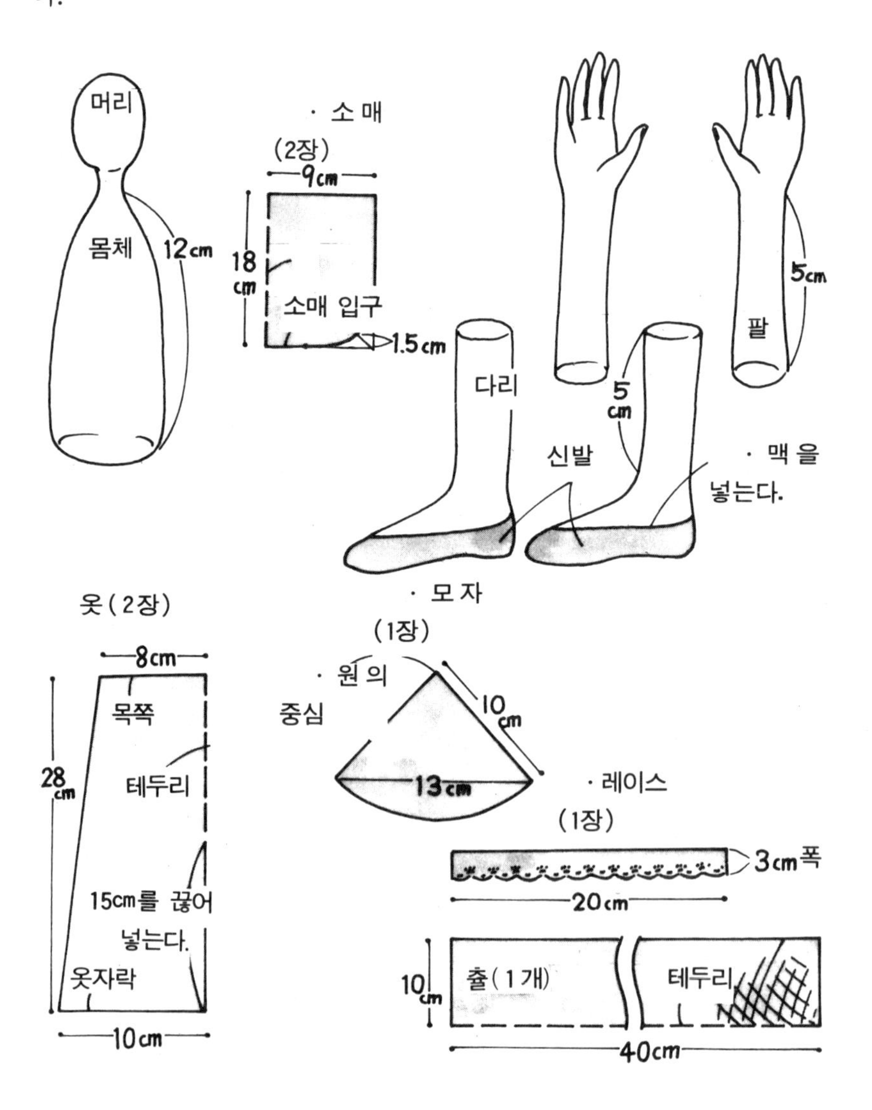

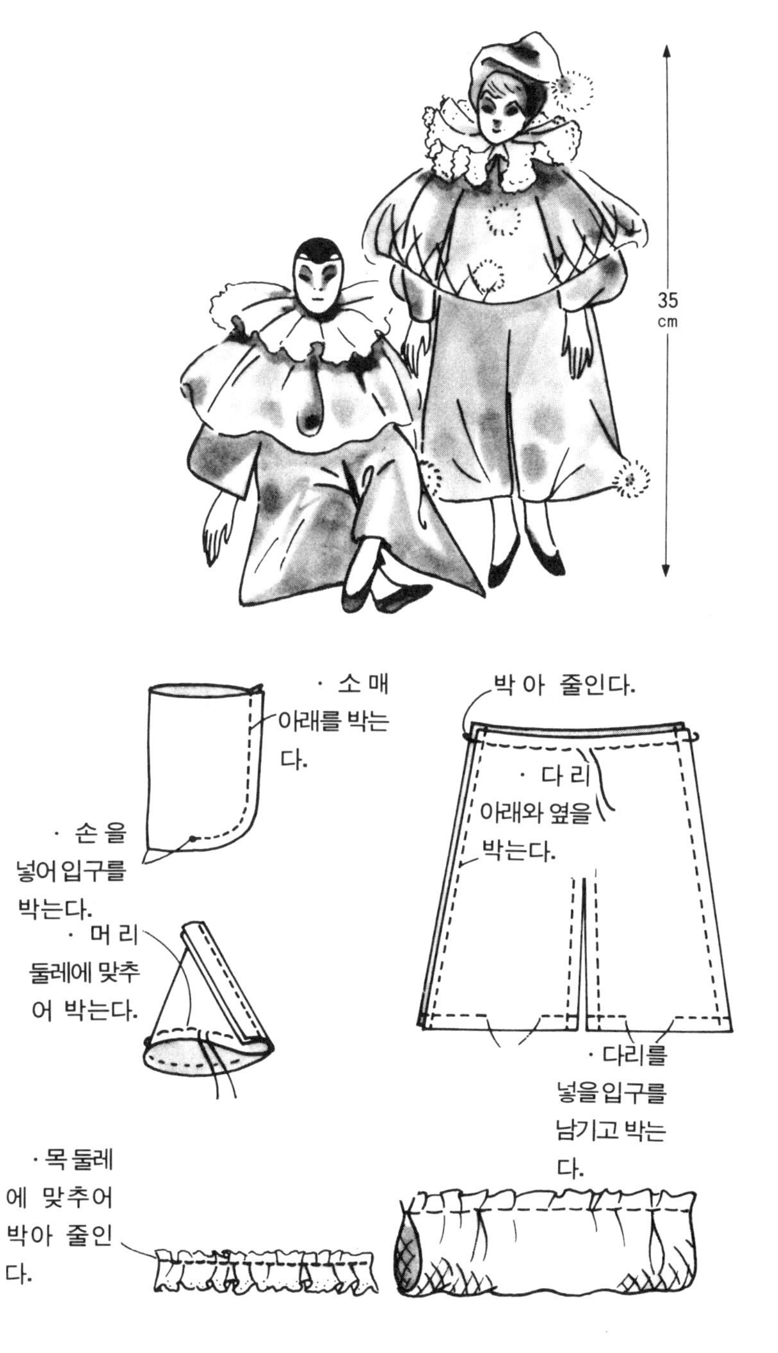
35 cm
· 소 매 아래를 박는 다.
· 손 을 넣어 입구를 박는다.
· 머 리 둘레에 맞추 어 박는다.
박 아 줄인다.
· 다 리 아래와 옆을 박는다.
· 다리를 넣을 입구를 남기고 박는 다.
· 목 둘레 에 맞추어 박아 줄인 다.

악세서리—실물 크기 종이

귀여운 것에서부터 화려한 것까지 약간의 점토로 멋진 악세서리가 계속 만들어내진다.

소재가 가벼움으로 비교적 큰 것이라도 실용적으로 이용할 수 있으나 꽃 등은 높이 2㎝ 정도로 몸에 맞도록 만드는 것이 요령이다.

드레스에 맞추는 것 외에 벨트나 지갑에 붙이는 것도 멋을 내는 방법이다.

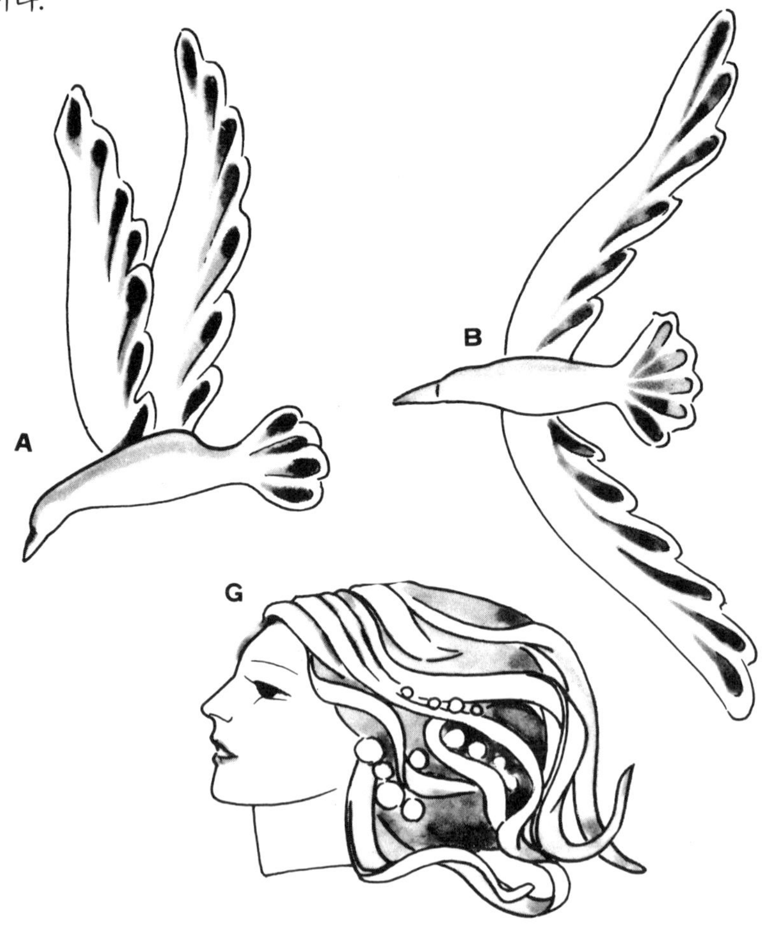

C

F

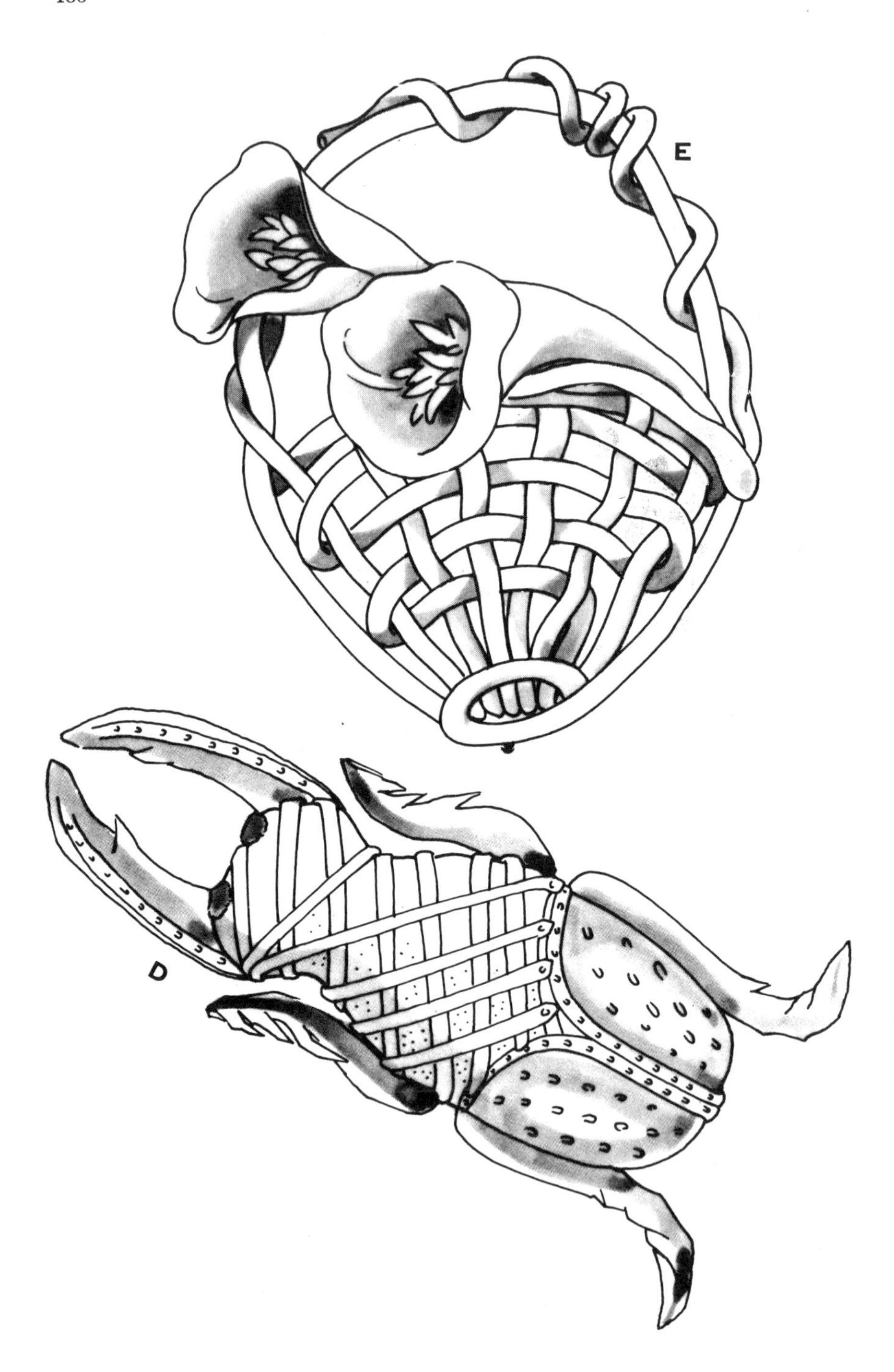
E
D

미니 장미 꽃바구니

• 재료

점토 다소, 22번 와이어.

• 만드는 방법의 포인트

틀을 랩으로 감싸 저면을 얹는다. 평로우프의 종심을 몇개 얹고 끈로우프로 틈없이 감는다.

종심은 접착제 역할로 놓아두고 갯수에 얽매이지는 않는다. 건조된 다음 틀을 빼 가장자리를 정리한다. 장미꽃 25개, 잎사귀 20장은 와이어를 붙여 만든다. 만들어져 있는 바구니에 점토를 넣고 거기에 꽃이랑 잎사귀를 둥근 모양이 되도록 잘 집어 넣는다.

작은 장미 꽃바구니 쪽은 필름통을 이용했다.

육각형의 바스켓

• 재료

점토 3개, 18번 와이어.

• 만드는 방법의 포인트

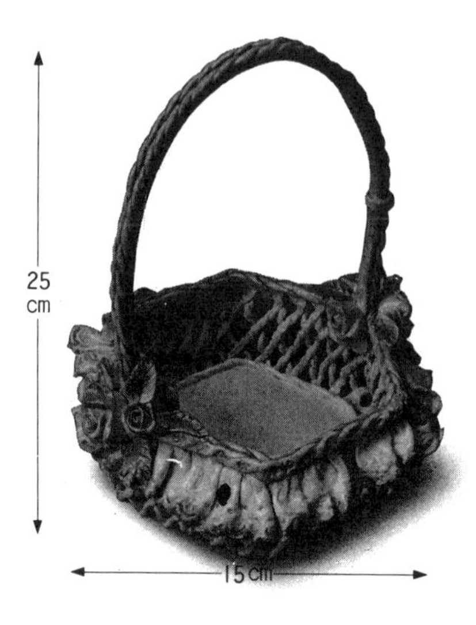

육각형의 과자 빈 상자를 이용하여 틀로 사용했다. 바닥은 얇게 편 점토를 육각의 바닥에 맞추어 얹는다. 측면은 직경 5밀리 정도의 로우프를 비스듬히 얹으면서 틀 주위를 일주하고 그 위에 반대 방향으로 비스듬히(앞과 크로스 되는) 얹으면서 네트상으로 만든다. 육각형의 모서리가 잘 나오도록 누른다.

손잡이는 와이어가 든 가는 3개의 꼰 로우프 2개를 겉에, 안에 평로우프를 합쳐 만들어 커브를 그리게 붙인다.

짙은 곤색 그릇

• 재료

점토는 큰 것으로 2개, 적은 것으로 1개.

• 만드는 방법의 포인트

해바라기 꽃을 이미지로 만들었다. 틀은 샐러드 보울을 사용한다.

저면은 로우프를 네트상으로 두고 원형으로 커트한다.

꽃잎은 1장씩 만든다. 우선 로우프로 꽃잎 모양을 만들고 그 위에 네트상의 로우프를

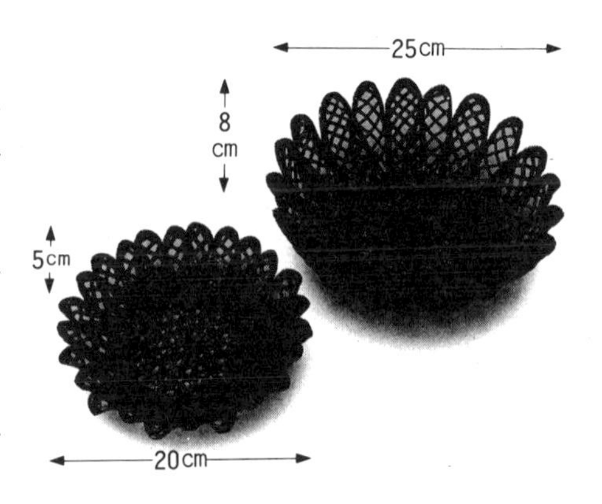

꽃잎 주위에 돌리고 커트로 자른다. 꽃잎은 20장 정도 만들고 틀 주위를 2바퀴 돌려 완성한다.

채색은 짙게 한다.

당나귀 화분 커버

• 재료

점토는 큰 것 5개, 적은 것 3개.

• 만드는 방법의 포인트

당나귀의 몸통 원형(적당한 틀이 없는 경우에는 두꺼운 종이로 만든다)을 사용하여 각형 바스켓 요령으로 짜고 꼰 로우프로 가장자리를 두른다. 다리는 4개 만들어 둔다. 머리에 귀를 붙인다.

건조 후에 각각 본드로 붙여 조립한다. 채색은 바스켓을 닦아내는 방법으로 정리한다.

레이스 장식의 트레이

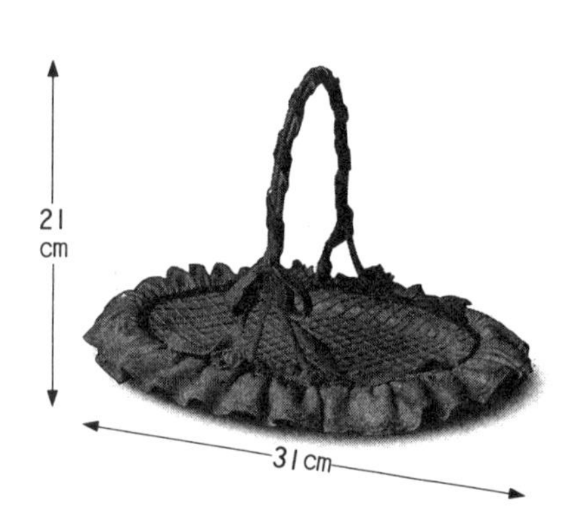

• **재료**

점토 2개, 18번 와이어.

• **만드는 방법의 포인트**

26cm×18cm의 타원으로 편 점토에 직경 2밀리로 편 가는 로우프를 결이 가는 네트상으로 얹어 붙인다. 가장자리의 레이스는 잔주름을 잡아 붙인다.

손잡이는 와이어가 들어 있는 로우프 2개를 뿌리 부분에서 V자 형으로 벌려 붙인다. 뿌리에는 보강을 겸해 리본, 장미꽃을 만들어 장식한다. 본체가 부드러운 무드이므로 장식도 귀엽게 디자인한다.

채색도 엷게 부드러운 색으로 완성한다.

냅킨링과 작은 물건 넣는 용기

• **재료**

점토는 냅킨링 1개 분으로 약간 작은 물건 넣는 용기 1개. 18번 와이어.

• 만드는 방법의 포인트

냅킨링은 점토를 직경 1㎝ 정도의 로우프로 펴서 가볍게 누르고 15㎝ 길이로 자른다. 그것을 중앙 높이가 약 6㎝ 되도록 링을 만들고 연결 부분은 모르도록 물로 정리한다. 위에 미니 장미와 잎사귀를 붙인다.

작은 물건 넣는 용기는 원형의 유리식기 등을 틀로 하여 만든다.

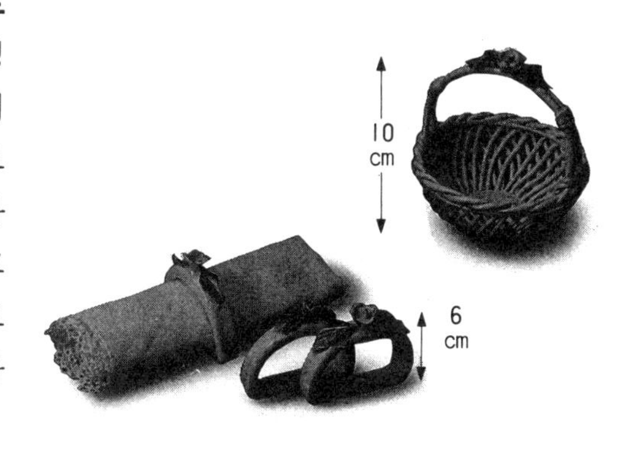

스탠드와 작은 물건 넣는 용기

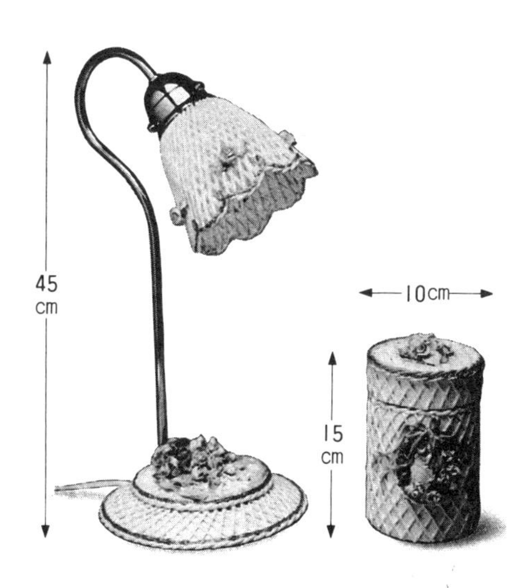

• 재료

점토는 전기 스탠드에 3개, 작은 물건 넣는 용기에 1개.

• 만드는 방법의 포인트

전기 스탠드의 갓 틀은 작은 화분이다.

틀 주위에 가는 로우프를 비스듬히 얹어 네트상으로 만든다. 가장자리 주위를 스카랩상으로 커트하고 한개의 로우프로 누른다. 대는 점토를 얇게 펴 판 위에 갓과 같이 가는 로우프를 얹고 부케 같이 작은 장미로 장식하고 리본으로 꾸민다.

작은 물건 넣는 용기는 찻통을 틀로 하여 대와 같은 요령으로 만든다.

미니 장미 장식의 바스켓

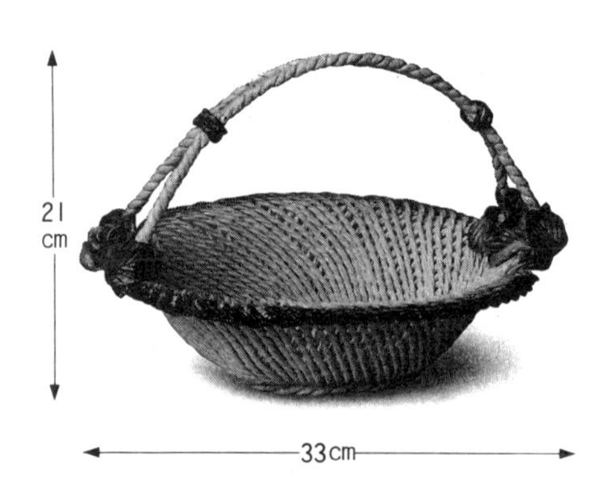

• 재료

점토 4개, 18번 와이어.

• 만드는 방법의 포인트

주위에 있는 세면기 등이 틀이 된다. 로우프는 직경 3밀리 정도의 가는 것을 많이 사용함으로 건조되지 않은 때 솜씨 있게 만들 필요가 있다. 점토에 잘 익숙하여 사용을 잘 할 수 있는 사람에게 권할 수 있다.

바닥을 위로 한 틀에 비스듬히 커브를 주면서 로우프를 얹는다. 일 주 시킨 후 가장자리를 꺾어내고 네트상이 되도록 카바를 붙여 얹어 형을 정리한다. 가장자리의 커브를 능숙하게 만들자.

변형 바스켓

• **재료**

점토 10개, 18번 와이어.

• **만드는 방법의 포인트**

변형 배 모양의 틀을 만들어 종심의 로우프를 얹는데 바스켓의 짜는 실에서 한쪽 20㎝, 또 한쪽은 10㎝ 정도로 길게 할 필요가 있다. 편심은 평평하게 짠다. 양 사이드의 종심을 모아 모양을 만들어 건조시킨다. 가장자리는 가는 로우프를 감아 재미를 낸다.

채색은 덧칠하기도 닦아내기도 각각 다른 정취가 나 재미있을 것이다.

큰 인테리어 바구니(겉종이 카바)

• **재료**

점토 10개, 18번 와이어.

• **만드는 방법의 포인트**

큼직한 바구니이다. 적당한 틀이 없을 경우에는 보올지 등 공작용

두꺼운 종이로 만들어도 좋을 것이다.

저면에 점토를 얇게 펴놓고 측면을 짠다. 본체의 양 사이드 커브는 가장 깊은 길이까지 짠 다음 가위로 모양을 만들면서 커트한다. 가장자리는 바닥, 입구 모두 꼰 로우프와 그 바깥에 한개씩의 로우프 3개로 중량감을 낸다. 손잡이는 와이어가 로우프 3개를 도중에서 벌려 붙이고 5~6 ㎝ 사이는 3개를 심으로 하여 짜 안정시킨다.

엘레강트한 로우프 바스켓

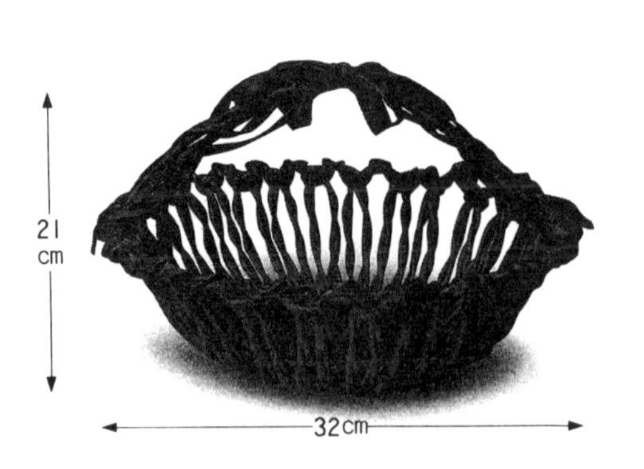

• 재료

점토 3개, 18번 와이어.

• 만드는 방법의 포인트

틀은 세면기를 사용했다. 만드는 방법은 앞에서 배운 요령으로 한다. 가장자리는 본체의 루우프에 로우프를 엮어 리듬감을 내어 감는다. 손잡이 붙인 부분이 불안정함으로 리본을 붙여 장식과 보강을 겸한다.

무거운 물건을 넣는데는

부적당하지만 인테리어로써 두기에는 엘레강트한 바스켓이다.

채색은 펄을 뿌려 부드러운 배합으로 한다.

매거진락 2종

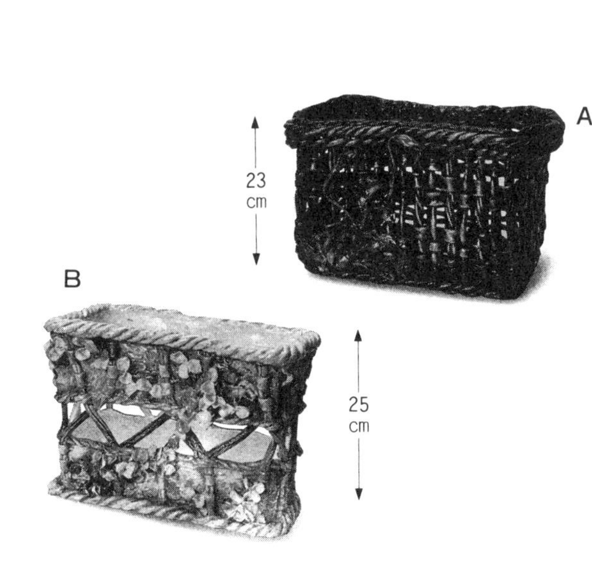

• A. 재료

점토 10개.

• 만드는 방법의 포인트

틀은 대형 상자를 이용하고 뺀 후 조금 변형시킨다. 볼륨감을 내기 위해 가장자리에 3개로 꼰 로우프를 중심으로 안쪽에 2개로 꼰 로우프로 3중.

• B 재료

점토 15개.

• 만드는 방법의 포인트

틀은 A와 같다. 꽃잎은 본체가 건조하기 전에 1장 1장 붙여 자유로이 표현 한다.

손잡이가 달린 평바스켓

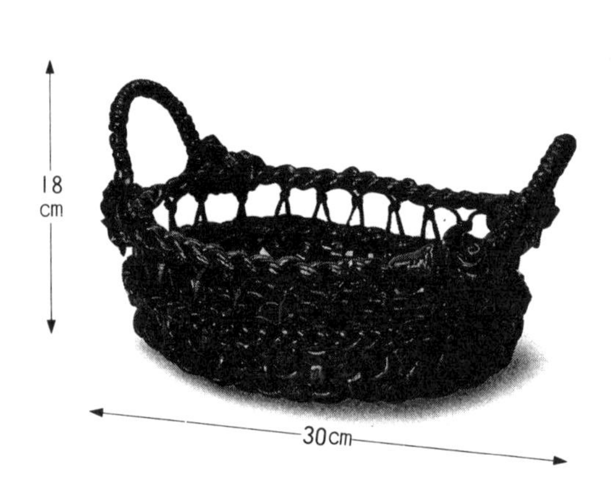

• 재료

점토 6개, 18번 와이어.

• 만드는 방법의 포인트

바닥에서 측면으로 각형 바스켓과 같은 요령으로 짠다.

건조 후 틀에서 떼어 가장자리에 꼰 로우프를 돌려 붙인다. 다음에 와이어가 든 로우프를 U자형으로 구부려 5㎝ 정도의 높이를 만든다. 그 위에 가장자리에 꼰 로우프를 돌려 붙인다. 측면 도중 가장자리 바깥쪽에 3개의 로우프를 돌려 붙인다. 채색은 덧칠하기.

후루츠 장식의 바구니

• 재료

점토 10개.

• 만드는 방법의 포인트

틀은 치수의 형으로 두꺼운 종이로 만든다.

저면은 점토를 펴 얹고 종심은 로우프 2개를 기수로 얹는다. 편심은 평로우프로 만들고 꼰 로우프 손잡이 바구니의 요령으로 짠다. 가장자리는 꼰 로우프를 3중으로 붙여 볼륨을 내었다

바스켓은 백, 가장자리를 그린 후루츠는 미니 레몬, 사과, 포도 등을 밝은 색으로 칠해 정리한다. 탄탄한 실용 과일 그릇이다.

와인 락과 트레이

• 재료

점토는 와인 락에 8개 트레이에 ½개, 18번 와이어.

• 만드는 방방법의 포인트

와인 2개가 비스듬이 들어갈 정도의 틀을 보올지로 만든

다. 로우프는 1개씩 교차되도록 비스듬히 놓고 네트상으로 짜고 건조하기 시작할 때 틀에서 떼어 중심을 누른다. 와인락이 들어갈 위치의 링 위에 손잡이를 붙인다.

접시를 틀로 하여 트레이도 갖추도록.

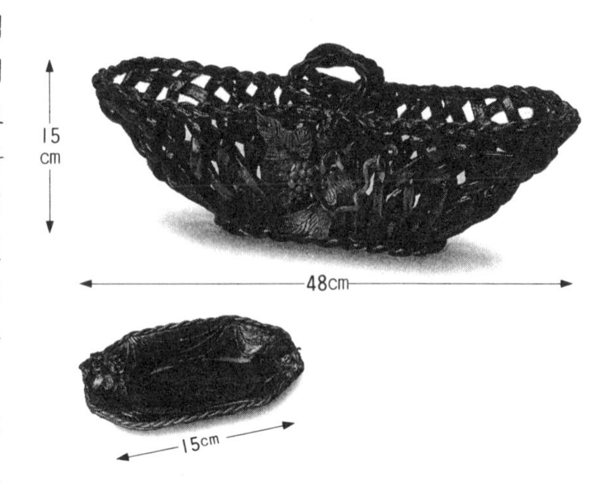

높이가 있는 화분 카바

• 재료

점토 12개.

• 만드는 방법의 포인트

높이가 있는 화분 카바는 볼륨감이 있다. 통의 직경과 높이, 바스켓 높이의 밸런스가 중요하다.

통의 모양은 종이통이나 빈통, 또는 보올지로 만들어도 좋고, 점토를 말아 토대 중앙에 세운다. 따로 바스켓을 만들어 각각을 건조시킨 후 본드로 단단히 붙인다.

채색은 갈색으로 장식, 장미도 함께 칠하고 닦아내기법으로 액센트를 준다.

덩굴 바스켓

• 재료

점토 20개, 18번 와이어.

• 만드는 방법의 포인트

틀은 플라스틱 용기를 사용한다. 바닥면은 점토를 3밀리 두께로 편다. 종심은 직경 1.5㎝ 정도의 굵은 로우프를 2개 얹고 편심은 직경 1㎝의 로우프로 짠다. 짠 뒤 바닥면을 다시 한장 얹는다.

가장자리는 2개의 로우프를 꼬아 돌려 붙이고 날짜를 들여 건조시킨다. 손잡이는 와이어가 든 로우프로 단단히 만든다. 채색은 덧칠하기로 중량감을 낸다.

장미 장식의 흰 화분 카바

• 재료

점토 6개.

• 만드는 방법의 포인트

이 화분 카바는 직선과 곡선을 믹스시켜 작품에 움직임과 부드러운 분위기를 내고 있다.

입구 직경 20㎝, 바닥 직경 16㎝, 높이 18㎝의 틀을 준비한다. 로우프는 직경 5밀리로 길이는 틀 모양의 2배에 10㎝를 가한 치수로 33개 만든다. 틀 위에 로우프를 세로로 한개씩 붙이고 입구쪽을 꺾어 커브를 만들면서 바닥쪽으로 돌려 네트상으로 모양을 만든다. 바닥면 주위에 밑실을 붙여 건조시킨다.

측면에 장미꽃 2개, 봉오리 4개, 잎사귀 8개를 붙인다.

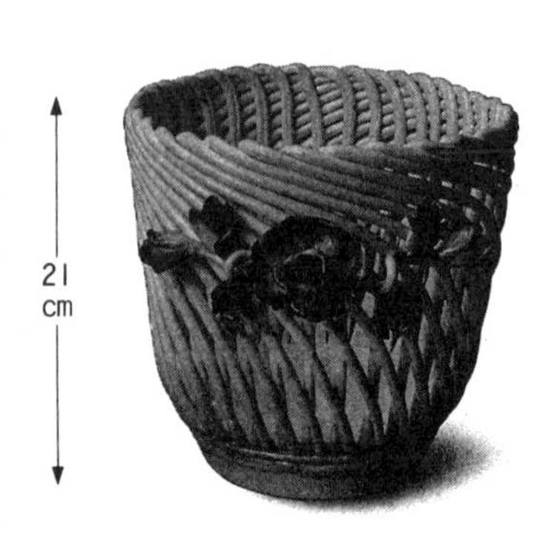

높이가 있는 인테리어 바구니

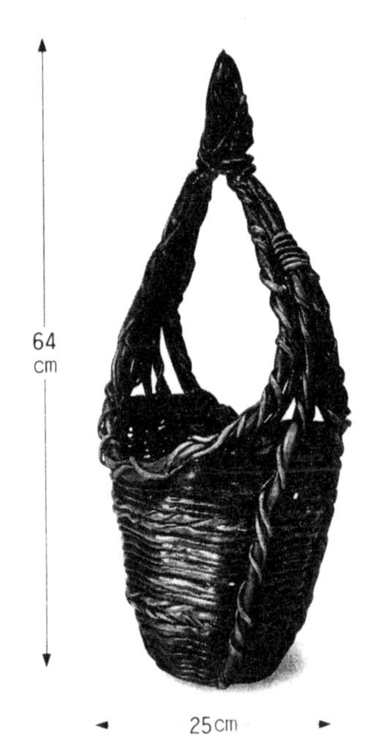

• 재료

점토 15개, 18번 와이어.

• 만드는 방법의 포인트

바닥이 오목한 바스켓이다. 종심을 9개 놓은 뒤 가볍게 누른 로우프로 짜지 말고 빙글빙글 감아 내려간다. 양사이드의 치수를 길게 남기기 위해 다 감은 뒤 가위로 커브에 커트한다.

손잡이도 와이어를 넣어 본체 바닥에서 돌린 것과 가장자리를 이은 것으로 본체를 지탱하여 단단히 본드로 붙인다.

채색은 갈색과 금색을 뿌려 금속성을 느끼게 한다.

짠 듯한 바스켓

• 재료

점토 10개, 18번 와이어.

• 만드는 방법의 포인트

틀은 폴리에틸렌 용기를 사용한다.

로우프는 직경이 3밀리 정도의 가는 것을 만들어 짠다. 점토의 마름을 머리속에 넣고 로우프를 펴면서 짜고, 또 로우프를 만드는 것을 반복하는 것은 단순 작업이지만 점토에 익숙하지 않은 사람은 어려운 작품 중 하나이다.

손잡이는 가장자리에서 이어 본체와의 밸런스를 생각하여 강하게 붙인다. 많은 장미로 한쪽을 장식한 모양이 재미있다.

테이블과 의자 세트

• 재료

점토 1개, 발포 스티로폴 용기.

• 만드는 방법의 포인트

테이블과 의자의 모양에는 발포 스티로폴 틀을 사용한다. 테이블은 점토를 얇게 펴 틀에 씌워 테이블 크로스를 만들고 면상필로 무늬를 그려 넣는다.

의자는 테이블에 맞추어 그린으로 만들어 보았다. 쿠션은 안에 티슈 페이퍼를 넣어 볼록하게 만든다

테이블 위에는 미니 세공의 꽃이랑 요리를 —.

우산통

• 재료

점토 4개. 통모양의 용기.

• 만드는 방법의 포인트

점토를 붙여 입체화를 만든다. 붙인 점토는 손가락 끝으로 오목 볼록한 부분을 만들어 재미를 낸다. 입체화의 꽃은 해바라기 스톡, 포도 등 본체의 점토가 마르기 전에 붙인다. 꽃잎은 떨어지지 않도록 너무 눈에 띄지 않도록 구성하자. 가장자리에 꼰 로우프를 두른다.

채색은 백색을 토대로 엷게 했는데, 강한 색을 칠해 닦아내는 방법도 재미있을 것이다.

복주머니

• **재료**

점토 5개.

• **만드는 방법의 포인트**

점토는 넓은 면에 얇게 편다.

틀은 뒤에서부터 뺄 수 있는 부드러운 천, 신문지 등을 말아 점토로 감싼다. 천을 느낄 수 있도록 입구를 조이고 (틀을 빼는데 직경 5㎝ 정도 열어 둔다), 틀을 만든다. 건조시킨 다음 틀을 조금 꺼낸다.

로우프는 감는 분은 2개, 매듭 늘어지는 공통 부분은 각각 만들어 붙인다. 채색은 엷은 색을 덧칠하는 방법, 닦아내는 방법으로 인테리어가 되도록 마무리한다.

조개와 같은 큰 그릇

• **재료**

점토 30개.

• **만드는 방법의 포인트**

직경 60㎝나 되는

크기이므로 틀은 대야 등을 기초로 하여사용한다. 점토는 중량감이 나도록 두께를 1㎝ 이상으로 한다. 표면은 단조롭지 않도록 오목볼록 무늬를 내고 입체면에 스톡의 꽃을 붙인다. 건조 후에 가장자리에 대담한 움직임을 내면서 붙인다. 색은 담색.

이 정도의 점토를 펴는 것만으로도 상당한 일이다. 작은 그릇을 틀로 하여 시험해 보면 —

지점토공예

2012년 5월 25일 인쇄
2012년 5월 30일 발행

지은이/ 편 집 부 편
펴낸이/ 최 상 일
펴낸곳/ 태 을 출 판 사

서울특별시 중구 신당6동 52-107(동아빌딩내)
등록/1973년 1월 10일(제4-10호)

*잘못된 책은 구입하신 곳에서 교환해 드립니다.

■주문 및 연락처
우편번호 100-456
서울특별시 중구 신당6동 52-107 (동아빌딩 내)
전화 / 2237-5577 팩스 / 2233-6166

ISBN 89-493-0401-5 03480